कृषि अवशेषों से जैवईंधन

कृषि अवशेषों से जैवईंधन

रेनू सिंह
रणबीर सिंह
ओ.पी. सिंह

SSPH

सतीश सीरियल पब्लिशिंग हाउस
403, एक्सप्रेस टॉवर, वाणिज्यिक परिसर, आजादपुर, नई दिल्ली–110033
दूरभाष: 011–27672852 फेक्स: 91–11–27672046
ईमेल: info@satishserial.com, hkjain1975@yahoo.com
वैबसाईट: www.satishserial.com

Published by :

SATISH SERIAL PUBLISHING HOUSE
403, Express Tower, Commercial Complex, Azadpur, Delhi-110033 (INDIA)
Phone : 011-27672852 Fax : 91-11-27672046
E-mail : info@satishserial.com, hkjain1975@yahoo.com

ISBN 978-93-86200-85-3

Composed, Designed & Printed in India

लेखकों का विवरण

डॉ. रेनू सिंह, वरिष्ठ वैज्ञानिक (पर्यावरणीय विज्ञान) पर्यावरण विज्ञान एवं जलवायु समुत्थानशील कृषि केन्द्र, भारतीय कृषि अनुसंधान संस्थान में कार्यरत हैं। आपने जीवविज्ञान में बीएससी तथा पर्यावरण विज्ञान में एम.एस.सी., एम.टेक. एवं पी.एच.डी. की उपाधियाँ एवं देश–विदेशों में गहन प्रशिक्षण प्राप्त किया है। डॉ. सिंह ने वर्ष 2003 से स्नात्तकोतर स्तर के विद्यार्थियों को पढ़ाने, राष्ट्रीय एवं अन्तर्राष्ट्रीय प्रशिक्षण कार्यक्रम आयोजित करने के साथ–साथ अभी तक 5 पुस्तकों, 14 पुस्तक अध्याय, 28 शोध पत्र, 25 से अधिक लोकप्रिय आलेख तथा 6 तकनीकी प्रपत्रों का प्रणयन किया है। आपने 2017 तक 4 एम.एस.सी. एवं 2 पी.एच.डी. छात्रों का मार्गदर्शन भी किया है। डॉ. सिंह भारत के विभिन्न वि. वि. में परीक्षक तथा बी.एस.सी., एम.एस.सी. एवं पी.एच.डी. पर्यावरण विज्ञान की मूल्यांकनकर्ता भी हैं। डॉ. सिंह भारत सरकार की पर्यावरण विज्ञान एवं जलवायु परिवर्तन की बहुत सी परियोजनाओं को सफलतापूर्वक सम्पादन कर चुकी हैं।

रणबीर सिंह, वरिष्ठ तकनीकी अधिकारी के पद पर भारतीय कृषि अनुसंधान संस्थान, नई दिल्ली के जल प्रौद्योगिकी केन्द्र में कार्यरत हैं। इससे पूर्व आपने कृषि अभियांत्रिकी संभाग में पिछले 18 वर्षों तक कृषि यंत्रों एवं मशीनों के निर्माण, खेतों में प्रयोग, रख–रखाव प्रबंधन, फसलोत्पादन तथा कृषि यंत्रों के तकनीकी हस्तान्तरण का कार्य किया है। आपने एम. एस.सी. (कृषि) एवं नेट (सस्यविज्ञान) तथा एम.ए. अर्थशास्त्र में उपाधियाँ ली हैं। श्री सिंह ने 82 से अधिक वैज्ञानिक व लोकप्रिय कृषि लेख लिखे हैं तथा 6 पुस्तकों तथा 14 प्रपत्रों का आलेखन भी किया है। इन्होंने कई सेमिनारों/कार्यशालाओं/संगोष्ठिओं में राष्ट्रीय एवं अन्तर्राष्ट्रीय स्तर पर भाग लिया है तथा दो कृषि समितियों के आजीवन सदस्य भी हैं। उन्हें कृषि लेखन कार्य के लिए पूसा संस्थान के अतिरिक्त उनकी पुस्तक **''भारतीय कृषिः चुनौतियाँ एवं अवसर''** के प्रणयन हेतु गृह मंत्रालय के **''राजभाषा गौरव पुरस्कार''** 2015 से महामहिम राष्ट्रपति जी के कर कमलों द्वारा पुरस्कृत व सम्मानित भी किया जा चुका है। श्री सिंह को सामाजिक विज्ञान पुस्तक लेखन पर भारतीय कृषि अनुसंधान परिषद द्वारा **''डॉ. राजेन्द्र प्रसाद पुरस्कार''** 2016 भी प्रदान किया गया है। सम्प्रति आप भा.कृ.अ.प.–भा.कृ.अ.सं. नई दिल्ली स्थित जल प्रौद्योगिकी केन्द्र में जल संसाधन संरक्षण एवं उसके दक्षतापूर्ण प्रबंधन पर कार्य कर रहे हैं।

डॉ. ओ.पी. सिंह, प्रधान वैज्ञानिक (कृषि प्रसार), भारतीय कृषि अनुसंधान संस्थान, नई दिल्ली के कृषि प्रसार संभाग में कार्यरत हैं। आपने एम.एस.सी. एवं पी.एच.डी. (डेरी प्रसार) की उपाधियाँ के अतिरिक्त एल.एल.बी. एवं एम.बी.ए. की डिग्रियाँ भी प्राप्त की हैं। आपको वर्ष 2010 में राष्ट्रीय संसाधन प्रबंधन, अमृतसर (पंजाब) का उत्तम पेपर पुरस्कार सहित बहुत सारे अन्य पुरस्कारों को प्राप्त करने का गौरव प्राप्त है। डॉ. सिंह ने वर्ष 2017 से स्नात्तकोतर स्तर के विद्यार्थियों को पढ़ाने, राष्ट्रीय एवं अन्तर्राष्ट्रीय प्रशिक्षण कार्यक्रम आयोजित करने के अतिरिक्त अभी तक 4 पुस्तकों, 23 शोध पत्रों, 55 से अधिक लोकप्रिय आलेख तथा 1 तकनीकी प्रपत्र का प्रणयन किया है। वे विभिन्न वि.वि. में परीक्षक तथा एम.एस.सी. एवं पी.एच.डी. (कृषि प्रसार) के मूल्यांकनकर्त्ता भी हैं। डॉ. सिंह पिछले 25 वर्षों से भारत सरकार की जल एवं मृदा संरक्षण की बहुत सी परियोजनाओं जैसे; जल संग्रहण एवं समेकित जल संग्रहण का सफलतापूर्वक सम्पादन कर चुके हैं।

प्राक्कथन

पर्यावरण, जल, मृदा एवं ऊर्जा का संरक्षण हम सब के सम्मुख एक प्रमुख चुनौती का विषय है। वर्तमान में, सार्वभौम स्तर पर जीवाश्म ईंधन द्वारा ऊर्जा की माँग को पूरा करने की कोशिश की गई है, परन्तु जीवाश्म ईंधन एक सीमित प्राकृतिक संसाधन है। विश्व भर में, वैज्ञानिक विभिन्न ऊर्जा के स्रोत जैसे; ऊष्मीय, सौर, जल एवं नाभिकीय आधारित ऊर्जा आदि की खोज में व्यस्त रहे हैं अर्थात् एक उपयोगी एवं पर्यावरण के अनुकूल ऊर्जा की खोज करना, अत्यावश्यक हो गया है। इसका उद्देश्य प्रकृति को उचित एवं अत्यधिक परिशुद्ध विधि से समझना, जैवईंधन के विकास उपयोग एवं कृषि अवशेष, पशुओं और मनुष्यों द्वारा उत्पादित अवशिष्ट पदार्थ, नगरीय अवशिष्ट पदार्थ आदि से उत्पादन को बढ़ाना है। जीवाश्म ईंधन की बढ़ती हुई कीमतों और जलवायु परिवर्तन से पर्यावरण को सुरक्षित करने हेतु वैकल्पिक ऊर्जा के स्रोतों की खोज करना, अनिवार्य हो गया है।

जैवईंधन आसानी से नवीकरणीय होने वाले विस्तृत सामग्रियों जैसे; कृषि के अवशिष्ट, खाद, अन्य सहोत्पादों आदि से उत्पादित होने वाले कम लागत वाले, दक्षतापूर्वक ईंधन है। इसके फलस्वरूप राष्ट्र की विदेशी ऊर्जा पर निर्भरता में कमी आएगी। जैवईंधन के उपयोग से, उनके दहन के पश्चात् अत्यधिक कम मात्रा में कार्बन एवं जीव विष के निष्कासन के साथ ग्रामीण क्षेत्रों में अधिक संख्या में रोजगार को प्रदान करता है। जैवईंधन के उत्पादन हेतु फसलों की माँग में वृद्धि होगी, जो कृषि उद्योगों को आर्थिक उत्तेजन प्रदान करेगा। इस कारण, नवीनीकरणीय ऊर्जा के स्रोतों से स्वच्छ ईंधन जैसे; गन्ना, मक्का, कसावा से इथेनॉल, विभिन्न प्रकार के पौधों जैसे; नारियल, पॉम, जैट्रोफा द्वारा उत्पादित तेलों से जैवडीजल आदि से देश के जीवाश्म ईंधन के लिए निर्भरता में कमी एवं भूमण्डलीय तापक्रम वृद्धि के लिए योगदान संबंधित विकास करना आवश्यक है। इस पुस्तक में विभिन्न क्षेत्रों से संबंधित जैसे; जैवइथेनॉल, जैवहाइड्रोजन, जैवगैस, जैवडीजल आदि के उत्पादन, विद्युत ऊर्जा के उत्पादन एवं ऊर्जा संरक्षण आदि कार्य किया गया है। विकासशील देशों के ग्रामीण क्षेत्रों में आर्थिक गतिहीनता को अभिभूत करने हेतु उपयुक्त नीतियों के मापदण्ड की अभूतपूर्व माँग की आवश्यकता है।

अतः यह हमारी आशा है कि संपोषणीय जैवईंधन के प्रस्ताव का अध्ययन, जैवईंधन क्रियाओं का परिवचन करने वाली सरकारों, व्यापारों एवं संगठनों के लिए. (विशेषतः ऊर्जा अभिगम और ग्रामीण समुदायों के लिए जीविका का अवसर) उपयोगी विचारों को उपलब्ध कराना है। यह प्रख्यापन विश्व की अर्थव्यवस्था के नवीन एवं सक्रिय क्षेत्रों के अध्ययन हेतु योगदान को उपलब्ध कराएगा। इस दृष्टि से इस पुस्तक के प्रख्यापन का महत्व और भी बढ़ जाता है और इसके द्वारा विषय से जुड़े सभी वैज्ञानिकों, विद्यार्थियों एवं

सरकारी कर्मचारियों को इसमें चर्चित सभी विषयों की जानकारी मिलेगी और वे इससे लाभान्वित होंगे। साथ ही यह कार्यवृत्त देश के उन नीति निर्धारकों, नियोजकों व कृषि कर्मियों के लिए जैवईंधन संबंधित एक बहुमूल्य दस्तावेज सिद्ध होगा जो देश के विकास के साथ–साथ पर्यावरण के प्रति सचेत है।

लेखक गण

भा.कृ.अ.प. – भारतीय कृषि अनुसंधान संस्थान, नई दिल्ली–110012 (भारत)
ICAR-INDIAN AGRICULTURAL RESEARCH INSTITUTE
(A DSEEMED TO BE UNIVERSITY UNDER SECTION 3 OF UGC ACT, 1956)
NEW DELHI-110012 (INDIA)

Phones : 011-2584 2367, 2584 3375
Fax : 011-2584 6420
E-mail : director@iari.res.in
Website : www.iari.res.in

डॉ. अशोक कुमार सिंह
उपमहानिदेशक (कृषि प्रसार) एवं
निदेशक, भा.कृ.प.–भा.कृ.अ.सं. (अतिरिक्त प्रभार)

Dr. Ashok Kumar Singh
Deputy Director General (Ag. Extension) &
Director, ICAR-IARI (Additional Charge)

आमुख

तीव्रगति से बढ़ती हुई जनसंख्या और औद्योगीकरण के कारण, आज विश्व प्राकृतिक संसाधनों में हो रहे ह्रास से चिंतित है। उपजाऊ भूमि के क्षेत्रफल में कमी, जल संसाधनों में घटाव, भूमि जल स्तर में गिरावट, वानिकीय संसाधनों का लुप्त होना आदि बढ़ते जा रहे हैं। वर्तमान परिदृश्य ऊर्जा के बढ़ते उपभोग के फलस्वरूप, ऊर्जा के पारंपारिक स्रोत (कोयला, पेट्रोलियम, प्राकृतिक गैस) समाप्त होने के कगार पर आ चुके हैं, जो कि आने वाली पीढ़ियों के सामने विकट समस्या उत्पन्न कर रहें हैं। इस परिदृश्य को देखते हुए आज विश्व के वैज्ञानिक व शोधकर्त्ता ऊर्जा के ऐसे नए विकल्प खोजने का निरंतर प्रयास कर रहे हैं, जो पारंपारिक ईंधनों का दक्षतापूर्वक प्रतिस्थापन कर सकें। कृषि अवशेषों से जैवईंधनों की उत्पत्ति, नवीनीकरणीय ऊर्जा का अति उत्तम विकल्प है। कृषि अवशेष जैसे; गन्ने की खोई, चावल का भूसा, गेहूँ का भूसा, मक्के के अवशेष इत्यादि का जैव ईंधनों के लिए अनिर्मित सामग्री के रूप में उपयोग किया जा सकता है। भारत में प्रतिवर्ष 550 मिलियन टन कृषि अवशेषों का उत्पादन होता है।

कृषि अवशेषों को खुले में जलाने से वायु प्रदूषण तथा ग्रीनहाऊस गैसों का उत्सर्जन होता है। यदि इन कृषि अवशेषों का उपयोग जैव ईंधनों की उत्पत्ति हेतु किया जाएगा, तो इससे न केवल हमारी तेल के लिए दूसरे देशों पर निर्भरता में कमी आएगी, बल्कि जलवायु परिवर्तन की समस्या का निवारण भी हो सकेगा और साथ ही रोजगार के अवसर भी उपलब्ध होंगे।

प्रस्तुत पुस्तक में जैवभार आधारित ईंधन, जैट्रोफा आधारित जैवडीजल, जैविक इथेनॉल, जैव हाइड्रोजन, जैवगैस, सूक्ष्म शैवाल से जैवईंधन, जैवईंधनों का जीवन चक्र विश्लेषण, जैवईंधन संबंधित नीतियाँ एवं ऊर्जा संरक्षण इत्यादि विषयों पर आधारित अध्याय सम्मिलित हैं। इस पुस्तक का मुख्य उद्देश्य वैज्ञानिकों, शोधकर्त्ताओं, तकनीकी सहायकों, नीति निर्धारकों, नियोजकों, विद्यार्थियों एवं सामान्य जनों को इस विषय से संबंधित जानकारी पहुँचाना और पर्यावरण के प्रति सचेत करना है। आशा है कि इस पुस्तक का शिक्षण सामग्री के रूप में उपयोग करने से इस विषय से जुड़े सभी लोग लाभान्वित होंगे।

मै ''**कृषि अवशेषों से जैवईंधन**'' नामक पुस्तक के प्रकाशन हेतु डॉ. रेनू सिंह, श्री रणबीर सिंह एवं डॉ. ओ.पी. सिंह को धन्यवाद दूता हूँ।

शुभ कामनाओं सहित।

(डॉ. अशोक कुमार सिंह)

Trust for Advancement of Agricutural Science
Avenue-II, Indian Agricultural Research Institute, New Delhi-110012

Phones : 011-6543 7870
Telefax : 011-2584 3243
E-mail : taasiari@gmail.com
Website : www.taas.in

Dr. R.S. Paroda
Founder Chairman

अग्रसारण

भारत एक कृषि प्रधान देश है। हमारे देश की कुल जनसंख्या का लगभग दो–तिहाई भाग कृषि पर निर्भर करता है तथा कृषि जमीन, जल, जलवायु, बीज, उपकरण एवं ऊर्जा क्षमताओं पर निर्भर करती है। भारतीय कृषि की उत्पादकता वृद्धि हेतु सार्वभौमिक ऊर्जा की उपलब्धता महत्वपूर्ण एवं आवश्यक घटक है। विश्व के अन्य विकसित देशों की अपेक्षा लगभग सभी विकासशील देशों की प्रति व्यक्ति ऊर्जा की उपलब्धता लगभग एक चौथाई है। सभी विकसित देशों में प्रति व्यक्ति ऊर्जा की उपलब्धता अधिक होने के कारण कृषि क्षेत्रों में भारी विकास दृष्टिगत है, वहीं विकासशील देश ऊर्जा में उपलब्धता वृद्धि एवं कृषि विकास हेतु प्रयत्नशील है। ऊर्जा के विभिन्न स्रोत हैं यथा, नाभिकीय वैद्युत, तापीय वैद्युत, भू–गर्भीय ऊर्जा, वायु ऊर्जा, सौर ऊर्जा, लहरों द्वारा उत्पन्न ऊर्जा, जल विद्युत, जीवाश्मीकृत हाइड्रोकार्बन तथा ज्वलनशील कार्बनिक पदार्थ। इसके अतिरिक्ति सभी जीवधारी अपने शरीर द्वारा कार्य करने की क्षमता रखते हैं, इसे जानवरों द्वारा प्राप्त ऊर्जा कहते हैं, जैसे बैल, भैंसा, ऊँट, हाथी, गधों, खच्चरों इत्यादि द्वारा प्राप्त ऊर्जा। ऊर्जा के स्रोतों को दो वर्गो में बाँटा गया है। पहले वर्ग में वह स्रोत आते हैं, जो कभी खत्म नहीं होंगे जैसे; सौर व पवन ऊर्जा, जल ऊर्जा, जैवईंधन आदि। दूसरे वर्ग में वे स्रोत आते हैं, जिनके भंडार सीमित हैं जैसे; प्राकृतिक गैस, कोयला, पेट्रोलियम आदि। चूँकि ऊर्जा के भंडार तेजी से समाप्त हो रहे हैं, इसलिए अब आवश्यकता इस बात की है कि वैकल्पिक ऊर्जा के विविध विकल्पों का प्रयोग किया जाये। वर्तमान में जीवाश्म ईंधन जैसे पेट्रोल एवं डीजल के स्थान पर पौधों के रूप में अधिक उपयोग किया जाने लगा है। इनका उत्पादन आमतौर पर कृषि फसलों से किया जाता है। जैवईंधन का उत्पादन जैट्रोफा, करंज, कपास बीज, सोयाबीन, कॉर्न आदि के तेल, शैवाल जनित तेल, पुनर्चक्रित खाद्य तेल, चर्बी, पशु चर्बी या इन पदार्थो के विभिन्न संयोजन से होता है।

भारत में कृषि क्षेत्रों सहित जीवन के विभिन्न अन्य क्षेत्रों में भी जैवईंधन ऊर्जा की प्रयोग की विपुल सम्भावनाएँ हैं। जैवईंधन के प्रयोग की सम्भावनाएँ इसलिए अधिक हैं क्योंकि हमारे देश में लगभग प्रतिवर्ष 635 मिलियन टन फसल अवशेष उत्पन्न होते हैं। इनमें से 58 प्रतिशत अनाज वाली फसलों से, 17 प्रतिशत गन्ना, 20 प्रतिशत रेशा वाली फसलों, 3 प्रतिशत दलहनी फसलों एवं 5 प्रतिशत तिलहनी फसलों से उत्पन्न होते हैं। भारत में वर्तमान में लगभग 100 मिलियन टन फसल अवशेष जलाये जाते हैं। इन अवशेषों का उपयोग मृदा स्वास्थ्य के अतिरिक्त जैवईंधन के लिए भी किया जा सकता है।

फसलों से जैवईंधन तैयार करने संबंधित साहित्य हिन्दी भाषा में उपलब्ध नहीं है। डॉ. रेनू सिंह, श्री रणबीर सिंह एवं डॉ. ओ.पी. सिंह ने फसलों से जैवईधन की तकनीक को एक पुस्तक के रूप में प्रस्तुत किया है, जो कि सराहनीय प्रयास है। मुझे आशा ही नही पूर्ण विश्वास है कि यह पुस्तक विद्यार्थियों, कृषि प्रसार कार्यकर्ताओं, किसानों एवं प्राध्यापकों के लिए बहुत ही उपयोगी सिद्ध होगी। मैं लेखकों को उनके उत्कृष्ठ प्रयास के लिए बधाई देता हूँ।

राजेन्द्र परोदा

(डॉ. आर. एस. परोदा)
पूर्व सचिव, डेयर एवं महानिदेशक, भा.कृ.अ.प.
एवं अध्यक्ष, टास

विषय सूची

अध्याय 1

जैवईंधन का सिंहावलोकलन

भारत में तीव्र गति से बढ़ती जनसंख्या के कारण जहाँ एक ओर औद्योगीकरण बढ़ा है, वहीं दूसरी ओर ऊर्जा के प्राकृतिक संसाधन बहुत तेजी से घट रहे हैं। ऊर्जा की मांग की पूर्ति के लिये विदेशों से इनका आयात करना पड़ रहा है। विशेषज्ञों का मानना हैं कि विदेशों में उपलब्ध ऊर्जा के ये साधन भी इसी बढ़ती जनसंख्या का भार अधिक दिनों तक नहीं उठा सकते हैं और आगामी 20–30 वर्षो में इनके समाप्त होने की आशंका व्यक्त की जा रही है। इसलिये पूरा विश्व ऊर्जा के अन्य विकल्पों की खोज में लगा हुआ है और इस दिशा में पूर्व में होने वाले अनुसंधानों से पता चलता है कि जैव ऊर्जा हमारी इस खोज को अधिकतम सीमा तक पूरा कर सकती है। इसमें दो राय नहीं हैं कि ऊर्जा का यह स्रोत भी प्रकृति का निःशुल्क उपहार है। परन्तु इसे प्रयोग करने के लिये इसका रूपान्तरण आवश्यक होता है। विशेषज्ञों का यह भी मानना है कि ऊर्जा का यह विकल्प हमारे दैनिक जीवन में आवश्यक ऊर्जा की माँग को पूरा करने के अतिरिक्त मानव सभ्यता को दीर्घ आयु भी प्रदान कर सकता है और इसी कड़ी में भारत सरकार ने भी समूचे विश्व के साथ मिलकर इस दिशा में कदम बढ़ाया है और कई परियोजनाओं का आरम्भ किया है।

देश में 15 फरवरी वर्ष 2015 को नवीनीकरण ऊर्जा स्रोतो पर आयोजित रिन्यूएबल एनर्जी ग्लोबल इन्वेस्टर्स मीट एंड एक्पो के उद्घाटन समारोह में हमारे प्रधानमंत्री श्री नरेंद्र मोदी जी ने कहा कि ''भारत में हर गरीब परिवार को भी यह अपेक्षा है कि उसका बच्चा पढ़े, पढ़–लिख कर आगे जाए। लेकिन जब परीक्षा का समय होता है तब रोशनी के अभाव के कारण उसकी जिंदगी वहीं रुक जाती है। क्या यह एक सरकार का, समाज का एवं देश का दायित्व नहीं है कि हमारे देश के हर गरीब व्यक्ति को अपने सपनों को साकार करने के लिए जिस ऊर्जा की आवश्यकता है वह ऊर्जा उसे प्राप्त हो। विकास का प्रकाश उसके घर जब तक नहीं पहुँचेगा तब तक वह खुद रोशनी से लाभान्वित नहीं होगा। इसलिए मेरे दिल–दिमाग के अंदर भारत का एक सामान्य व्यक्ति बैठा हुआ है, वह गरीब व्यक्ति बैठा हुआ है, वह अंधेरे में डूबे हुए गांव मेरे दिमाग में सवार हैं और उसके रास्ते मैं खोज रहा हूँ ताकि हमारे पास जो भी आज सामर्थ्य है उसका इष्टतम उपयोग करके हम इन आवश्यकताओं की पूर्ति कैसे करें? एक ओर जलवायु को लेकर पूरी दुनिया बहुत चिंतित है। संसाधन खत्म होते जा रहे हैं, लोग भयभीत हैं और दूसरी तरफ प्रकृति के साथ जीवन जीते–जीते भी अपनी आवश्यकताओं की पूर्ति कैसे की जाए, उस पर अब गंभीरता से सोचा

जा रहा है। उसी के अतंर्गत आज नवीनीकरणीय ऊर्जा पर भारत अपना ध्यान केंद्रित करना चाहता है।''

वर्ष 2011 की जनगणना के अनुसार भारत के लगभग 44 प्रतिशत ग्रामीण घरों में बिजली नहीं थी। यहाँ तक कि जिन घरों में बिजली पहुँच चुकी है, वहाँ आपूर्ति में असमय कटौती की समस्या है। भोजन पकाने के लिये आवश्यक ऊर्जा के रुप में केवल 13 प्रतिशत ग्रामीण घरों में एल.पी.जी. का प्रयोग किया जाता है जबकि लगभग 74 प्रतिशत परिवार लकड़ी, फसल अवशिष्ट और गोबर के उपलों पर निर्भर हैं। रोशनी हेतु लगभग 44.4 प्रतिशत ग्रामीण घरों में अब भी कैरोसिन का प्रयोग किया जाता है, जिसके परिणामस्वरुप वातावरण प्रदूषित और स्वास्थ्य संबंधी समस्याएं सामने आ रही हैं। मनुष्य की जीवनशैली में आए बदलाव और कृषि उद्यमों, टेलीविजन, मोबाइल फोन, कंप्युटर आदि जैसे आधुनिक साधनों को ग्रामीण लोगों के द्वारा तेजी से अपनाये जाने से ऊर्जा की मांग कई गुना बढ़ गई है। सरकार पर्याप्त बिजली, भोजन पकाने हेतु गैस और तेल की पर्याप्त मात्रा से ग्रामीण क्षेत्रों की बढ़ती आवश्यकता पूरी करने का प्रयास कर रही है, परन्तु सीमित संसाधन एवं गांवों की कठिन भौगोलिक परिस्थितियां होने के कारण इनकी पहुँच सीमित रह जाती है। ऐसी स्थिति में जैव ऊर्जा ग्रामीण क्षेत्रों में ऊर्जा की समस्या सुलझाने के लिए आशा की किरण साबित हो रही है।

ऊर्जा के स्रोतों को दो वर्गो में बाँटा गया है। पहले वर्ग में वे स्रोत आते हैं, जो कभी खत्म नहीं होंगे जैसे; सौर व पवन ऊर्जा, जल ऊर्जा, जैवईंधन आदि। दूसरे वर्ग में वह स्रोत आते हैं जिनके भंडार सीमित है जैसे; प्राकृतिक गैस, कोयला, पेट्रोलियम आदि। चूँकि उर्जा के भंडार तेजी से समाप्त हो रहे हैं, इसलिए अब आवश्यकता इस बात की है कि वैकल्पिक ऊर्जा के विविध विकल्पों का प्रयोग किया जाये।

ऊर्जा के बिना मानव जीवन की कल्पना नहीं की जा सकती है। सदियों से मानव अपनी आवश्यकता के लिए ऊष्मा, प्रकाश आदि को ऊर्जा के स्रोत के रुप में प्रयोग करता रहा है। विकास के लिए ऊर्जा की आवश्यकता होती है। ऊर्जा की बदौलत ही औद्योगिक विकास में बढ़ोत्तरी, रोजगार में लाभ, ग्रामीण पिछड़ेपन को दूर करने में सहायक, अर्थव्यवस्था में मजबूती, विकास दर में तेजी आदि सभंव हो सकती है। वर्तमान समय में विद्युत को मानव जीवन का आधार कहा जाता है, विद्युत ऊर्जा का दूसरा नाम है और इसका मुख्य स्रोत कोयला है। कोयला की उपलब्धता सीमित है और एक निश्चित समय के बाद इसका भंडार समाप्त हो जाएगा, इसलिए दीर्घ अवधि से वैकल्पिक ऊर्जा की खोज की जा रही थी। इसी क्रम में अक्षय ऊर्जा की खोज की गई। अक्षय ऊर्जा के स्रोतों में सूर्य का प्रकाश, जल, पवन, ज्वार–भाटा आदि। अब आवश्यकता है, इन स्रोतों का उपयोग घरेलू एवं कृषि आधारित कार्यो में प्रयोग किये जाने वाले उपकरण जैसे; सोलर ऊर्जा चालित पंप, सोलर ऊर्जा चालित ड्रायर, सोलर ऊर्जा चालित शीतलन भंड़ार गृह, सोलर ऊर्जा चलित स्प्रेयर आदि को चलाने के लिये किया जाये।

भारत में ऊर्जा का क्षेत्र

देश की लगभग दो तिहाई जनसंख्या गाँवों में निवास करती है और आजीविका चलाने के लिये वह कृषि एवं इसके सहायक उद्योग जैसे; दूध उत्पादन, मुर्गीपालन, मछलीपालन, वन आधारित लघु उद्योग (पत्तियों से प्लेट बनाने, शहद प्रसंस्करण, बांस उत्पाद आदि बनाने) पर निर्भर है। इन गतिविधियों में शामिल अनेक कार्यो के लिए जैसे; सिंचाई के लिए जल पंपिंग, कटाई पश्चात् संसाधन, मशीनें आदि को चलाने के लिए आवश्यक आधुनिक ऊर्जा के पहुँचने से लाखों ग्रामीण घरों की आय बढ़ाने में सहायता मिल रही है। इसके अतिरिक्त आज सड़कों पर दिखाई देने वाली गाड़ियों से लेकर बिजली के अभाव में प्रयुक्त जेनेरेटर तक के इंजन में ईंधन के रूप में 95 प्रतिशत जीवाश्म ईंधन अर्थात् पेट्रोलियम–डीजल का उपयोग होता है। यह ईंधन नवीनीकरणीय न होने के कारण अपर्याप्त है, बल्कि भविष्य में प्राप्त भी नहीं होगा। दूसरी ओर इसके प्रयोग से निकलने वाले धुएं में कई ऐसे कारक हैं, जो जैव–पारिस्थितिकी के संतुलन को बिगाडने में अहम भूमिका निभाते हैं। डीजल ईंधन में उपयोग हेतु डीजल का प्रतिस्थापन के रूप में सामने आ चुका है, जैवईंधन।

जैवईंधन का उत्पादन जैट्रोफा, करंज, कपास बीज, सोयाबीन, कॉर्न आदि के तेल, शैवाल जनित तेल, पुनर्चक्रित खाद्य तेल, चर्बी, पशु चर्बी या इन पदार्थो के विभिन्न संयोजन से होता है। इनके परिष्करण हेतु अपनाए गए उपायों में ट्रांसएस्टरीफिकेशन, तेल निष्कर्षण, परिशोधन आदि शामिल हैं। इसका उत्पादन न्यूनतम लागत पर सामान्य जैवरासायनिक प्रक्रिया से किया जाता है। मक्का, ज्वार, आलू व गन्ने की मिलों के बचे हुये शीरे से एल्कोहल बनाकर पेट्रोल में 20:80 अनुपात में मिलाकर इंजनो व वाहनों में उपयोग किया जा रहा है तथा वृक्षों से मिलने वाले बीजों का अखाद्य तेल भी बायो डीजल के साथ 20:80 के अनुपात में मिलाकर उपयोग में लाया जा रहा है। इसके अतिरिक्त लकड़ी, भूसा, कोयला व अन्य कृषि अवशेष को मिलाकर उत्पादक गैस भी तैयार की जा रही है। इन गैसों से विद्युत के सृजन के लिए गैसीफायर इंजन प्रणालियाँ भी विकसित की गई हैं।

अक्षय ऊर्जा (नवीनीकरणीय ऊर्जा)

नवीनीकरणीय ऊर्जा यानी जो वर्तमान की आवश्यकताओं को पूरा करे और भविष्य को कोई नुकसान न पहुँचे और जो नवीनीकरणीय स्रोतों पर आधारित है। इन स्रोतों में सौर, पवन, हाइड्रोजन, जैव, भू–ऊष्मा, तरंग और ज्वार द्वारा उत्पन्न शक्ति शामिल है। देश में जीवश्म ईंधन की सीमित उपलब्धता और ग्लोबल वामिंग के खतरों को देखते हुए हरित और नए ऊर्जा स्रोतों का विकल्प खोजने की आवश्यकता महसूस की गई। जीवाश्म ईंधन का सीधा संबंध कार्बन उत्सर्जन से है। देश में पिछले 10 से 12 वर्षों से ये प्रयास किए जा रहे हैं कि विद्युत उत्पादन के दौरान होने वाले कार्बन उत्सर्जन को हम कैसे कम कर सकते हैं साथ ही वर्ष 2030 तक 40 प्रतिशत विद्युत उत्पादन जीवाश्म रहित ईंधन से प्राप्त किया जा सके। देश में नवीनीकरणीय ऊर्जा स्रोतों को बढ़ावा देने से पर्यावरण संरक्षण के साथ

विदेशी मुद्रा की भी बचत होगी। अपशिष्ट से भी घर–घर में ऊर्जा उत्पादित की जा सकती है। यह सबसे प्रचलित जैव ईधन है। इसमें कोई संदेह नहीं है कि नवीनीकरणीय क्षेत्र में 'स्किल इंडिया, स्टार्टअप इंडिया और मेक इन इंडिया' के विकास की भी अपूर्व संभावनाएं हैं।

जैवईंधन

पौधों पर आधारित ईंधन, जैवईंधन कहलाते हैं। वर्तमान में जीवाश्म ईंधन जैसे पेट्रोल एवं डीजल के स्थान पर पौधों के रूप में अधिक उपयोग किया जाने लगा है। इनका उत्पादन आमतौर पर कृषि फसलों से किया जाता है। जैवईंधन दो प्रकार के होते हैं, जैसे; इथेनॉल और जैव डीजल। इथेनॉल को आमतौर पर मीठी ज्वार, मक्का और गन्ने से बनाया जाता है जबकि जैव डीजल को ताड वृक्ष जैट्रोफा, करंजा आदि के फलों तथा बीजों से बनाया जाता है। पारंपारिक जीवाश्म ईंधन की तुलना में कृषि फसलों से उत्पन्न जैवईंधन कम प्रदूषित होता है और ग्रीनहाउस गैसों का उत्सर्जन भी कम होता है।

चित्र 1.1 जैव ईंधन का चिन्ह

विश्व में जैवईंधन हेतु प्रयास

अमेरिका में ऊर्जा और पर्यावरण योजना के अंतर्गत जैव ऊर्जा कार्यक्रम में बायोडीजल की आपूर्ति हेतु ऊर्जा फसलों की खेती और उसके वैकल्पिक बाजार को प्रोत्साहित किया जा रहा है, ताकि आगामी दशकों में परम्परागत ऊर्जा स्रोत पर संयुक्त राष्ट्र की निर्भरता को घटाया जा सके। ब्राजील में बहुत पहले ही पेट्रोल के स्थान पर गन्ने से निकलने वाले इथेनॉल का प्रयोग हो रहा है। आस्ट्रेलिया ने भी नब्बे के दशक की शुरूआत में रेपसीड तेल से निकलने वाले मिथाइल इस्टर को ही बिना बदले डीजल इंजन में प्रयोग करना प्रारंभ कर दिया था। कनाड़ा और कई यूरोपीय देशों में अब बायोडीजल प्रचलन में आ चुका है। डीजल इंजन पर जैव ईंधन की परख उसकी श्यानता स्फंशंक, अम्ल मूल्य इत्यादि के आधार पर की गई इष्टतम व अनुकूलतम ऊर्जा स्रोत का दर्जा दिया गया है। अमेरिका में सोयाबीन

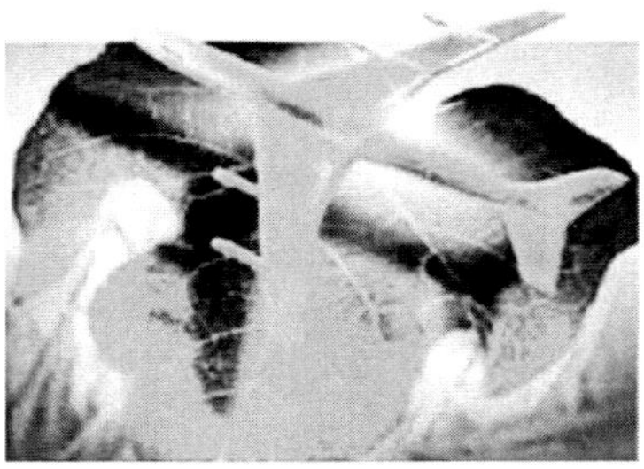

चित्र 1.2 जैव ईंधन से हवाई जहाज की उड़ान

तेल से प्राप्त बायोडीजल को शीत सहनीकरण की प्रक्रियाओं से गुजरने के पश्चात जैवईंधन के साथ मिश्रित कर इकाई जहाज उड़ाया गया।

बायोडीजल के लिए भारत में भी कार्य प्रगति पर है। सरकारी एवं गैर सरकारी सहित अनेक संस्थाओं ने इस कार्य में कदम बढ़ाये हैं। रक्षा मंत्रालय ने भी इस कार्य में रूचि दिखाकर अनेक कदम उठाएं हैं। रक्षा मंत्रालय के निर्देश पर रक्षा अनुसंधान तथा विकास संगठन के अंतर्गत रक्षा कृषि अनुसंधान प्रयोगशाला, पिथौरागढ़ (उत्तराखंड) ने बायोडीजल और ऊर्जा फसलों पर वृहत अनुसंधान कार्य प्रारंभ कर, जैट्रोफा की दो प्रजातियों (डीएआरएल–1 व डीएआरएल–2) का पता लगाया है। जिनमें 34.4 व 36.5 प्रतिशत तेल उपलब्ध है। इस डीआरडीओ की पहल से सैन्य बल को वाहनों के लिए भविष्य में तेल उपलब्ध कराया जाएगा। इस अनुसंधान के अंतर्गत कई मिलिट्री फार्म मऊ, सिकंदराबाद और अहमदनगर में बनाए गए हैं। ये केन्द्र न केवल बायोडीजल पर अनुसंधान कर हमारे सैन्य बलों को आत्मसुरक्षा व आत्मविश्वास देगा बल्कि पर्यावरण के सन्तुलन में भी अहम भूमिका निभाएगा। इसके शीघ्र परिणामों की आशा की जा रही है।

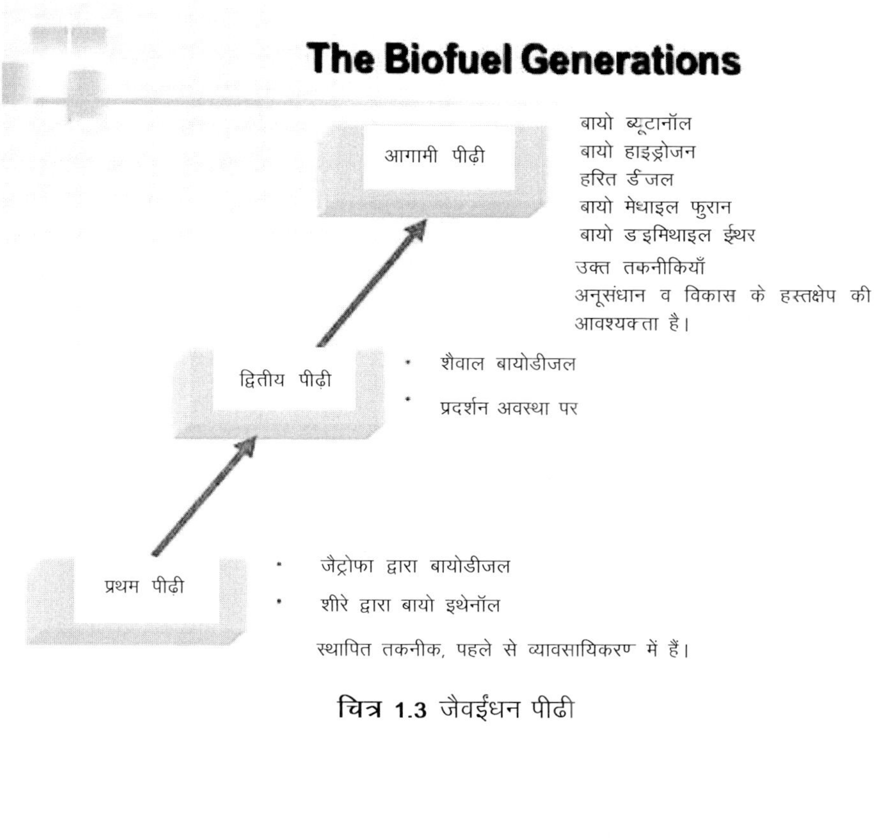

चित्र 1.3 जैवईंधन पीढी

भारत में जैवईंधन की आवश्यकता

वर्तमान में समस्त विश्व की बढ़ती जनसंख्या के कारण संसाधनों की माँग बढ़ रही है, इसलिए सभी देश अपने–अपने जीवाश्म ईंधन एवं पेट्रोलियम भंड़ारणों को बचाने की कोशिश करने में लगे हुए हैं, क्योंकि पेट्रोलियम पदार्थों के भंड़ारों का समाप्त होना निश्चित है। इसके साथ–साथ जीवाश्म ईंधन के अंधाधुंध प्रयोग से न केवल इनका भूगर्भ तेजी से बढ़ा है अपितु वायु प्रदूषण भी लगातार बढ़ रहा है। विभिन्न शोधों से ज्ञात हुआ है कि आने वाले वर्षों में ऊर्जा संसाधनों की मांग लगभग 40–50 प्रतिशत तक बढ़ जाएगी व देश में उत्पादित करने वाले क्षेत्रों में आपूर्ति की मात्र 10–12 प्रतिशत तक ही वृद्धि हो सकेगी। हमारे देश में एक वर्ष में पेट्रोलियम पदार्थ की खपत लगभग 141.785 मिलियन टन है और हम विश्व के चौथे बड़े उपभोक्ता है। यदि औद्योगिक विकास की गति को बनाये रखना है तथा अपने वातावरण को बचाना है तो हमें जैव ईंधन/जैव ऊर्जा पर विशेष ध्यान देना होगा। भारत सरकार ने भी राष्ट्रीय बायोडीजल नीति वर्ष 2009 के अंतर्गत इस दिशा में कदम उठाए हैं और भारत में बायोडीजल उत्पादन के लिए अखाद्य तेल वाली फसलों को अनुपजाऊ भूमियों पर उत्पादन की स्वीकृति दी है।

भारतीय परिदृश्य में जैवईंधन की बहुत ही आवश्यकता है क्योंकि जीवाश्म ईंधन की घटती उपलब्धता, अन्तर्राष्ट्रीय बाजार में तेल की बढ़ती कीमत एवं वातावरण पर होने वाले हानिकारक प्रभाव, जैवईंधन की महत्ता को और भी अधिक परिलक्षित कर कर रहे हैं। जैवईंधन एक पुनरूपादित ऊर्जा का स्रोत है जो कि जैविक पदार्थ से प्राप्त होते हैं। जैवईंधन के रूप में जैवइथेनॉल एवं बायोडीजल अह्म भूमिका निभा सकते हैं। जहाँ तक इथेनॉल का प्रश्न है, ब्राजील में इसे चीनी से, अमेरिका में अनाज वाली फसलों से, यूरोप में चुकंदर से, भारत में शीरे से इसे तैयार किया जा रहा है। विश्व के अनेक देश जैसे ब्राजील, अमेरिका, आस्ट्रेलिया आदि इथेनॉल का उपयोग विभिन्न अनुपात में पेट्रोल में मिश्रित करते हैं एवं सफलतापूर्वक वाहन चलाने के काम में ला रहे हैं। भारत में इथेनॉल उत्पादन हेतु विभिन्न फीड–स्टॉक का उपयोग किया जा सकता है, जैसे कि गन्ना रस, शीरा, मीठी ज्वार, शकरकन्द, चुकन्दर, मक्का, आलू इत्यादि।

बायोडीजल एक फैटी एसिड इथनॉल या मिथाइल इस्टर है तथा इसे खाद्य एवं अखाद्य तेल व पशु की चर्बी से भी बनाया जा सकता है। बायोडीजल वातावरण हितकारी भी है क्योंकि इसमें सल्फर एवं एरोमेटिक्स की मात्रा न के बराबर होती है। दूसरी ओर बायोडीजल का गुण लगभग पेट्रोलियम डीजल के बराबर ही पाया जाता है। इसलिए एक अनुपात में मिश्रण के बाद गाड़ी के इंजन की बदलाव की भी आवश्यकता नहीं पड़ती है। भारत जैसे देश में बायोडीजल के निर्माण के लिए अखाद्य तेलों का सहारा लेना पड़ेगा, जैसे कि अखाद्य तेल उत्पादन करने वाले कुछ प्रमुख तिलहन वृक्ष हैं, जैसे; जैट्रोफा, करंज, महुआ, नीम व अरण्डी इत्यादि।

जैवईंधन पर राष्ट्रीय नीति

भारत सरकार द्वारा जैव ईंधन पर एक नई 'परिवर्धित राष्ट्रीय नीति' लाने की कोशिश हो रही है। तत्कालीन सरकार के नवीन एवं नवीनीकरणीय ऊर्जा मंत्रालय द्वारा तैयार जैवईंधन पर राष्ट्रीय नीति को केन्द्रीय मंत्रीमंडल द्वारा 11 सितम्बर, 2008 को मंजूरी दी गई थी। इस राष्ट्रीय जैवईंधन नीति के अनुसार, 2017 से जैव के बारे में 20 प्रतिशत मिश्रण के लिए बायोइथेनॉल और बायोडीजल प्रस्तावित किया गया था। इसमें घोषित नीति के द्वारा देश में उपजाऊ भूमि में पौध रोपण को प्रोत्साहन देने के अतिरिक्त सामुदायिक, सरकारी, जंगली बंजर भूमि पर जैवईंधन से संबंधित पौधरोपण को बढ़ावा दिया जाएगा तथा व्यर्थ, डिग्रेडेड एवं सीमांत भूमि में होने वाले अखाद्य तेल बीजों से बायोडीजल का उत्पादन किया जाएगा। राष्ट्रीय नीति में स्पष्ट किया गया था कि उत्पादकों को उचित मूल्य प्रदान करने के लिए जैवईंधन तेल बीजों के मूल्य को समय–समय पर बदलने के प्रावधान के साथ न्यूनतम समर्थन मूल्य घोषित किया जाएगा। उत्पादकों को न्यूनतम समर्थन मूल्य प्रणाली की विस्तृत जानकारी दी जाएगी और जैवईंधन संचालन समिति द्वारा सनय–समय पर नई दरों पर विचार किया जाएगा। तेल विपणन कंपनियों द्वारा बायोइथेनॉल की खरीद के लिए न्यूनतम समर्थन मूल्य उत्पादन की वास्तविक लागत और बायोइथेनॉल के आयातित मूल्य पर आधारित होगा। बायोडीजल के मामले में न्यूनतम सम्र्थन मूल्य वर्तमान खुदरा डीजल मूल्य से भी संबंधित होगा। बायोडीजल स्वदेश उत्पादन पर केन्द्रित होगा और पाम तेल आदि वसामुक्त अम्ल के आयात की अनुमति नहीं होगी। जैवईंधन यानी बायोडीजल और बायोइथेनॉल को घोषित उत्पादों के अंतर्गत रखा जाएगा ताकि जैवईंधन के अप्रतिबंधित परिवहन को राज्य के भीतर और बाहर सुनिश्चित किया जा सके। नीति में बताया गया है कि कोई भी कर या शुल्क बायोडीजल पर नहीं लगाया जाएगाा। जैवईंधन के क्षेत्र में शोध के लिए जैव प्रौद्योगिकी विभाग, कृषि और ग्रामीण विकास मंत्रालय और नवीन एवं नवीकरणीय ऊर्जा मंत्रालय के नेतृत्व में संचालन समिति के अधीन एक उप समिति का गठन किया जाएगा। शोध विकास और प्रदर्शन पर विशेष जोर दिया जाएगा। जिसके केन्द्र में रोपण, प्रसंस्करण और उत्पादन प्रौद्योगिकी समेत दूसरी पीढ़ी से सेल्युलोज से बने जैवईंधन शामिल होंगे। सरकार को आशा है कि भारत में वर्ष 2022 तक जैवईंधन व्यवसाय 50 हजार करोड़ रुपए तक पहुँच जाएगा।

भारत में जैव ईंधन आधारित अनुसंधान की उपलब्धियाँ

भारत में जैवईंधन अनुसंधान, जिसमें जैट्रोफा एवं करंज प्रमुख है, बहुत सरकारी एवं निजी संस्थायें कार्यरत हैं। वे जनद्रव्य एकत्रीकरण, उसका आकंलन, प्रजनन कार्य, पौध रोपण तकनीक इत्यादि विभिन्न पहलुओं का कार्य कर रही हैं। भारतीय कृषि अनुसंस्थान परिषद, नई दिल्ली भी नेटवर्क कार्यक्रम के अन्तर्गत राज्य कृषि विश्वविद्यालयों के विभिन्न केन्द्रों एवं परिषद के विभिन्न संस्थानों के माध्यम से अनुसंधान एवं विकास कार्य में संलग्न

है। इसी प्रयास के अन्तर्गत भारतीय कृषि अनुसंधान संस्थान, नई दिल्ली, राष्ट्रीय कृषि वानिकी अनुसंधान केन्द्र, झांसी एवं केन्द्रीय बारानी कृषि अनुसंधान संस्थान, हैदराबाद में जैट्रोफा एवं करंज अनुसंधान एवं विकास के कार्य किये जा रहे हैं।

भारत में अखाद्य तेल बीजों का उत्पादन

चित्र 1.4 भारत में जैव ईंधन हेतु प्रयास

भारत में विभिन्न भौगोलिक असमानता के कारण अलग–अलग क्षेत्रों में अलग–अलग अखाद्य फसलों का उत्पादन होता है। देश के बाजारों में अखाद्य तेल हेतु सर्वाधिक मांग जैट्रोफा, करंज एवं कैमेलिन आदि की होती है। इसलिए जैवईधन के लिए इन फसलों को उगाना उपयुक्त होता है। इन के अतिरिक्त जैवईंधन के लिए मक्का, गन्ना, सोयाबीन, गेहूँ, सरसों, चुकंदर आदि को उगाया जा सकता है।

जैवईधन हेतु जैट्रोफा

हमारे देश के विभिन्न भागों में इस फसल को रतनजोत, चन्द्रजोत, जंगली अरंड एवं जमालघोटा आदि नामों से जाना जाता है, जबकि इसका वानस्पतिक नाम जैट्रोफा करकस है। यह एक बहुवर्षीय, छोटे आकार (3–4) एवं चौड़ी पत्तियों वाला झाड़ीनुमा, पतझड़ी, नरम छाल युक्त, तेजी से बढ़ने वाला पौधा है। इसके बीजों से तेल को पारंपारिक डीजल बनाया जा सकता है। जैट्रोफा तेल को डीजल में 5 से 20 प्रतिशत तक मिलाकर इंजन की बनावट में बिना कोई परिवर्तन किए प्रयोग किया जा सकता है। इसे शुष्क एवं अर्धशुष्क क्षेत्रों में भी उगाया जा सकता है। सामान्य तौर पर जैट्रोफा का पौधा दूसरे वर्ष में फूलने–फलने लगता है। वर्षा के समय पौधे में फूल आना प्रारंभ हो जाता है तथा नवम्बर–दिसम्बर माह में हरे रंग के फल काले पड़ने लगते हैं। इसके फलों को दिसम्बर–जनवरी में पक जाने पर तोड़ लिया जाता है। सिंचित अवस्था में 1.5–2.0 कि.ग्रा. बीज प्रति पौधा प्राप्त होते हैं तथा इसके बीजों में तेल की मात्रा 30 प्रतिशत होती है। जैट्रोफा से 30 से 40 वर्षों तक आर्थिक रूप से लाभकारी उपज प्राप्त की जा सकती है। तेल की उपज देने वाले पौधे की खेती के अन्तर्गत क्षेत्रफल, उत्पादन तथा उत्पादकता बढ़ाने के लिए केन्द्र तथा राज्य सरकारों

द्वारा विभिन्न प्रकार की सुविधाएं उपलब्ध कराई जा रही हैं और प्रोत्साहन दिए जा रहे हैं। जैट्रोफा की विधिवत खेती भारत में मुख्यतः राजस्थान, कर्नाटक, महाराष्ट्र तथा पंजाब राज्यों में की जाती है। भारत सरकार, योजना आयोग, तेल मंत्रालय तथा कृषि विभाग इसके तेल को भविष्य के डीजल के रूप में देख रही है। जैट्रोफा को न केवल जैवडीजल की खेती के अतिरिक्त अनेक उपयोगों के लिए भी उगाया जाता है, जैसे;

1. जैट्रोफा पौधे का बाड़ के रूप में प्रयोग।
2. जैट्रोफा का नर्सरी के रूप में प्रयोग।

चित्र 1.5 जैट्रोफा पौधे का दृश्य

जैट्रोफा के प्रमुख गुण

- जैट्रोफा का पौधा ऊसर, बंजर, शुष्क, आर्द्र शुष्क पथरीली और अन्य किसी भी प्रकार की भूमि पर आसानी से उगाया जा सकता है। जल भराव वाली भूमियों में इसको नहीं उगाया जा सकता है।
- इसके पौधों को पशु नहीं खाते हैं और न ही पक्षी नुकसान पहुँचाते हैं जिससे इसकी देखभाल करने की आवश्यकता कम नहीं है।
- इसका पौधा कम समय में बढ़कर तैयार हो जाता है और रोपाई के दो वर्ष में उत्पादन प्रारंभ कर देता है।
- इसके बीज में 35–40 प्रतिशत तक तेल पाया जाता है।
- इसके पौधे उगाने पर भूमि पर हानिकारक प्रभाव भी नहीं पड़ता है।
- इसकी खेती करके बंजर भूमि का कटाव रोका जा सकता है तथा बंजर भूमि का सुधार भी होता है।
- इसके पौधों को कृषि वानिकी के रूप में खेत की मेंड़ों पर उगाया जा सकता है।
- इसके पौधें उगाने से भूमि में दीमक व सफेद लट् की समस्या कम होती है।

जैट्रोफा के औषधीय गुण

- जैट्रोफा के पूर्ण विकसित तने से निकलने वाले लाल रस का उपयोग घाव, जले अंगो तथा फोड़े आदि के उपचार में किया जाता है। इसे रक्त बहने वाले स्थान पर लगाने से रक्तस्राव तुरंत रूक जाता है।
- जैट्रोफा से प्राप्त लेटेक्स में कैंसररोधी गुण पाए गए हैं।
- लेटेक्स का उपयोग दांतों की समस्या में भी होता है।
- इसके लेटेक्स का उपयोग मक्खी के काटने पर भी किया जाता है।
- बीजों का उपयोग पेट के कीड़े मारने तथा पेट साफ करने में किया जाता है।
- ग्रामीण लोग इसकी पतली टहनियों का दातून के रूप में प्रयोग करते हैं।
- उत्तरी सूड़ान में इसके बीज तथा फलों का उपयोग गर्भनिरोधक के रूप में किया जाता है।
- जैट्रोफा के पत्ते के सत् में दस्तकारी गुण पाए गए हैं।
- पौधों की जड़ों की छाल गठिया तथा बीजों से ड्रॉप्सी, लकवा और चर्मरोगों का उपचार किया जाता है।
- होम्योपैथी में इसका उपयोग सर्दी में पसीना आने पर, उदर–शूल, ऐंठन तथा दस्त आदि रोगों के उपचार में किया जाता है।

जैट्रोफा से ग्रामीण रोजगार की संभावनाएं

भारत में 142 करोड़ हेक्टेयर भूमि पर कृषि होती है। जिसमें से 69 करोड़ हेक्टेयर भूमि पर वन हैं। भारत में 39 करोड़ हेक्टेयर पर घने वन हैं और 31 करोड़ हेक्टेयर पर संग्रहित वन हैं। इनमें भी वनों का 14 करोड़ हेक्टेयर क्षेत्र पर संयुक्त प्रबंधन के अधीन है। जंगल की लगभग 3.0 करोड़ हेक्टेयर अनुमानित भूमि पर जैट्रोफा की खेती सरलता से की जा सकती है। इस खेती पर आने वाले व्यय का 62 प्रतिशत अप्रशिक्षित श्रमिकों के साथ वेतन के रूप में खर्च होगा। शेष का 38 प्रतिशत विचारणीय अनुपात वेतन पर खर्च होगा। बीज उत्पादन प्रारंभ होने के प्रयास प्रत्येक हेक्टेयर पर 311 व्यक्तियों के लिए रोजगार उत्पन्न होगा। बीज को एकत्र करना भी श्रमाधारित कार्य है। एक बार खेती का कार्य अच्छी प्रकार स्थापित हो जाने के बाद प्रत्येक हेक्टेयर पर प्रतिदिन 40 लोगों की आवश्यकता होगी और बीज एकत्र करने में रोजगार उत्पत्ति के अतिरिक्त बीजों को संग्रहित करने और तेल निष्कासन में भी रोजगार उपलब्ध होगा।

विश्व में जैट्रोफा पर अनुसंधान

विश्व में जैट्रोफा से प्राप्त होना वाला तरल हाइड्रोकार्बन को ईंधन के तौर पर पहले ही पहचान लिया गया था। प्रसिद्ध जीव शास्त्री मेलविन कालविन जब प्रकाश–संश्लेषण पर कार्य कर रहे थे तो उन्होंने अनेक पौध प्रजातियों को पृथक किया, जो प्रकाश–संश्लेषण द्वारा बने जैव पदार्थों के एक महत्वपूर्ण भाग को लेटेक्स में बदलने की क्षमता रखते हैं। कालविन के अनुसार इस लेटेक्स में उपलब्ध हाइड्रोकार्बन में बदले जा सकते हैं। उन्होंने वनस्पति समुदाय को अनेक पेट्रोलियम प्रजातियों से अवगत कराया। उदाहरणार्थ एपोसाइनेसी, एस्कलेपियाडेसी, यूफोरबोसी आदि कुल के सदस्य पेट्रोलियम गुणों से युक्त हैं जो जैव ऊर्जा के उत्तम हैं और पेट्रोल व डीजल का श्रेष्ठ विकल्प हैं। 20 वीं सदी के प्रारम्भ में डीजल इंजन के आविष्कारक रूडोल्फ डीजल ने भी बायोडीजल की उपयोगिता को पहचाना था। उन्होंने वनस्पति तेल से चलने वाली गाड़ी के कई प्रयोग किए तथा भविष्य में पेट्रोलियम भंडार समाप्त हो जाने पर जैव ईंधन के उपयोग का सुझाव भी 1912 में ही दे दिया था।

भारत में अनुसंधान

हमारे देश में नोबोड बोर्ड, राष्ट्रीय तिलहन एवं वनस्पतिक तेल बोर्ड, गुडगाव में पिछले दशक में देश के विभिन्न विश्वविद्यालयों के अतिरिक्त भा0कृ0 अनुसंधान संस्थानों में कृषि फसलों से जैवईंधन तैयार किये जाने हेतु अनेक परियोजनाओं के माध्यम से कार्य किया जा रहा है, जैसेः

1. करंज (पोंगेमिया)

करंज का पेड़ दक्षिण भारत में प्रमुखता से पाया जाता है। यह अत्यधिक गुणवत्ता के कारण इसे माँ की गोद के नाम से भी जाना जाता है। इसके बीजों से तेल मिलता है, तथा तेल का उपयोग जैविक डीजल बनाने के अतिरिक्त प्रकाश के लिए भी होता है।

2. कैमेलिना

यह कम दिनों में पक कर तैयार होने वाली, सरसों कुल की एक वर्षीय एवं शरद ऋतु में उगने वाली तिलहनी वर्ग की फसल है जिसे अनुपजाऊ भूमि में व अन्य किसी भी फसल के साथ अन्तः सस्य के रूप में उगाया जा सकता है। यह बायोडीजल का महत्वपूर्ण स्रोत है क्योंकि इसके बीजों में तेल का मात्रा 36–41 प्रतिशत तक होती है। कैमेलिन के तेल में ओमेगा–3 वसा अम्ल तथा संतृप्त वसा अम्लों की मात्रा और विटामिन ई भी पाया जाता है जो एन्टीऑक्सीडेंट है। इसके तेल में ईरूसिक अम्ल तथा इकोसिनोइक अम्ल की मात्रा आवश्यकता से अधिक होती है जिसके कारण इसके तेल को स्वास्थ्य कारणों से खाने योग्य नहीं माना जाता है। इसके अतिरिक्त इसका उपयोग सौन्दर्य त्वचा हेतु औषधियों, साबुन एवं मृदु डिटर्जेंट, ग्लिसरोल आदि के उत्पादन हेतु भी किया जा सकता है। रक्षा जैवऊर्जा अनुसंधान संस्थान, हल्द्वानी द्वारा एन.बी.पी.आर. के माध्यम से पुनः स्थापन कर उत्तराखंड व अन्य स्थानों पर सफलतापूर्वक उगाया जा रहा है।

जैविक स्रोतों से ऊर्जा उत्पादन की संभावनाएं

जैविक स्रोत जैसे कृषि एवं पशु अपशिष्ट एवं रसोई व जैविक कचरे बायोमास से ऊर्जा उत्पादन ग्रामीण क्षेत्रों में बदलाव ला रहा है। बायोगैस कार्बनिक उत्पादों, प्राथमिक रुप से पशुओं के गोबर, फसलों के अवशेष, रसोई के अपशिष्ट तथा कृषि वानिकी उत्पादों आदि को जलाकर ऊर्जा प्राप्त की जाती है। विश्व स्वास्थ्य संगठन के अनुसार विश्व में लगभग 30 करोड़ लोग भोजन बनाने के लिए एवं ताप ऊर्जा के लिए गोबर, लकड़ी एवं फसल अपशिष्टों का उपयोग पारंपारिक विधियों से करते हैं। जैविक या गोबर गैस का उपयोग ग्रामीण क्षेत्रों मे भोजन पकाने, तापन, रोशनी पैदा करने, कुछ विशिष्ट गैस इंजनों में मोटिव पॉवर पैदा करने तथा आल्टरनेटर के द्वारा विद्युत उत्पादन में किया जाता है। सरकार द्वारा प्रोत्साहित की जा रही तीन मुख्य बायोमास तकनीकियाँ हैं, – उदाहरणार्थ चीनी मिलों में खोई आधारित सह–उत्पादन, बायोमास विद्युत अनुप्रयोग। नवीन और नवीनीकरण ऊर्जा मंत्रालय धान की भूसी समेत कृषि के विभिन्न अवशेषों से बिजली उत्पादन को प्रोत्साहन दे रहा है। भारत में कृषि अवशेष से ऊर्जा उत्पादन की प्रबल संभावनाएं हैं।

ऊर्जा संरक्षण उपायों पर भी ध्यान दें?

ऊर्जा संरक्षण के निम्नलिखित उपाय अपनाये जाने चाहिए जैसे:

1. साधारण बल्ब के स्थान पर LED/CFL का प्रयोग करें।
2. एलईडी यातायात लाइटें प्रयोग करें।
3. ट्यूब लाइटों में इलेक्ट्रोनिक चोक और पंखें में रेगुलेटरों का प्रयोग करें।
4. जल की आपूर्ति प्रणाली में रिसाव तथा दक्ष पंपों और मोटरों का प्रयोग करें।

5. स्वचालित गति वाले पंखे और मोटरों का प्रयोग करें।
6. ऊर्जा दक्ष बिजली के उपकरण जैसे पंखे, फ्रिज, एयर कंडीषनर, कूलर, रुप हीटर और वॉटर पंपों का प्रयोग करें।
7. ईंधन के लिये काटे गये वृक्षों के स्थान पर नये वृक्ष लगाये जाने चाहियें।
8. सौर ऊर्जा एवं बायोगैस उत्पादन संयंत्रों के डिजाइन में सुधार कर उन्हें और अधिक दक्ष बनाना चाहिए।
9. सोलर ऊर्जा का प्रसार–प्रचार पूरे देश में किया जाना चाहिए तथा इसके उपयोग के लिये विकसित तकनीक को जन–मानस तक पहुँचना चाहिए।
10. गैर परंपरागत ऊर्जा स्रोत की खोज और उनके उपयोग के लिये तकनीकों का विकास किया जाना चाहिये।
11. बायोगैस ऊर्जा उत्पादन को वृहत स्तर पर लिया जाना चाहिए।

किसी भी देश की अर्थव्यवस्था वहाँ उपस्थित ऊर्जा के प्राकृतिक स्रोतो पर निर्भर करती है जो उस राष्ट्र को विकास के मार्ग में गति प्रदान करती है। भारत जैसे विकासशील देश जिसे उत्तरोत्तर विकास की गति बनाये रखना है तो उसे ऊर्जा के क्षेत्र में आत्मनिर्भरता की ओर ध्यान देना होगा। जीवाश्म ईंधन की घटती उपलब्धता, खनिज तेल और पेट्रोलियम पदार्थ की बढ़ती कीमतें एवं इसके आयात में लगने वाली विदेशी मुद्रा एक चिन्ता का विषय है एवं इसी परिपेक्ष्य में जैव ईंधन एक वैकल्पिक ऊर्जा का अच्छा स्रोत उन्नत हो सकता है। भारत सरकार, विभिन्न राज्य सरकारें, गैर सरकारी एवं निजी संस्थानों द्वारा चलाये जा रहे प्रयास भविष्य में सहायक सिद्ध होंगे और जैवईंधन उत्पादन की दिशा नें धनात्मक परिणाम मिलेंगे।

❑❑❑

अध्याय 2

जैव–रासायनिक तकनीक से जैवभार आधारित ईंधन

जैसे–जैसे जनसंख्या और औद्योगीकरण बढ़ता जा रहा है वैसे–वैसे ऊर्जा की माँग भी बढ़ती जा रही है। परन्तु जितनी तेजी से ऊर्जा का उपयोग हो रहा है, उतनी ही तेज़ी से ऊर्जा के स्रोतों का विकास नहीं हो पा रहा है। विकासशील देशों के साथ–साथ आज विकसित देशों के लिए भी तेज गति से ऊर्जा के स्रोतों का उत्पादन करना, कठिन हो रहा है। अधिकतर देशों में अभी तक परम्परागत ऊर्जा के स्रोतों जैसे; कोयला, पेट्रोलियम, प्राकृतिक तेल आदि के द्वारा ही ऊर्जा की माँग पूरी की जा रही है। परम्परागत ईंधनों के कारण आज प्रत्येक देश दो बड़ी समस्याओं से जूझ रहा है:

1. जिस गति से हम परम्परागत ईंधनों का उपयोग कर रहे हैं, उससे ये खत्म होने के कगार पर आ चुके हैं। वैज्ञानिकों के अनुसार विश्व के तेल भण्डार 2050 तक समाप्त हो जाएंगे।
2. परम्परागत ईंधनों से निकलने वाले धुएँ, वायु प्रदूषण के मुख्य कारण बनते जा रहे हैं। जीवाश्म ईंधनों को जलाने से सल्फर डाइ ऑक्साइड (SO_2) उत्सर्जित होती है, जिसके कारण वश अम्ल वर्षा होती है। एक निर्धारित सीमा से अत्यधिक ग्रीनहाउस गैसों जैसे; कार्बन डाइ ऑक्साइड (CO_2) मिथेन (CH_4) आदि के निकलने की वजह से विश्व में जलवायु परिवर्तन की समस्या उत्पन्न हो रही है। आज हमें ऐसे ऊर्जा के विकल्प ढूँढने की आवश्यकता है, जो सस्ते, नवीकरणीय और प्रदूषण रहित हो। इसलिए ऊर्जा के अन्य विकल्पों उदाहरणार्थ, सौर ऊर्जा, पवन ऊर्जा, ऊष्मीय ऊर्जा, जल–विद्युतीय ऊर्जा, जैवईंधन आदि की ओर ध्यान देने की अधिक आवश्यकता है।

जैवभार का ग्रीनहाउस प्रभाव में प्रमुख योगदान है। विश्व में कोयले, पेट्रोलियम और प्राकृतिक गैस के बाद जैवईंधन का चौथा स्थान है और यह ऊर्जा का मुख्य स्रोत बनता जा रहा है। जैव ईंधन हर प्रकार की ऊर्जा की आवश्यकताएँ जैसे; बिजली उत्पादन के लिए, वाहन चलाने के लिए, कारखानों तथा फैक्ट्रियों में मशीनें चलाने के लिए आदि को पूरा करता हैं। अक्षय ऊर्जा के सभी विकल्पों में जैव ईंधन एक ऐसा ऊर्जा का विकल्प है जो सौर ऊर्जा का अच्छे से उपयोग करता है। यह एक मात्र ऐसा कार्बन स्रोत है जिसे

आसानी से ठोसिय, द्रव्यीय और गैसीय ईंधनों में विभिन्न प्रक्रियाओं द्वारा रूपांतरित किया जा सकता है।

जैवभार (Biomass)

जैवभार एक ऐसा ईंधन है जो धरती में पाए जाने वाले सभी सजीव जीवों से निर्मित होता हैं। ये पेड़–पौधों, फसलों, शैवाल आदि से बनता हैं। ये कार्बन, हाइड्रोजन, ऑक्सीजन और नाइट्रोजन से बना होता है तथा सल्फर भी थोड़ी मात्रा में उपस्थित होता है। पौधे प्रकाश–संश्लेषण के द्वारा कार्बोहाइड्रट का निर्माण करते हैं, जो जैवईंधन की नींव है।

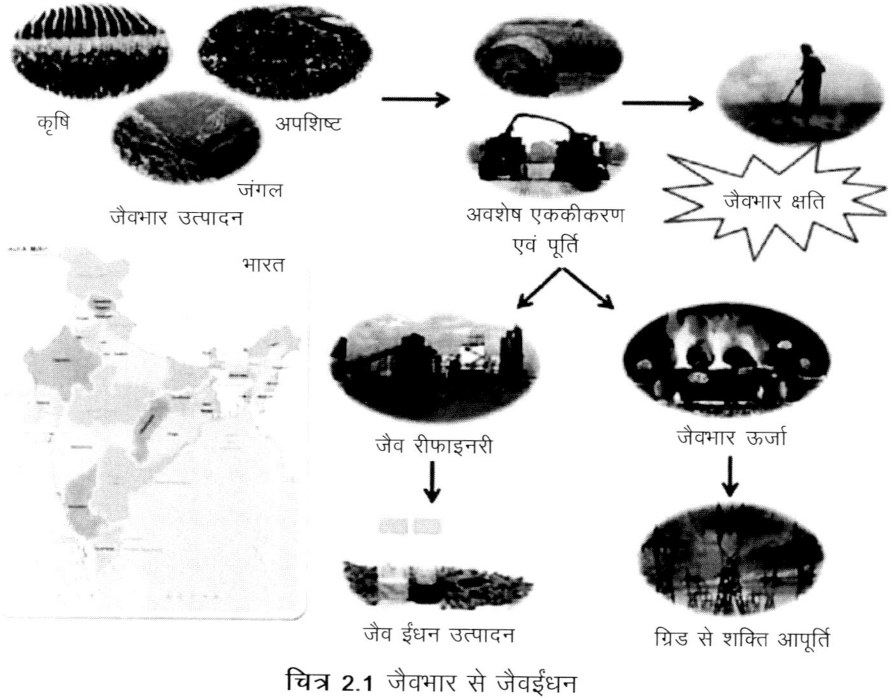

चित्र 2.1 जैवभार से जैवईंधन

जैवभार की उपयोगिता

प्राचीन काल से ही जैवईंधन ऊर्जा का मुख्य स्रोत है। वर्तमान में विश्व की कुल ऊर्जा में जैवईंधन 10–14 प्रतिशत का योगदान देते हैं। जैवभार को जलाने से वायु प्रदूषण फैलता है। इनको जलाने के कारण विषैली गैसें जैसे सल्फर डाइ ऑक्साइड (SO_2) नाइट्रोजन डाइ ऑक्साइड (NO_2) निकलती है, जो अम्लीय वर्षा कराती है। अम्लीय वर्षा जीव–जन्तुओं, पेड़–पौधों और मानव के लिए हानिकारक होती हैं। परन्तु जैवभार की तुलना में, कोयले को जलाने से सल्फर डाइ ऑक्साइड (SO_2) 90 प्रतिशत अधिक निकलती है। वायु प्रदूषण के

अन्य स्रोतों की अपेक्षा जैवभार से कम वायु प्रदूषण होता हैं, जैवभार का ऊर्जा के रूप में प्रयोग करने के अनेक लाभ हैः

1. जैवभार एक अक्षय ऊर्जा है।
2. जैवभार दीर्घकालिक और पर्यावरण के अनुकूल है।
3. जैवभार के अधिकतर उपयोग से परम्परागत ईंधनों की बचत होती है।
4. जैव ईंधन से परम्परागत ईंधनों की अपेक्षा कम वायु प्रदूषण फैलता है। इसमें सल्फर की मात्रा कम होती है, इसलिए कम मात्रा में सल्फर डाइ ऑक्साइड (SO_2) उत्सर्जित होती है।
5. कोयला जैवभार की अपेक्षा दहन क्रिया के उपरान्त अधिक राख उत्पन्न करता है, जिसे मृदयोजक के रूप में उपयोग किया जा सकता है।
6. खेती, वानिकीय तथा शहरी ठोस अवशेष के दहन से ऊर्जा उत्पादन करना, एक महत्वपूर्ण अवशेष प्रबंधन का उपाय है। इससे न केवल अवशेष व्यवस्था की समस्या का उपाय होता है, बल्कि अवशेष से आय का भी रास्ता निकलता है।
7. जैवभार एक घरेलू संसाधन है, जिसके मूल्य और आपूर्ति में कोई भी अस्थिरता नहीं होती है।
8. जैवभार स्वच्छ, नवीकरणीय ऊर्जा का स्रोत है, जो पर्यावरण, अर्थव्यवस्था तथा ऊर्जा को सुरक्षा प्रदान करता है।
9. जैवभार के उपयोग से कार्बन डाइ ऑक्साइड (CO_2) का वायुमण्डल में उत्सर्जन भी कम किया जा सकता है।

जैवभार से ऊर्जा का उत्पादन विभिन्न प्रकार से किया जा सकता है। अधिकतर जैवईंधन का उपयोग घरेलू प्रयोजन तथा लघु उद्योगों में किया जाता है। इसे प्रत्यक्ष दहन की प्रक्रिया द्वारा वाष्प और टर्बाइन के उपयोग से बिजली बनाने के काम में लिया जाता है इस प्रक्रिया में गैसिफायर का उपयोग जैवभार को दहनशील गैस में परिवर्तित करने में किया जाता है। जैवभार को अधिक ऊष्मा से ताप–अपघटन (Pyrolysis) के द्वारा ऊर्जा युक्त तेल में भी परिवर्तित किया जा सकता है जिसका संचयन करना सरल होता है। इन तेलों को पेट्रोलियम की तरह दहन करके विद्युत उत्सर्जन के लिए प्रयोग किया जा सकता है।

बायोमास गैसीकरण का ऊर्जा लेखा परीक्षण

पंजाब में बायोमास गैसीकरण आधारित विद्युत संयंत्रों का ऊर्जा लेखा परीक्षण किया गया। 76.5 मेगावाट कुल क्षमता वाले सात संयंत्रों को विभिन्न स्थानों में स्थापित किया

गया। मुक्तसर जिले में गुलाबी–वाला गांव में मालवा विद्युत संयंत्र में लगभग 55,000 टन धान की पुआल खरीदी गई। इससे आप–पास के गांवों से लगभग 20,000 एकड़ भूमि 12,000 रुपये प्रति टन मूल्य से खरीद की गयी। धान के अंतर्गत लगभग 28 लाख हेक्टेयर क्षेत्र इसमें शामिल है और इस राज्य में लगभग 175 लाख टन धान का पुआल प्रति वर्ष उत्पादित होता है और इसे जलाया जाता है, जिसका मूल्य 2,100 करोड़ रुपये के बराबर है। यदि बायोगैस गैसीकरण संयंत्र लगाए जाते हैं, तो इस पुआल का उपयोग बिजली उत्पादन के लिए किया जा सकता है। विद्युत संयंत्र के आस–पास 20 से 25 कि.मी. व्यास वाले क्षेत्र में धान की पुआल एकत्र करने से प्रति एकड़ लगभग 3,000 रुपये की अतिरिक्त आय होती है तथा एक दिन में 10 से 12 एकड़ से 25,000 से 30,000 रुपये होती है। इसमें धान की फसल के मौसम जिसमें 6 सप्ताह होते हैं, 3 से 4 लाख रुपए की आय अर्जित की जा सकती है। धान की पुआल के प्रयोग को बढ़ाने के लिए सरकार प्रवाहक और रीयर पर 50 प्रतिशत अनुदान देती है। इस कार्य में तीन से चार वर्ष की अवधि में किसानों को अच्छा लाभ हो जाता है और साथ ही दूसरे लोग जो निवेश कर सकते हैं और धान की पुआल एकत्र करके उसकी बिक्री कर अतिरिक्त आय अर्तित कर सकते हैं।

जैवभार के संसाधन

जैवभार विभिन्न स्रोतों से प्राप्त किया जा सकता है, जो निम्न श्रेणियों में विभाजित किया जा सकता है:–

1. **अवशेष :** इस श्रेणी में खेती लघु उद्योगों और फसल अवशेष आते हैं।
2. **वानिकीय संसाधन** : इस श्रेणी में वनों से प्राप्त मध्यवर्तीय उत्पाद तथा विभिन्न अवशेष आते हैं।
3. **ऊर्जा खेती :** इसके अंतर्गत विभिन्न खाने योग्य तथा न खाने योग्य पौधे आते हैं।

आधुनिक तथा पारम्पारिक जैवभार भी एक अलग जैवभार का वर्गीकरण है। पारम्पारिक जैवभार विकासशील देशों तक सीमित है।

भूमि की उपलब्धता

खाद्य पदार्थों के उत्पादन हेतु भूमि की माँग जैवभार उत्पादन के लिए भूमि की उपलब्धता को निर्धारित करने वाला एक मुख्य कारक है। भूमि के कई प्रकार जैसे; अर्ध शुष्कीय, नम अर्ध शुष्कीय, उपनम शरद, नम शरद, अत्याल्प नम अर्ध शुष्कीय, उप नम एवं नम, प्राकृतिक जलप्लावित भूमि (फ्लूविसोल्स–Fluvisols) और ग्लीसोल्स (Gleysols) और वानिकीय भूमि जो फसलों के लिए योग्य नहीं है, आदि पाये जाते हैं।

जैवभार घटक

जैवभार की विशेषता उन विशाल अणुओं की रासायनिक एवं भौतिक गुणों पर निर्भर करती है, जिससे मिलकर वे निर्मित होते हैं। जैवभार की रासायनिक संरचना एवं उसमें पाए जाने वाले प्रमुख कार्बनिक घटकों का ईंधन उत्पादन और अन्य रासायनिक पदार्थों के उत्पादन की प्रक्रिया में मुख्य भूमिका होती है। जैवभार में विभिन्न मात्रा में सेल्युलोज (Cellulose), हेमीसेल्युलोज (Hemicellululose), लिग्निन (Lignin) एवं थोड़ी मात्रा में निष्कर्षण पाए जाते हैं। सेल्युलोज एक ग्लुकोज (Glucose) बहुलक है, जा 1, 4– डी–ग्लुकोपाइरेनोज (1,4-D-glucopyranose) इकाइयों से मिलकर बना होता है तथा जिसमें 1,4 इकाई अल्फा संरूपण में जुड़ी होती है, जिनका औसत आण्विक भार 100,000 है। अल्फा सेल्युलोज एक बहुशर्कराइड (Polysaccharide) है, जिसका सामान्य सूत्र $C_6H_{10}O_5$ है एवं हेमीसेल्युलोज जटिल बहुशर्कराइड है, जो कोशिका भित्ति में सेल्युलोज के साथ संगुणित होता है। ये बहुशकर्राइड, विभिन्न प्रकार के शर्करा जैसे; ग्लुकोज (Glucose), मैनोज (Mannose) जाइलोज (Xylose), अरेबिनोज (Arabinose) एवं मिथाइल ग्लुकोरोनिक (Methyl Glucoronic) और गैलाक्टयुरोनिक अम्ल (Galacturonic acid), जिसका औसत आण्विक भार 3000 से कम है, से मिलकर बना होता है। कुछ जैवभार मुख्यतः काष्ठ प्रजातियों की कोशिका भित्ति में लिग्निन बहु–शाखाऐं प्रतिस्थापी, एकल आण्विक एरोमेटिक बहुलक होते हैं, जो सेल्युलोज रेशों के साथ मिलकर लिग्नो सेल्युलोसिक संयुक्त का निर्माण करते हैं। जैवभार में सामान्यतः सबसे अधिक मात्रा में लगभग 40–50 प्रतिशत और हेमीसेल्युलोज 20–40 प्रतिशत भार के अनुसार पाए जाते हैं, उदाहरणतः गन्ने की खोई में सेल्युलोज 40–50 प्रतिशत, हेमीसेल्युलोज 20–30 प्रतिशत, लिग्निन 20–25 प्रतिशत और राख 1.5–3 प्रतिशत पाया जाता है।

जैवभार ऊर्जा (Biomass Energy)

विश्व में कोयले और कच्चे तेल के उपरान्त जैवभार चौथा सबसे बड़ा ऊर्जा का संसाधन है। पौधे कितनी मात्रा में जैवभार पैदा करतें हैं, ये इस बात पर निर्भर करता है कि उसने कितनी मात्रा में सौर ऊर्जा प्राप्त की और कितनी मात्रा में उसने कार्बोहाइड्रेट के रूप में एकत्रित किया है। प्रकाश संश्लेषण की प्रक्रिया में पौधे सौर विकरण का 0.1 प्रतिशत उपयोग करते हैं।

$$CO_2 + H_2O + \text{प्रकाश} \xrightarrow{\text{पर्णहरित}} (CH_2O) + O_2 + \text{ऊर्जा}$$

कार्बोहाइड्रेट का निर्माण प्रकाश संश्लेषण की विधि से किया जाता है। इसमें कार्बन डाइऑक्साइड, जल, पर्णहरित (Chlorophyll) और सौर प्रकाश की उपस्थिति में कार्बोहाइड्रेट का निर्माण करते हैं, जो अधिकांशतः ऊतक को बनाने में सहायक है। इनके रासायनिक बोन्ड में सौर ऊर्जा कुछ अनुपात में प्रग्रहित रहती है। यही रासायनिक बोन्ड

टूट कर कार्बोहाइड्रेट की उत्पत्ति का कारण बनता हैं। तालिका 2.1 जैवभार और उनकी ऊष्मीय मान को दर्शाती है।

तालिका 2.1 जैवभार और ऊष्मीय मान

जैवभार	अवशिष्ट (t ha^{-1})	ऊष्मीय मान (M J शुष्क Kg^{-1})
1. गेहूँ का भूसा	2.97	17.9
2. चावल का भूसा	4.52	16.8
3. बादाम की शाखाएँ	6.21	18.4
4. जैतून की अष्टि	64.0	18.9
5. पट्रोलीमिमेइस लिग्नाइट	–	16.9
6. वानिकीय अवशिष्ट	–	19.5
7. पिंघल के फल का छिलका	–	15.43
8. कुसुम के बीज	–	23.86
9. तोरई	–	26.7
10. कपास के बीज	–	16.9

जैवभार परिवर्तन प्रक्रिया (Biomass Conversion Technologies)

विभिन्न प्रक्रियाओं द्वारा जैवभार को ऊर्जा के अलग–अलग रूपों में परिवर्तित किया जा सकता है। जैवभार के द्वारा ईंधन का उत्पादन पर्यावरण के अनुकूल होता है। जैवभार अनिर्मित सामग्री की परिवर्तन प्रक्रिया उसके प्रकार गुण, मात्रा, ऊर्जा के रूप, पर्यावरण के मानकों, आर्थिक हालात और परियोजना विशेष कारकों पर निर्भर करता है। जैवभार को तीन मुख्य उत्पादकों में परिवर्तित किया जा सकता है:

1. विद्युतीय/तापीय ऊर्जा
2. परिवहन ईंधन
3. रसायन के लिए अनिर्मित सामग्री

जैविक हाइड्रोजन उत्पादन

आधुनिक साहित्य के अनुसार आने वाले भविष्य में हाइड्रोजन एक मुख्य ऊर्जा का वाहक होगा। जीवाश्म ईंधन की अपेक्षा जैवभार से हाइड्रोजन के उत्पादन पर अधिक ध्यान देने की आवश्यकता है, क्योंकि यह एक दीर्घकालिक और नवीनीकरणीय ऊर्जा का स्रोत है। जैविक हाइड्रोजन उत्पादन की सारी प्रक्रिया हाइड्रोजन पैदा करने वाले किण्वक पर निर्भर करती है। अनुमानतः हाइड्रोजन उत्पादन की पूर्ण प्रक्रिया किण्वक की मात्रा एवं

उसकी समवायी क्रिया पर आधारित होती है। ऐसा पाया गया है कि सभी किण्वकों में जटिल मेटैलोक्लस्टर (Metallocluster) क्रियाशील स्थल के रूप में होते हैं। किण्वक ईकाई के क्रियाशील स्थल का निर्माण एक जटिल प्रक्रिया है, जिसमें सहकारी किण्वकों एवं प्रोटीन परिपक्वता प्रक्रिया का योगदान होता है। नाइट्रोजिनेज़ (Nitrogenase), Fe-हाड्रोजिनेज़ (Hydro genase) और Ni Fe-हाइड्रोजिनेज़ ये तीन किण्वक इन अभिक्रियाओं को कार्यान्वित करने के लिए आवश्यक है।

किण्वणीय हाइड्रोजन उत्पादन

वात निर्पेक्ष जीवाणु (Anaerobic) और सूक्ष्म शैवाल प्रकाश रहित किण्वन द्वारा हाइड्रोजन का उत्पादन करते हैं। वात निर्पेक्ष जीवाणु जो कार्बोहाइड्रेट (Carbohydrate) से परिपूर्ण पदार्थ (Substrate) पर पैदा होते हैं, वे हाइड्रोजन के साथ–साथ कार्बन डाइ ऑक्साइड (CO_2) और कार्बनिक किण्वन अंतिम उत्पादकों को भी उत्पन्न करते हैं। ऐनट्रोबैक्टर (Enterobacter) बैसिलस (Bacillus) और क्लोस्ट्रीडियम (Clostridium) के शुद्ध संवर्धन (Culture) कार्बोहाइड्रेट से हाइड्रोजन को उत्पन्न करते हैं। जिन शुद्ध अधःस्तर का उपयोग किया जाता है, उनमें ग्लुकोज (Glucose), स्टार्च (Starch) और सेल्युलोज (Cellulose) होता है। हाइड्रोजन उत्पादन की प्रक्रिया में इनोकुलम का हाइड्रोजन के उत्पात में महत्वपूर्ण प्रभाव होता है, क्योंकि ये किण्वन अंतिम उत्पादकों पर असर डालता हैं। हाइड्रोजन उत्पादन में कार्बोहाइड्रेट अभिमान्य कार्बनिक कार्बन स्रोत है। जैवभार में एक ग्लुकोज, हाइड्रोजन के 4 मोल का उत्पादन करता है तथा जिसमें ऐसिटिक अम्ल (Acetic acid) उपोत्पाद है।

$$C_6H_{12}O_6 + 2H_2O_2 \rightarrow 2CH_3COOH + 2CO_2 + 4H_2$$

$$C_6H_{12}O_6 \rightarrow CH_3CH_2CH_2COOH + 2CO_2 + 2H_2$$

परपोषित जीवाणु के द्वारा प्रकाशरहित अवायवीय किण्वन (Anaerobic fermentation) की प्रक्रिया निम्नलिखित है :

$$\text{जैवभार} \rightarrow \text{कार्बोहाइड्रेट} \xrightarrow{\text{किण्वन}} \text{कार्बनिक अम्ल} \xrightarrow{\text{हाड्रोजिनेज}} H_2 + CO_2$$

प्रकाश संश्लेशण प्रक्रिया (Photosynthesis Process)

प्रकाश संश्लेषण की अभिक्रिया जिसमें प्रकाश की उपस्थिति में शैवाल, पर्पल सल्फर और सल्फर रहित जीवाणु हाइड्रोजन की पैदावार करते हैं, नीचे दर्शायी गई है:

$$H_2O + CO_2 \xrightarrow[\text{हाइड्रोजिनेज एवं नाइट्रोजिनेज}]{\text{सौर प्रकाश}} \text{कार्बोहाइड्रेड} + H_2 + O_2$$

सौर ऊर्जा की सहायता से अनेक प्रकाश पोषित जीव जैसे कि पर्पल जीवाणु (Purple Bacteria), हरे जीवाणु (Green Bacteria), साइनो बैक्टीरिया (Cyanobacteria) और अनेक प्रकार के शैवाल हाइड्रोजन का उत्पादन करते हैं। सूक्ष्म–शैवाल जैसे कि हरे शैवाल प्रकाश ऊर्जा को अवशोषित करते हैं और इलेक्ट्रॉन को उत्पन्न करते हैं। प्रकाश तंत्र द्वारा अवशोषित सौर ऊर्जा का प्रयोग इलेक्ट्रॉन का फेरेडॉक्सिन (Ferredoxin) के स्थानातंरण में किया जाता है। अलग–अलग जीवाणु में भिन्न–भिन्न क्रिया विधि पायी जाती है, परन्तु मुख्य क्रिया प्रकाश संश्लेषण के जैसी होती है। कुछ सूक्ष्म जीवों की नस्ल जैसे *रोडोसुडोमोनस कैप्सुलाटा* (*Rhodopseudomonas Capsulata*) कार्बनिक संयुक्त जैसे मैलेट (Malate), सक्सीनेट (Succinate) आदि की उपस्थिति में विकिरण के साथ हाइड्रोजन का उत्पादन करते हैं। साइनोबैक्टीरिया (Cyanobacteria) अधिकांश प्रकाश पोषित प्रोकैरियोट के समूहों का प्रतिनिधित्व करते हैं, जो हाइड्रोजन का उत्पादन करते हैं। प्रत्यक्ष प्रकाश अपघटन ऑक्सीजन (Oxygen) के प्रति संवेदनशील होता है, इसलिए इसके द्वारा हाइड्रोजन का उत्पादन जारी रखना कठिन है, जबकि अप्रत्यक्ष प्रकाश अपघटन इस समस्या का समाधान हाइड्रोजन और ऑक्सीजन को अलग–अलग स्तर पर पैदा करके दूर कर देता है। आधुनिक अध्ययन के अनुसार यह अनुमानित किया गया है कि प्रोटोन एक्सचेंज मेमब्रेन फ्युल सेल जिसका मान 1.5 KW है, के लिए हाइड्रोजन की प्रवाह दर 36 मोल अथवा 866 एस सल (866SL) प्रति घण्टा की आवश्यकता है।

जैविक वॉटर गैस शिफ्ट (Water Gas Shift) अभिक्रिया द्वारा हाइड्रोजन का उत्पादन

जैविक वॉटर गैस शिफ्ट अभिक्रिया हाइड्रोजन उत्पादन को एक नवीन मार्ग प्रदान करता है। कुछ प्रकाश परपोषित जीवाणु जैसे *रूब्रीवीवेक्स जिलेटिनोसस* (*Rubrivivax gelatinosus*) व्यापक ताप और वायुमण्डलीय दाब पर जैविक जल गैस शिफ्ट अभिक्रिया करने में सक्षम होते हैं। ये जीवाणु प्रकाश के बिना भी कार्बन मोनो ऑक्साइड (CO) को कार्बन स्रोत के रूप में उपयोग करके जीवित रह सकते हैं तथा इस प्रक्रिया में कार्बन मोनो ऑक्साइड (CO) के उपचयन के साथ H+ का H_2 में अवनति होती है तथा एडिनोसिन ट्राइ फोस्फेट (ATP) भी उत्पन्न होता है।

$$\text{जैवभार} \rightarrow CO\,(g) + H_2O\,(l) \rightarrow CO_2 + H_2\,(g)$$

$$\Delta G^0 = -20 \text{ k J mol-1}$$

अंधकार में पर्पल सल्फर रहित जीवाणु कार्बन मोनोऑक्साइड (CO) जल गैस शिफ्ट अभिक्रिया द्वारा 100 प्रतिशत कार्बन मोनो ऑक्साइड (CO) को हाइड्रोजन में परिवर्तित कर देता है। ये अन्य कार्बनिक अधःस्तर (Substrate) की उपस्थिति में भी कार्बन मोनो ऑक्साइड का उपयोग कर सकता है। एक अध्ययन के अनुसार प्रतिदिन 1 कि. ग्रा.

कोशिका, 1 कि. ग्रा. हाइड्रोजन ट्रिक्लिंग बेड बायोरिएक्टर (Trickling bed bioreactor) में पैदा कर सकती है। जैविक अभिक्रिया के द्वारा हाइड्रोजन उत्पादन की दर 96 mmol $H_2L^{-1}h^{-1}$ जबकि प्रकाश रहित वात निर्पेक्ष किण्वन (Anaerobic fermentation) प्रक्रिया द्वारा हाइड्रोजन उत्पादन की दर 20.50 mmol $H_2L^{-1}h^{-1}$ पाई गई है। यह अनुमानित किया गया है कि जैविक जल गैस शिफ्ट अभिक्रिया द्वारा हाइड्रोजन उत्पादन की प्रक्रमण लागत \$ 3.4 kg^{-1} जबकि अन्य जैविक प्रक्रिया द्वारा हाइड्रोजन उत्पादन की प्रक्रमण लागत लगभग \$ 12-20 kg^{-1} है।

जैवभार से जैवईंधन का उत्पादन–इथेनॉल

आटोमोबाइल के प्राचीन काल से ही इथेनॉल का उपयोग ईंधन के रूप में किया जा रहा था। परन्तु सस्ते पेट्रोल ने शीघ्रता से इथेनॉल का स्थान ले लिया है। 1970 के दशक के दौरान, जब ब्राजील की सरकार ने अपना "प्रोएलकूल प्रोग्राम" (Proalcool Programme) प्रक्षेपित किया तब इथेनॉल की ईंधन के रूप में बाजार में पुनः वापसी हुई। वर्तमान में विश्व के कुल इथाइल अल्कोहल के उत्पादन का दो–तिहाई भाग इथेनॉल ईंधन के रूप में होता है।

अन्य ईंधनों की अपेक्षा इथेनॉल एक स्वच्छ, ज्वलनशील ईंधन है, जिसका ऑक्टेन नम्बर (Octane number) और ईंधन विस्तृतीय गुण अधिक होता है। यद्यपि इथेनॉल का पेट्रोल के साथ मिश्रण इसकी वाष्पशीलता को बढ़ाता है, परन्तु, इथेनॉल वाहनों के द्वारा उत्सर्जित कार्बन मोनो ऑक्साइड को कम करता है। ब्राजील में पेट्रोल का 20–24 प्रतिशत इथेनॉल का मिश्रण एक माननीय कार्यप्रणाली है। विकासशील देश जैसे कि भारत के लिए इथेनॉल पेट्रोल के सम्मिश्रण को परिवहन ईंधन के रूप में उपयोग न केवल कच्चे तेल को आयात करने के लिए खर्च होने वाली विदेशी मुद्रा को बचाता है, बल्कि वाहनों से उत्सर्जित हानिकारक गैस जिससे वायु प्रदूषण फैलता है, को भी कम करता है। शीरा के द्वारा भारत में 1.3 बिलियन लीटर इथेनॉल का उत्पादन होता हैं। भारत में इथेनॉल का वाहनीय उद्देश्य के अतिरिक्त लगभग 50 प्रतिशत रासायनिक उद्योगों में अनिर्मित सामग्री के रूप में अनुप्रयोग किया जाता है। भारत में एल्कोहल लगभग US \$ 1.2 बिलियन है। विश्व में इथेनॉल उत्पादन की वृद्धि महत्वपूर्ण रूप से ईंधन अल्कोहल के बाजार को उन्नति पर निर्भर करता है। ब्राजील के प्रोएल्कुल प्रोग्राम से प्रेरित होकर 1980 के दशक में US गैसोहोल योजना (Gasohol Scheme) प्रक्षेपित हुई और इसके उपरान्त इथेनॉल ईंधन का विकास लगातार जारी रहा और 1990 के दशक में इसके विकास ने रफ्तार पकड़ ली। 1998 के दशक में ब्राजीलियन अल्कोहल के क्षेत्र में संकट के कारण ईंधन एल्कोहल के क्षेत्र में भारी गिरावट आई, जिसे US में हुई रिकार्ड पैदावार भी इस कमी को पूरा नहीं कर पाई।

भारत में योजना के प्रथम चरण में 5 प्रतिशत पेट्रोल के मिश्रण के लिए प्रतिवर्ष 3.45 बिलियन लीटर इथेनॉल की आवश्यकता थी। जबकि पूरे देश में इस योजना के प्रस्तावित करने से ये बढ़कर 5 बिलियन लीटर हो गई, परन्तु भारत में उचित मात्रा में शीरा न होने की वजह से इस आवश्यकता को पूरा करना संभव नहीं हो पाया। इसलिए हमें इथेनॉल उत्पादन के लिए अन्य जैव भार की खोज करने की आवश्यकता है। कुछ महत्वपूर्ण जैवभार जिनसे इथेनॉल का उत्पादन सफलतापूर्वक किया जा सकता है, वे तालिका 2.2 में दर्शाए गए हैं।

तालिका 2.2 इथेनॉल उत्पादन के लिए संभावित जैवभार के संघटक (भार प्रतिशत सूखा आधार)

क्रमांक	जैवभार का स्रोत	शर्करा	सेल्युलोज	हेमी सल्युलोज	लिग्निन	अन्य
1.	खोई	3	38	27	12	20
2.	शीरा	61	–	–	39	–
3.	कच्चा गन्ना	43	22	15	9	11
4.	गन्ने की पत्तियाँ	–	36	21	27	16
5.	पक्का गन्ना	33	25	17	13	12
6.	नेपियर ग्रास	–	32	20	39	9 7.
	द्विजातिय गन्ना	28	37	14	6	15
8.	मीठी ज्वार	34	36	16	3	10
9.	*यूकेलिप्टस ग्रेनडिस (Eucalyptus grandis)*	–	38	13	12	37
10.	*सुबबूल (Leucaena leucocephala)*	–	43	14	18	25
11.	*यूकेलिप्टस सेलिग्ना (Eucalyptus saligna)*	–	45	12	18	25
12.	शहरी ठोस अवशेष	–	33	9	17	41
13.	समाचार पत्र	–	62	16	21	1

जैवभार से इथेनॉल : तकनीक

जैवभार से इथेनॉल उत्पादन करने के प्रत्येक चरण के लिए अनेकों विकल्प उपलब्ध हैं। जैवभार को इथेनॉल में परिवर्तित करने के प्रत्येक चरण के लिए विभिन्न सरकारी प्रयोगशाला, शैक्षिक संस्थानों एवं निजी क्षेत्रों की कम्पनियों ने विविध प्रकार की

तकनीकियों की खोज की है। विभिन्न प्रकार के तकनीकी विकल्पों के संयोजन से जैवभार से इथेनॉल उत्पादन के लिए एक सफल तकनीक प्राप्त हो सकती है। तुलनात्मक रूप से पेट्रोल की बढ़ी हुई कीमतों, पूरे वर्ष जैवभार के उत्पादन के लिए अवसर का उपलब्ध होना और शर्करा उद्योग की स्थिरता के कारण सशक्त रूप से भूमि के उपलब्ध होने के कारण से भारत कई संस्थाओं का ध्यान अपनी ओर आकर्षित कर रहा है।

शीरे से इथेनॉल का उत्पादन

शीरे से इथेनॉल उत्पादन के तीन प्रमुख चरण हैः

1. जल अपघटन (Hydrolysis)
2. किण्वन (Fermentation)
3. इथेनॉल की पुनः प्राप्ति

जलीय विश्लेशण

लिग्नोसेल्युलोज युक्त (Lignocellulosic) अवशेषों का किण्वक (Enzyme) द्वारा जलीय विश्लेषण

लिग्नो सेल्युलोज युक्त अवशेष का सूक्ष्म जैविक रोगाणवीय अवकर्षण, कई किण्वकों की सम्मिलित क्रिया होती है इनमें सबसे मुख्य किण्वक सेल्युलोज है। सूक्ष्म जीवों को अघुलनशील सेल्युलोज को जल अपघटन एवं उपापचित कोशिकाय बाह्य सेल्युलोज स्वतंत्र या कोशिकीय संयुक्त का उत्पादन आवश्यक होता है। तीन मुख्य प्रकार की सेल्युलोज क्रिया हैः

1. एण्डोग्लुकानेज़ (Endoglucanase) 1,4–β–डी ग्लुकेनोहाइड्रोलेज़ (1,4–β–D glucanohydrolase)
2. एक्सोग्लुकानेज़ (Exoglucanase)

अ. सेलोडेक्सट्रिनेज़ (Cellodextrinase) 1,4–β–डी ग्लुकॉन ग्लुकेनोहाइड्रोलेज़ (1,4–β–D glucan glucanohydrolase)

ब. सेलोबायोहाइड्रोलेज़ (Cellobiohydrolase)

स. β–ग्लुकोसाइडेज (β–glucosidase) β–ग्लुकोहाइड्रोलेसेज़ (β–glucohydrolase)

एण्डोग्लुकानेज सेल्युलोज बहुशर्कराइड श्रृंखला को क्रम रहित विधि से आंतरिक अक्रिस्टलीय स्थान को काट कर भिन्न–भिन्न लम्बाई के ओलिगो शर्कराइड (Oligosacscharide) उत्पन्न करता है और इसके परिणामस्वरूप छोटी–छोटी श्रृंखलाएँ बनती हैं। एक्सोग्लुकानेज़ सेल्युलोज श्रृंखला के लघु एवं लघु रहित छोर को काट कर

ग्लुकोज (Glucose) अथवा सेलोबायोज (Cellobiose) मुख्य उत्पादक के रूप में पैदा करता है। सूक्ष्मक्रिस्टलीय संरचना में एक्सोग्लुकानेज (Exoglucanase) सेल्युलोज श्रृंखला की सूक्ष्मक्रिस्टलीय सेल्युलोज छाल पर भी कार्य करता है। β–ग्लुकोसाइडेज घुलनशील सेलोडेक्सट्रीन (Cellodextrins) और सेलोबायोस को ग्लुकोज में परिवर्तित करता है। *ट्राइकोडर्मा रीसाई* (*Tricoderma reesei*) का सेल्युलोज तंत्र कम से कम दो एक्सोग्लुकानेज (Exoglucanase), पाँच एण्डोग्लुकानेज़ (Endoglucanase) और दो β–ग्लुकोसाइडेज (β–glucosidase) से मिलकर बना होता है।

सांद्रित अम्ल जल अपघटन प्रक्रिया (Concentrated Acid Hydrolysis Process)

यह प्रक्रिया सेल्युलोज के सांद्रित अम्ल डी–क्रिस्टलीय पर आधारित है इसके उपरान्त तनुकरण अम्ल जल अपघटन से सेल्युलोज (Cellulose) को शर्करा में परिवर्तित करता है ये लगभग सैद्धांतिक उत्पादन 85–90 प्रतिशत है। शर्करा से अम्ल को अलग करना, अम्ल पुनः प्राप्ति और अम्ल को पुनः सांद्रित करना संक्रिया एकक है। किण्वन शर्करा को इथेनॉल में परिवर्तित करता है।

तनुकरण अम्ल जल अपघटन प्रक्रिया (Dilute Acid Hydrolysis Process)

जैवभार से इथेनॉल उत्पादन के लिए तनुकरण अम्ल जल अपघटन एक पुराना, सरल एवं अत्यधिक दक्ष प्रक्रिया है। तनुकरण अम्ल जैवभार को जल अपघटित करके शर्करा बनाता है। प्रथम चरण में 190°C पर 0.7 प्रतिशत सल्फ्युरिक अम्ल (Sulfuric acid) जैवभार में उपस्थित हेमीसेल्युलोज का जल अपघटित करता है। दूसरा चरण अधिकांश प्रतिरोधी सेल्युलोज अंश के उत्पात के अनुकूल होता है, यह 215°C पर 0.4 प्रतिशत सल्फ्यूरिक अम्ल (Sulfuric acid) से प्राप्त होता है। किण्वन द्वारा शर्करा विलयन का इथेनॉल में परिवर्तन से पूर्व, जलीय जल अपघटक को निष्प्रभाव करना और विषैले यौगिक को हटाना होता है।

किण्वण प्रक्रियाएँ

विभिन्न प्रकार की किण्वन प्रक्रियाएँ हैं:

1. बैच प्रक्रियाएँ
2. अर्ध सतत प्रक्रियाएँ
3. सतत प्रक्रियाएँ

इथेनॉल की पुनः प्राप्ति

आसवन प्रक्रिया (Distillation) द्वारा ऊर्जा का अधिक उपभोग की वजह से औद्योगिक अल्कोहल उत्पादन में इथेनॉल की सांद्रता और शुद्धिकरण एक महँगा कार्य है। जैविक इथेनॉल का द्रव्य–ईंधन के रूप में उपयोग करना एक प्रश्न चिन्ह बना हुआ है, क्योंकि आसवन के लिए जितनी ऊर्जा की आवश्यकता होती है वो एल्कोहल उत्पादन की कुल ज्वलनशील ऊर्जा के बराबर पाई गई हैं। आसवन को बेहतर बनाने के लिए नई तकनीकियों का विकास किया जा रहा है।

अन्य लिग्नोसेल्युलोज युक्त अनिर्मित सामग्री द्वारा इथेनॉल का उत्पादन समकालिक शर्करीकरण और किण्वन (Simultaneous Saccharification and Fermentation)

यह तकनीक नेशनल रिनिवेबल एनर्जी लेबोरेट्री (एन.आर.ई.एल), गोल्डन सीओ (Golden Co) के अन्वेषण और विकास योजना से संबंधित है। यह प्रक्रिया मुख्यतः चार चरणों की होती है, जिसे अलग–अलग विधियों द्वारा समझा जा सकता है:

1. पूर्व प्रशोधन (Pre-treatment)
2. किण्वक उत्पादन (Enzyme Production)
3. जल अपघटन (Hydrolysis)
4. किण्वन (Fermentation)

सेल्युलोज से पृष्ठीय क्षेत्रफल में वृद्धि जो कि किण्वक के लिए अभिगम्य है, वो लिग्नो सेल्युलोज युक्त की पाच्यता में वृद्धि का मुख्य कारक है। पूर्व जल उपघटन 1.1 प्रतिशत सल्फ्युरिक अम्ल (Sulfuric acid) (160°C पर 10 मिनट) हेमीसेल्युलोज के भाग को हटा देता है इसके परिणामस्वरूप छिद्र का आकार बढ़ जाता है, जिससे सेल्युलोज की संरचना किण्वक के प्रहार के लिए खुल जाती है। समकालिक शर्करीकरण और किण्वन प्रक्रिया में सेल्युलोज को भंग करने वाला किण्वक *ट्राइकोडर्मा रीसाई* (*Tricoderma reesei*) कवक द्वारा उत्पन्न होता है। शेष पदार्थ में यीस्ट (Yeast) और किण्वक को मिला दिया जाता है, जहाँ किण्वक सेल्युलोज को पाच्य करके ग्लुकोज को उत्पन्न करता है। यीस्ट (Yeast) अथवा अन्य सूक्ष्म जीव किण्वन द्वारा ग्लुकोज से इथेनॉल का उत्पादन करते हैं। इस प्रक्रिया को आकृति 2.1 द्वारा दर्शाया गया है।

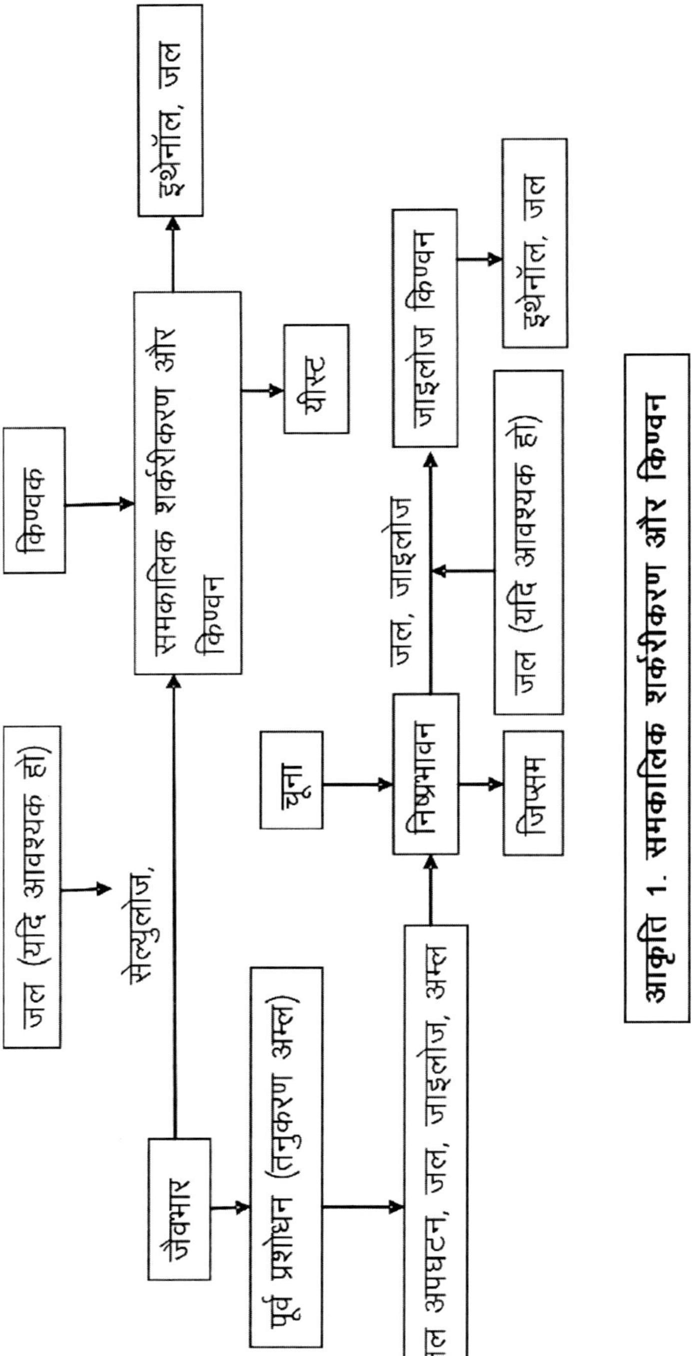

आकृति 1. समकालिक शर्करीकरण और किण्वन

समकालिक शर्करीकरण और निर्वात पुनः चक्रण (Simultaneous Saccharification and vaccum recycling)

आई.आई.टी., दिल्ली (IIT, Delhi) ने एक ऐसी प्रक्रिया खोजी है, जिसमें समकालिक शर्करीकरण और किण्वन के उपरान्त निर्वात आसवन (Vaccum distillation) द्वारा इथेनॉल का निष्कासन किया जाता है। इस प्रक्रिया की विस्तृत जानकारी आकृति 2.2 में दर्शायी गई है।

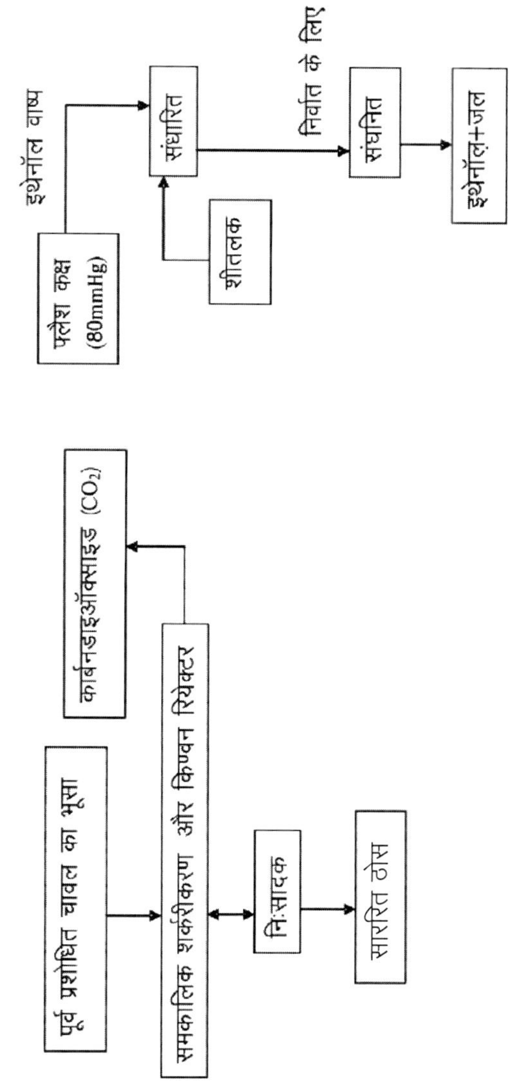

आकृति 2.2 समकालिक शर्करीकरण और निर्वात पुनः चक्रण

समकालिक शर्करीकरण और किण्वन निःसादक, फ्लेश वेसल और वाष्प पुनःसंपीडित तंत्र के संयोजन से प्रचालित होता है। इसका संचालन दो चरणों में पूर्ण होता हैः

अ. उत्पादित हुई इथेनॉल का निर्वात द्वारा निष्कासन।

ब. निष्कासित की गई इथेनॉल की मात्रा को बहुत सारी सेल्युलोज के भरण से समतुल्य करना। इस प्रक्रिया द्वारा इथेनॉल की औसत सांद्रता लगभग 12.4 भार प्रतिशत और इथेनॉल उत्पादकता 4.4 $gL^{-1}h^{-1}$ है।

स्टार्च से जैविक इथेनॉल का उत्पादन

अभी तक स्टार्च आधारित अनिर्मित सामग्रियों में कॉर्न (मक्का) और कसावा (Cassava) इथेनॉल उत्पादन के लिए सबसे अधिक क्षमता वाले अनिर्मित सामग्री है। इथेनॉल उत्पादन के लिए प्रारंभ में स्टार्च किण्वन प्रक्रिया के दौरान किण्वकों द्वारा शर्करा में मुख्यतः ग्लुकोज में परिवर्तित होता है। उसके उपरान्त उपयुक्त इथेनोलोजेन्स (Ethanologens) द्वारा शर्करा इथेनॉल में रूपांत्रित हो जाता है।

निष्कर्ष

जैवभार एक विश्वसनीय, नवीनीकरणीय ऊर्जा का संसाधन है, इसलिए जैवभार पर आधारित ईंधन आने वाले भविष्य के लिए एक आसवन ऊर्जा का स्रोत है। विभिन्न कृषि उत्पादकों एवं अवशेषों जैसे; कि गन्ने का रस, खोई, शीरा, मीठा ज्वार, कसावा आदि द्वारा भारत में ऊर्जा माँग को पूरा किया जा सकता है। विभिन्न माध्यमों द्वारा नई पीढ़ी के जैव ईंधन के उत्पादन के लिए कई अध्ययन किए जा रहे हैं। प्रकाश रहित किण्वन की प्रक्रिया द्वारा जैवभार से हाइड्रोजन का उत्पादन प्रकाश संश्लेषण की प्रक्रिया से अधिक उपयोगी है, क्योंकि प्रकाश संश्लेषण की प्रक्रिया में अपेक्षाकृत अधिक ऊर्जा, नाइट्रोजिनेज (Nitrogenase) किण्वक के उपयोग में, अवायवीय प्रकाश जैविक रियेक्टर के भूमि की उपलब्धता और कम सौर ऊर्जा परिवर्तन क्षमता के लिए होती है। हाइड्रोजन उत्पादकता दर जैविक जल गैस सिफ्ट अभिक्रिया से, प्रकाश रहित किण्वन की तुलना में अधिक है। साथ ही अन्य जैविक प्रक्रियाओं की अपेक्षा हाइड्रोजन उत्पादन की लागत वॉटर गैस सिफ्ट अभिक्रिया में कम है। जैविक इथेनॉल तकनीक की सफलता का सबसे मुख्य कारक सस्ती लागत पर सेल्युलोज की उपलब्धता है। सेल्युलोज किण्वक की उत्पादकता बढ़ाने के लिए अधिक शोध प्रयासों की आवश्यकता है। प्रकारांतरेण, ऊष्मीण–सहनशील, उच्च क्रियाशील द्रवर्णीय और शर्कराणीय किण्वक α-एमाइलेज़ (α-amylase) और ग्लूकोएमाइलेज़ (Glucoamylase) की आवश्यकता, भारत में लागत सार्थक स्टार्च आधारित इथेनॉल उत्पादन के विकास के लिए आवश्यक है।

❑❑❑

अध्याय 3

बायोडीजल उत्पादन

बायोडीजल का जीवाश्म ईंधन के एक उपयुक्त विकल्प के रूप में उपयोग किया जाने लगा है। इसका उत्पादन जैट्रोफा, सोयाबीन, कपास बीज, करंज, कॉर्न आदि के तेल, शैवाल जनित तेल, पुनर्चक्रित खाद्य तेल, चर्बी, पशु चर्बी या इन पदार्थों के विभिन्न संयोजन से होता है। इसके परिष्करण हेतु अपनाए गए उपायों में ट्रांसएस्टरीफिकेशन, तेल निष्कर्षण, परिशोधन आदि शामिल हैं। इसका उत्पादन न्यूनतम लागत पर सामान्य जैवरासायनिक प्रक्रिया से किया जाता है। अतः बायोडीजल पुनर्चक्रित एवं नवीकरणीय दोनों होते हैं। उच्च दहन बिन्दु होने के कारण दुर्घटना की स्थिति में बायोडीजल जीवाश्म ईंधन से कहीं अधिक सुरक्षित भी है।

पौधों के तेल को ईंधन के रूप में उपयोग की अवधारणा नई नहीं है। रूडोल्फ डीजल जिन्होंने डीजल इंजन का अविष्कार किया है, उन्होंने 1895 में पहली बार पौधे के तेल से इंजन को चलाया था। सन् 1900 में पेरिस में हुई (विश्व प्रदर्शनी व्लर्ड एक्सिबिशन–World exhibition) में उन्होंनें मूँगफली के तेल को ईंधन के रूप में उपयोग करके इंजन को चलायमान करने का प्रदर्शन किया। सन् 1973 और 1978 के ऊर्जा की संकट अवस्था के पश्चात् जीवाश्म ईंधन डीजल को पौधों के तेल द्वारा प्रतिस्थापन करने का प्रयास किया गया, जो कि एक नवीनीकरणीय ईंधन का स्रोत है। इन प्रयासों के परिणामस्वरूप इंजन की संरचना में रूपांतरण किया गया ताकि पौधे के तेल को ईंधन के रूप में उपयोग करके इंजन को चलायमान किया जा सके। डीजल इंजन का उपयोग कारों, ट्रकों, बसों, ट्रेनों, जेनेरेट्रों एवं कृषि उपकरणों में होता हैं, ये सभी वनस्पति तेल द्वारा भी चल सकते हैं।

चित्र 3.1 बायोडीजल का चिन्ह

जैवडीजल एक पूर्ण प्राकृतिक, नवीनीकरणीय ईंधन है जो आसानी से पेट्रोल एवं डीजल के स्थन पर प्रयोग हो सकता है। जैव डीजल में न ही पेट्रोल और न ही कोई अन्य जीवाश्म ईंधन उपस्थित होता है एवं ये 100 प्रतिशत वनस्पतिक तेल आधारित ईंधन है। यूरोप में खेतों में हुई फसलों के तेल से जैवडीजल बनाया जाता है, जो कि विस्तृत रूप से डीजल वाहनों में उपयोग होता है। अनेक लाभों के कारण से जैव डीजल ने वैकल्पिक ऊर्जा का स्रोत के रूप में विश्वस्तरीय सर्वमान्यता प्राप्त की है। बड़ी संख्या में ठोस अवशिष्ट भराव क्षेत्र के लघुकरण के अतिरिक्त पर्यावरण अनुकूल ईंधन के द्वारा उत्सर्जित, धुएँ, विषाक्त गैसों एवं दुर्गंध में भी कमी आती है। इंजन पारम्पारिक डीजल के बिना किसी आशोधन के, काफी अच्छी प्रकार से जैव डीजल ईंधन द्वारा चलायमान हो जाता है और ये पारम्पारिक डीजल के साथ सम्मिश्रण होकर भी उपयोग में आते हैं, जिसके कारण से विशैली गैसों के उत्सर्जन में भी कमी आती है। जैवडीजल प्राकृतिक रूप से सड़नशील पदार्थ, विषाक्त रहित, अज्वलनशील ईंधन है, जिसका संभारण अन्य पारम्पारिक पेट्रोलियम डीजल ईंधन से अधिक सुरक्षित है। जैवडीजल वेजिटेबल ऑयल मिथाइल ईस्टर (Vegetable Oil Methyl Ester) है और ये विभिन्न प्रकार के ईस्टर पर आधारित ऑक्सीकृत ईंधन है, जो सोयाबीन एवं अन्य वानस्पतिक तेल या पशु वसा से बनता है। जैव डीजल का निर्माण वनस्पतिक तेल से ग्लिसरीन [Glycerine (soap)] के रूप में ट्राइग्लिसराइड (Triglyceride) अणु के निष्कासन से होता है। जैसे ही वनस्पतिक तेल में से ग्लिसरीन का निष्कासन होता है, बचा हुआ शेष भाग पेट्रोलियम एवं डीजल के समान्तर होता है। जैव डीजल की रासायनिक एवं भौतिक विशेषताएँ डीजल से भिन्न होती है। जैव डीजल में अत्यधिक सामान्य हाइड्रोकार्बन की श्रृंखलाएँ होती हैं, जिसमें न तो सल्फर और न ही जीवाश्म ईंधन के साथ संयुक्त ऐरोमोटिक अणु उपस्थित होते हैं। जैव डीजल लगभग 10 प्रतिशत ऑक्सीजन से बना होता है, जो इसे प्राकृतिक रूप से ऑक्सीजनित ईंधन बनाता है और पेट्रो–डीजल ईंधन की तुलना में विषाक्त गैसों को उत्सर्जन को लघुकृत करता है; विविक्त कर्ण को 40 प्रतिशत, अज्वलित हाइड्रोकार्बन को 60 प्रतिशत, कार्बन मोनो ऑक्साइड (CO) को 68 प्रतिशत, पॉली साइक्लिक ऐरोमेटिक हाइड्रोकार्बन [Poly cyclic hydrocarbon (PHA)] को 90 प्रतिशत। इंजन की बनावट पर नाइट्रोजन के ऑक्साइड (NOx) की वृद्धि एवं घटाव निर्भर करता है। जैव डीजल द्वारा पैट्रोलियम आधारित डीजल ईंधन का पूर्णरूप से प्रतिस्थापन करने में असमर्थ होने के बावजूद भी जैवडीजल के विकास को औचित्य बताने के कुछ कारण निम्नलिखित है:

1. वनस्पतिक तेल एवं पशु वसा के अत्यधिक उत्पादन हेतु बाजार की उपलब्धता।
2. बाहरी देशों से पेट्रोलियम ईंधन के आयात पर निर्भरता में घटाव।
3. जैवडीजल के संवृत कार्बन चक्र के परिणाम स्वरूप भूमंडलीय तापक्रम वृद्धि में कमी।

4. जैवडीजल एक नवीकरणीय ईंधन है एवं इसके पूर्ण चक्रण के अध्ययन द्वारा यह ज्ञात हुआ है, कि ये 78 प्रतिशत कार्बन डाइ ऑक्साइड के उत्सर्जन को लघुकृत करता है।

5. डीजल ईंधन की अपेक्षा जैवडीजल से कम मात्रा में कार्बन मोनो ऑक्साइड तथा अज्वलन हाइड्रोकार्बन विविक्त कर्ण का उत्सर्जन होता है।

ट्रांसएस्टरीफिकेशन (Transesterification)

जैव डीज़ल का उत्पादन ट्रांसएस्टरीकरण प्रक्रिया द्वारा होता है।

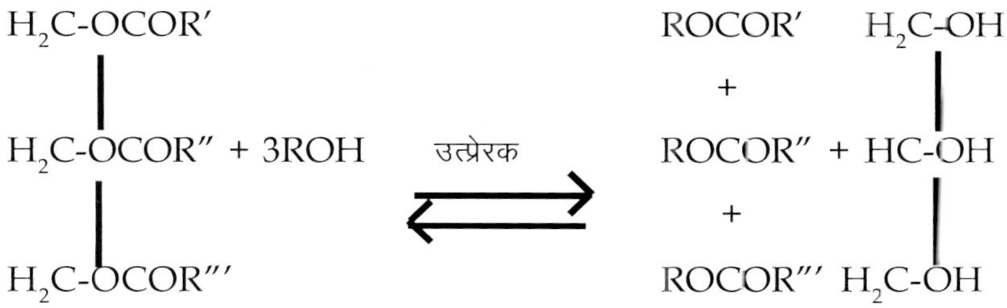

ट्राइग्लिसराइड फैटी इस्टर का ग्लिसरीन मिश्रण

उपयुक्त दिए गए समीकरण में $R_1, R_2, R_{3=15\text{-}21}$ कार्बन परमाणुओं वाली हाइड्रोकार्बन श्रृंखला है। जिसे वसा अम्ल की श्रृंखला (Fatty acid chain) भी कहते हैं। सोयाबीन एवं पशु वसा में केवल पाँच श्रृंखला होती है। जैवडीजल के उत्पादन हेतु अधिकतर प्रक्रियाओं का विकास सन् 1940 में हुआ, जिसका मुख्य उद्देश्य सामान्य प्रक्रिया से साबुन के उत्पादन द्वारा ग्लिसरोल का निष्कर्षण था। युद्ध के समय ग्लिसरोल का उपयोग विस्फोटन पदार्थ के निर्माण में अनिवार्य था। रासायनिक प्रक्रिया द्वारा तेल एवं वसा को मिथाइल एस्टर (Methyl ester) में परिवर्तित करने से ग्लिसरोल का पृथ्यीकरण आसानी से हो जाएगा, क्योंकि ये एस्टर में अघुलनशील होते हैं। ग्लिसरोल अत्यधिक घनत्व के कारण आसानी से अपकेन्द्रीकरण द्वारा निष्कासित हो जाता है और ग्लिसरोल रहित मिथाइल एस्टर क्षार के साथ अभिक्रिया करके साबुन बना देता है। ब्रेडसॉ के प्रक्रिया के अनुसार 1.6 गुना एल्कोहल जैसे मिथनॉल जिसमें 0.1 से 0.5 प्रतिशत सोडियम (Sodium) या पोटेशियम हाइड्रोऑक्साइड (KOH) उपस्थित हो तेल या पशु वसा में म्लिाकर 80°C पर रखना चाहिए। इस प्रक्रिया के परिणाम स्वरूप 98 प्रतिशत एल्कोहल एस्टर और उच्च गुणों वाले ग्लिसरोल की प्राप्ति होती है। ब्रेडसॉ को इस प्रक्रिया के लिए एकस्य अधिकार प्राप्त हुआ और इस एकस्य अधिकार के अन्तर्गत ट्रांस एस्टरीकरण के बारे में निम्नलिखित प्रेक्षण सामने आए हैं:

1. अभिक्रिया को पूर्ण रूप से समाप्त होने के लिए 1.6 गुना से अधिक मात्रा में एल्कोहल की आवश्यकता होगी।
2. एल्कोहल की मात्रा को लघुकृत करने हेतु अभिक्रिया को विभिन्न चरणों में विभाजित करना होगा, जिसमें प्रथम चरण में एल्कोहल एवं उत्प्रेरक को मिलाया जाएगा और अंतिम चरण में ग्लिसरोल का निष्कासन किया जाएगा।
3. मिथेनॉल की अपेक्षा अन्य एल्कोहल जैसे; इथेनॉल, प्रोपेनॉल, आइसो प्रोपेनॉल, ब्युटेनॉल पेन्टनॉल आदि का भी उपयोग किया जा सकता है।
4. जल एवं मुक्त वसा अम्ल (Free fatty acids) अभिक्रिया में अवरोध उत्पन्न करते हैं।
5. अम्ल उत्प्रेरक तेल एवं पशु वसा में उपस्थित मुक्त फैटी अम्ल को एल्कोहल एस्टर में परिवर्तित कर देता है। ट्राइग्लिसराइड का परिवर्तन क्षार मानक उत्प्रेरक ट्रांस एस्टरीकरण (Standard alkali-catalyzed transerterification) अभिक्रिया द्वारा होता है।
6. तेल के ट्रांसएस्टरीकरण द्वारा एल्कोहल एस्टर की प्राप्ति हेतु अम्ल उत्प्रेरक का उपयोग होता है, परन्तु ये क्षारीय उत्प्रेरक की अपेक्षा धीमी गति से कार्य को सम्पन्न करते हैं। यह देखा गया है, कि तेल में फॉस्फोरस की उपस्थिति से उत्पाद में कमी आती है क्योंकि एस्टर से ग्लिसरोल को पृथक करना काफी सीमा तक कठिन हो जाता है।

जैव डीजल के उत्पादन की प्रक्रिया

बायोडीजल विनिर्माण प्रक्रिया में तेल एवं चर्बी को मोनो एल्काइड एस्टर्स में परिवर्तित करना होता है। मोनो एल्काइड एस्टर्स नामक रासायनिक पदार्थ को ही बायोडीजल कहते हैं। इसके विनिर्माण की प्रक्रिया एस्टरीफिकेशन भी कहलाती है।

बायोडीजल विनिर्माण प्रक्रिया में एल्कोहल, उत्प्रेरक एवं तेल को एक साथ ही रिएक्टर में डालकर 1 घण्टे के लिए 60°C पर छोड़ देते हैं। छोटे स्तर के प्लांट बैच रिएक्टर का उपयोग करते हैं, जबकि बड़ी संख्या में उत्पन्न करने वाले प्लांट कन्टिन्युएस फ्लो वाली प्रक्रिया का अनुप्रयोग करते हैं। कभी–कभी अभिक्रिया दो चरणों में होती है। प्रथम चरण में लगभग 80 प्रतिशत एल्कोहल और उत्प्रेरक को तेल के साथ मिलाया जाता है, उसके पश्चात् अभिक्रिया द्वारा उत्पन्न वाष्प दूसरे चरण में जाने से पूर्व ग्लिसरोल के निष्कासन चरण से गुजरती है। बचा हुआ 20 प्रतिशत एल्कोहल एवं उत्प्रेरक इस रिएक्टर में लाते हैं। इस प्रणाली के द्वारा पूर्ण अभिक्रिया हो पाती है, जिसमें एल्कोहल की मात्रा भी कम लगती है जबकि एक चरण वाली प्रणाली में एल्कोहल अधिक लगता है।

ग्लिसरोल से पृथक होने के पश्चात् मिथाइल एस्टर निष्प्रभावीकरण चरण में प्रवेश के बाद मिथेनॉल स्ट्रीपर से गुजरता है। अन्य अवशिष्ट उत्प्रेरक एवं अभिक्रिया द्वारा बने साबुन के विभाजन को निष्प्रभावी करने हेतु जैवडीजल में अम्ल को मिलाया जाता है। साबुन अम्ल के साथ अभिक्रिया करके जल में विलयशील होने वाले लवण एवं मुक्त वसा अम्लों का निर्माण करता है। जल द्वारा धोने के चरण में, और मुक्त वसा अम्ल जैव डीजल में ही उपस्थित रहता है तथा बचे हुए उत्प्रेरक, साबुन, लवण, मिथेनॉल एवं मुक्त ग्लिसरोल का पृथकत्व होता है। जैव डीजल से बचे हुए जल का निष्कासन वैक्युम फ्लैश (Vaccum flash) प्रक्रिया द्वारा होता है। सेपरेटर से निकलने वाली ग्लिसरोल में केवल 50 प्रतिशत ही ग्लिसरोल होती है, क्योंकि उसमें अत्यधिक मात्रा में मिथेनॉल, उत्प्रेरक एवं साबुन भी उपस्थित रहते हैं। ग्लिसरोल को परिशोधित करने के लिए अम्ल को मिलाया जाता है, जिसके परिणामस्वरूप साबुन को मुक्त वसा अम्ल एवं लवण में विभाजित किया जाता है। ग्लिसरोल में मुक्त फैटी अम्ल के अविलयशील होने के कारण ये ऊपरी सतह पर आ जाते है, जिसको आसानी से निकाल कर उसका पुनः चक्रण किया जा सकता है। ग्लिसरोल में उपस्थित लवण वाष्प बनकर उड़ जाता है। मुक्त वसा अम्ल के अम्लीयकरण एवं पृथक करण के पश्चात् ग्लिसरोल में उपस्थित मिथेनॉल का निष्कासन वैक्युम फ्लैश प्रक्रिया या अन्य प्रकार के इवेपोरेटर द्वारा होता है। इस चरण में ग्लिसरोल की शुद्धता 85 प्रतिशत होती है और इसके पश्चात ग्लिसरोल को वैक्युम आसवन अथवा आयन एक्सचेंज प्रक्रिया द्वारा 99.5 से 99.7 प्रतिशत तक शुद्ध किया जाता है। इस प्रक्रिया को आरेखीय अनुक्रम द्वारा आकृति 3.1 में दर्शाया गया है।

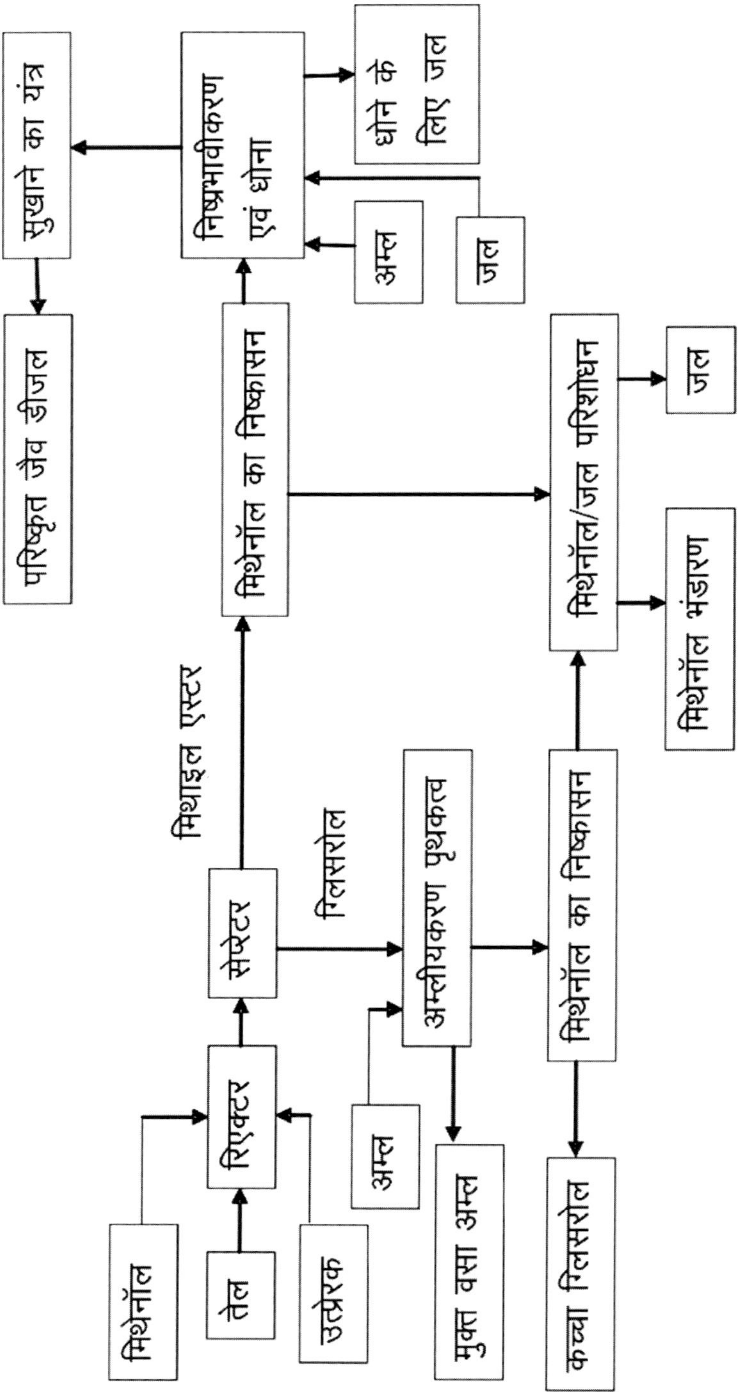

आकृति 3.1 जैव डीजल उत्पादन प्रक्रिया हेतु आरेखीय अनुक्रम

यदि तेल में सार्थक रूप से मुक्त फैटी अम्ल की उपस्थिति हुई, तो विशिष्ट प्रकार की प्रक्रियाओं की आवश्यकता होगी। जैसे खाद्य सामग्री में उपयोग होने वाले तेल में मुक्त फैटी अम्ल की मात्रा 2–7 प्रतिशत पशु वसा में 5–30 प्रतिशत, निम्न स्तर के अनिर्मित सामग्री जैसे ग्रीस में लगभग 100 प्रतिशत होती है। जब क्षारीय उत्प्रेरक को अनिर्मित सामग्री में मिलाया जाता है, तब मुक्त फैटी अम्ल उत्प्रेरक के साथ अभिक्रिया करके साबुन और जल में विभाजित हो जाते हैं, जिसे नीचे दिए गए समीकरण में दर्शाया गया है:

$$RCOOH + KOH \longrightarrow K^{+}O - C - R + H_2O$$

फैटी अम्ल पोटेशियम हाइड्रोऑक्साइड पोटेशियम का साबुन जल

यदि मुक्त फैटी अम्ल की मात्रा 5 प्रतिशत से अधिक होती है तो साबुन, मिथाइल एस्टर एवं ग्लिसरोल के पृथक होने की प्रक्रिया में अवरोध उत्पन्न करता है और धोने की प्रक्रिया के दौरान पयस्य (Emulsion) के निर्माण में योगदान देता है। अम्ल उत्प्रेरक जैसे सल्फ्युरिक अम्ल से एस्टरीकरण द्वारा मुक्त फैटी अम्ल को मिथाइल एस्टर में विभाजित करने की प्रक्रिया को नीचे दिए गए समीकरण में दर्शाया गया है:

$$RCOOH + CH_3OH \xrightarrow{H_2SO_4} CH_3COOR + H_2O$$

फैटी अम्ल मिथेनॉल मिथाइल एस्टर जल

नई पीढ़ी के बायो डीजल

प्रथम पीढ़ी के बायोडीजल का निर्माण, जैसा कि उक्त प्रक्रियाओं में दर्शाया गया है, वनस्पति तेल, खाद्य तेल, चर्बी आदि से किया जाता है। द्वितीय पीढो के बायोडीजल का निर्माण लिग्नो–सेल्युलोसिक जैव पदार्थ, लकड़ी, कृषि अवशेष्ट आदि से किया जाता है। शैवाल से परिष्कृत बायोडीजल को तीसरी पीढ़ी के बायोडीजल के रूप में परिभाषित किया जाता है। इस प्रकार विभिन्न अनुसंधान से बायोडीजल के परिष्करण की नई–नई प्रणाली विकसित करने की कोशिशें हो रही हैं।

चित्र 1. बायोडीजल उत्पादन प्रक्रिया

जैवडीजल के गुण

- बायोडीजल के भौतिक और रसायनिक गुण पेट्रोलियम ईंधनों से कुछ अलग हैं। यह एक प्राकृतिक तेल है जो परंपरागत वाहनों से इंजन को चलाने में पूर्णतः सक्षम है।
- इसके प्रयोग से निकलने वाला उत्सर्जन प्रभाव नहीं छोड़ता क्योंकि इसमें धुआं व गंध न के बराबर है।
- बायोडीजल पेट्रोल की अपेक्षा जहरीले हाइड्रोकार्बन, कार्बन–मोनोक्साइड, सल्फर इत्यादि से वायु को दूषित नहीं करता है।
- बायोडीजल स्वास्थ्य और पर्यावरण की दृष्टि से सुरक्षित ईंधन है।
- यह सरल जैव निम्नीकृत, न समाप्त होने वाला, स्वास्थ्य और कार्यदक्ष ऊर्जा स्रोत है।
- यह जैव ईंधन अज्वलनशील होने के कारण सुरक्षित है इसलिए इसके भंडारण और परिवहन में कोई खतरा भी नहीं है।
- पेट्रोल व डीजल की अपेक्षा बायोडीजल बेहतर आंकटेन नम्बर देता है और यह गाड़ी के इंजन की आयु सीमा भी बढ़ा देता है।

जैवडीजल के उपभोग से प्रमुख लाभ

जैव डीजल में सामान्य अल्कोहल के वसीय अम्ल एस्टर्स (Fatty acid esters) उपस्थित होते हैं, जो दक्षतापूर्वक यातायात में उपयोग होने वाले डीजल ईंधन का

प्रतिस्थापन कर देते हैं। ये दोनों ही उपयोगी हैं और इनका नवीन वनस्पतिक तेल एवं पशु वसा से उत्पादन होता है। यह एक नवीनीकरणीय संसाधन है जो हाइड्रोकार्बन, कार्बन मोनोऑक्साइड एवं कार्बन डाईऑक्साइड के उत्सर्जन को कम करते हैं।

जैव डीजल के उपयोग से निम्नलिखित लाभ हैं, जैसे;

1. खनिज डीजल की अपेक्षा जैवडीजल की उत्सर्जन क्षमता उच्चतम होती है।
2. जहाँ भी पेट्रोल एवं डीजल का संग्रहण किया जाता है, वहाँ जैव डीजल भी रख सकते हैं।
3. प्रवर्तन क्षमता पर नकारात्मक प्रभाव डाले बिना, जैवडीजल का प्रचलित इंजन एवं फ्युल इंजेक्शन उपकरण में उपयोग हो सकता है।
4. जैव डीजल स्वतः या किसी भी दर पर पेट्रोलियम एवं डीजल ईंधन के साथ सम्मिलित होकर भी उपयोग में लाए जा सकते हैं। सबसे सामान्य मिश्रण है 20 प्रतिशत जैवडीजल और 80 प्रतिशत पैट्रोलियम डीजल जिसको "B 20" भी कहते हैं।
5. जैवडीजल 90 प्रतिशत केंसर के खतरे को कम करता है।
6. जैवडीजल में भार के अनुसार 11 प्रतिशत ऑक्सीजन की उपस्थिति होता है, परन्तु सल्फर बिल्कुल नहीं होता है।
7. जैवडीजल के उपयोग से डीजल इंजन लम्बे समय तक अच्छी अवस्था में कार्य कर सकते हैं, क्योंकि ये पेट्रोलियम डीजल के तुलना में अधिक चिकने होते हैं।
8. जैवडीजल का सरलता एवं सहजता से स्थानान्तरण किया जा सकता है, क्योंकि ये शर्करा की तरह जैव निम्नीकरणीय है।
9. जैवडीजल के उत्तेजना का समय उच्च (250°F) होता है, जबकि पेट्रोलियम डीजल का ;125°F) उससे कम होता है और इसलिए जैवडीजल का संग्रहण करना अत्यंत सुरक्षित है।
10. घरेलू विधि द्वारा उत्पादित नवीनीकरणीय तेल के बीजों वाले फसलों से भी जैवडीजल बनाया जा सकता है।
11. डीजल इंजन में जैवडीज़ल के जलने से तले हुए आलू या पॉपकॉर्न की सुगन्ध आती है, जो पेट्रोलियम या डीजल के जलने से दुर्गन्ध का प्रतिस्थापन करता है।
12. यह भारी वाहनों के लिए एक मात्र वैकल्पिक ईंधन है, जिसका वास्तव रूप से एम. पी.जी दर पैट्रोलियम डीजल की तरह है।

13. पेट्रोलियम डीजल की तुलना में जैव डीजल का उच्च सीटेन नम्बर, उसे उच्च इंजन उपलब्धि दक्षता प्रदान करता है।
14. अध्ययन द्वारा यह पता चला है, कि जैव डीजल की ईंधन उपभोगता, होर्स पावर (Horse power) एवं टोर्क (Torque) पारम्पारिक डीजल से उत्तम होता है।
15. जैवडीजल को प्रमुख विधि से चिकना बनाने वाली विशेषता के फलस्वरूप ये प्रकार्यात्मक इंजन की दक्षता को बढ़ाते हैं।
16. जैवडीजल के अणु सामान्य हाइड्रोकार्बन के श्रृंखला से बने होते हैं, जिसमें न ही सल्फर और न ही जीवाश्म ईंधन के साथ संयुक्त होकर ऐरोमैटिक पदार्थ उपस्थिति होते हैं।
17. जैवडीजल में अत्यधिक मात्रा में ऑक्सीजन के उपलब्ध होने के कारण हाइड्रोकार्बन का पूर्ण रूप से दहन हो जाता है।
18. बायोडीजल के उपयोग से मानव स्वास्थ्य पर पड़ने वाले पार्टिकुलेट मैटर के कुप्रभाव को कम किया जा सकता है।

जैट्रोफा रोपण के अतिरिक्त लाभ

1. जैट्रोफा रोपण द्वारा 10 टन/हेक्टेयर/वर्ष कार्बन डाइ ऑक्साइड (CO_2) का स्थिरीकरण होता है, जिसकी अंतर्राष्ट्रीय विधियों से व्यवस्था हो सकती है।
2. उच्च प्रोटीन के बीजों (60 प्रतिशत कच्चे प्रोटीन) का 1 टन/हेक्टेयर/वर्ष उत्पादन होता है, जिसका पशु एवं मछलियों के भारण हेतु दक्षतापूर्वक उपयोग किया जा सकता है।
3. स्थानीय उत्पादन एवं ईंधन की उपलब्धता।
4. निश्चित समय के अंतराल में निम्नीकृत भूमि का जीर्णोद्धार।
5. ग्रामीण क्षेत्रों में रोजगार की वृद्धि।
6. पौधे के विभिन्न उत्पाद (पत्ते, छाल एवं बीज के अवतरण) का औषधि बनाने में उपयोग।
7. पशु एवं वायु द्वारा फसलों के नुकसान को कम करता है।
8. वर्षा के निष्पादन में वृद्धि के परिणाम स्वरूप सिंचाई संबंधित कार्यों में कमी।
9. मिट्टी के उपजाऊपन में वृद्धि।
10. महंगे बाह्य संसाधनों की अपेक्षा सस्ते स्थानीय संसाधनों के उपयोग में वृद्धि।

11. किसानों एवं मवेशियों के मालिकों के बीच फसल नष्ट होने संबंधित विवादों में कमी।
12. स्थानीय लोगों को रोजगार प्रदान करता है, जिसके फलस्वरूप स्थानीय ग्रामीण क्षेत्रों के लोगों को दूसरे शहरों में रोजगार के लिए नहीं जाना पड़ता है।

जैट्रोफा का जैवडीजल हेतु सामर्थ्य

जैट्रोफा के पोधे की उत्पत्ति लैटिन अमेरिका में हुई, जो कि अब विश्व के पूरे शुष्क एवं अर्ध शुष्क क्षेत्रों में फैल चुकी हैं। यह अकाल–प्रभाव शून्य (Drought-resistant) सदाबहार वृक्ष है, जो खेतों के किनारे पर लगाया जाता है। जैट्रोफा बहुद्देशीय वृक्ष है, जिसकी वृद्धि जल्दी होती है और इसको बहुत आसानी से स्थापित किया जा सकता है। जैसा कि जैट्रोफा अनावृष्टि से प्रभाव रहित है, इसलिए इसे अपरदित क्षेत्र में या शुष्क एवं अर्धशुष्क क्षेत्र में घेरा बनाने के उपयोग में लाया जाता है। जैट्रोफा के बीज में लगभग 35 प्रतिशत अभोज्य तेल होता है एवं प्रतिवर्ष लगभग 0.8 कि.ग्रा. प्रति मीटर जैट्रोफा के बीज का उत्पादन होता है जिसके फलस्वरूप 0.17 लीटर तेल प्रात होता है। पिछले कुछ वर्षों में अनावृष्टि प्रभाव रहित उष्णकटिबंधी वृक्ष जैट्रोफा से जैव ईंधनों एवं औद्योगिक उत्पाद के उत्पादन हेतु क्षमता का विभिन्न समुदाय द्वारा मूल्यांकन हुआ। जैट्रोफा की खेती एवं अनुवांशिक विकास हेतु विभिन्न प्रौद्योकियां विकसित हुई हैं। ट्रांसएस्टरीकरण प्रक्रिया द्वारा जैट्रोफा के बीज से तेल बना कर जैवईंधन के रूप में उपयोग करने का मूल्यांकन औद्योगिक स्तर पर हुआ। जैट्रोफा के फल से लगभग एक–तिहाई ऊर्जा का, तेल के रूप नें निष्कर्षण होता है जो डीजल ईंधन की ऊर्जा के समान्तर होता है तथा जिसका डीजल इंजन में डीजल ईंधन के साथ प्रत्यक्ष रूप में उपयोग किया जा सकता है।

अध्ययन के अनुसार डीजल के स्थान पर उपयोग होने वाले ईंधन (जैट्रोफा तेल) का उत्पादन स्थानीय क्षेत्र में लगे हुए जैट्रोफा के वृक्षों से होना चाहिए, जो इन क्षेत्रों को स्वः यथेष्ट बनाता है। परन्तु, जैट्रोफा के तेल को सीधे ही डीजल इंजन में उपयोग करने से कुछ समस्या सामने आई है और अभी भी पूरी तरह से उनका निवारग होना शेष है। डीज़ल के स्थान पर उपयोग होने वाला जैट्रोफा के तेल की उत्पादन लागत डीजल के बाजार मूल्य से काफी अधिक है, तथापि डीजल के स्थान पर जैट्रोफा के तेल के प्रतिस्थापन से पर्यावरणीय लाभ हुए हैं। जट्रोफा अधिकांश अफ्रीकन, एशियन और लैटिन अमेरिकन देशों में विभिन्न उपयोगों के लिए जाने जाते हैं। जैट्रोफा की विकास संबंधित प्रणाली के चार मुख्य संदर्भ हैंः नवीनीकरणीय ऊर्जा, अपरदन का नियंत्रण, मिट्टी का विकास, महिलाओं की उन्नति एवं गरीबी का लघुकरण। इन दोनों कार्यों के सम्पन्न होने के फलस्वरूप गाँव के किसानों की भूमि के माध्यम से उनकी जीविका में सुधार आएगा। जैट्रोफा के रोपण से न केवल खेती का मवेशियों से बचाव होता है, बल्कि पवन एवं जल अपरदन द्वारा नुकसान को भी कम करता है। जैट्रोफा द्वारा उत्पादित जैव डीजल ईंधन के विभिन्न विशेषताएँ है जो तालिका 3.1 में दर्शायी गई है।

तालिका 3.1 जैट्रोफा से उत्पादित जैवडीजल ईंधन की विशेषतायें

प्राचल	**कच्चा जैट्रोफा**	**जैट्रोफा का तेल (ट्रान्स एस्टरीकरण)**	**तेल ई. डी. आई. एन. (EDIN) 51606**
घनत्व (gcm^{-3}-20°C)	0.920	0.879	0.875–0.890
फ्लैश पोइंट (°C)	236	191	> 110
सीटेन नम्बर (ISO 5165)	23–41	51	> 49
गाढ़ापन (mm^{-2}/s-30°C)	52	4.84	3.5-5(40°C)
निष्प्रभावन अंक (mg KOH/g)	0.92	0.24	< 0.50
कुल ग्लिसरीन (%)	–	0.088	< 0.250
मुक्त ग्लिसरीन (%)	–	0.015	< 0.02
फॉस्फोरस (ppm)	290 (17 तेल में)	17.5	< 10
स्लफेटेड राख (%)	–	0.014	< 0.03
मिथेनॉल (%)	–	0.06	< 0.3

भारत में जैट्रोफा की क्षमता

भारत की जनसंख्या लगभग एक बिलियन से अधिक है, जो कि विश्व की जनसंख्या का एक छठा भाग है। आर्थिक उदारीकरण के परिणामस्वरूप लगभग 300 मिलियन से भी अधिक मध्यस्तरीय लोगों का ध्यान उपभोज्य वस्तुओं के विश्व बाजार की तरफ अनाश्रित हुआ है। विश्व बैंक के अनुसार भारत की अर्थव्यवस्था का विश्व में पाँचवा स्थान है, जो कि परचेसिंग पावर पेरिटी (Purchasing Power Parity) पर आधारित है। भारत की जनसंख्या के लगभग 68.84 प्रतिशत लोग ग्रामीण क्षेत्रों में रहते हैं और लगभग 60 प्रतिशत अपना जीवनयापन करने के लिए कृषि पर निर्भर रहते हैं। भारत के आर्थिक विकास के दर का अवत्वरण होने का मुख्य कारक लगभग 70 प्रतिशत पेट्रोलियम की माँग को पूर्णरूप से आयात करना है। विश्व के बाज़ार में तेल के मूल्य में वृद्धि के परिणामस्वरूप देश के अदायगी स्थिति के संतुलन में विस्थिरीकरण उत्पन्न होगा। भारत में वर्तमानीय वार्षिक डीजल तेल की खपत लगभग 40 मिलियन टन है, जो कुल पेट्रोलियम उत्पाद के उपभोग का 40 प्रतिशत है। आर्थिक प्रसार के परिणामस्वरूप उच्च दर वाले, लघु एवं मध्य स्तर पर यातायात के ईंधन की माँग में वृद्धि होगी। ईंधन के उपभोग में वृद्धि के कारण वृद्धि हुई पर्यावरणीय समस्याओं पर भी ध्यान देने की आवश्यकता है। पिछले कुछ वर्षों में उपर्जित सम्पूर्ण प्रगति के पश्चात कुछ समस्याओं का समाधान करना शेष है, जैसे कि अभी भी गरीबी एवं विकास संबंधित कार्यों पर ध्यान देने की आवश्यकता है, क्योंकि लगभग कुल जनंसख्या

का 35 प्रतिशत भाग गरीबी रेखा के नीचे है। कर्षित उत्पादकता में कमी, गतिशीलता एवं प्रमुख बाजार के लिए ग्रामीण क्षेत्रों के उत्पादन हेतु उचित अभिगम्यता में कमी से समस्या उत्पन्न होती है। भूमि के निर्विशेष उपयोग के परिणामस्वरूप देश के कृषित भूमि का विस्तीर्ण रूप से निम्नीकरण होता है।

प्लानिंग कमिशन ऑफ इण्डिया (Planning Commission of India) के अनुसार, भारत में अनुमानित 130 मिलियन हेक्टेयर अवशिष्ट भूमि में से लगभग 33 मिलियन हेक्टेयर भूमि वृक्षारोपण द्वारा पुनः प्राप्त की गई। जैट्रोफा रोपण द्वारा इस समस्या का समाधान संभव है, जो कि जैवडीजल की माँग को भी पूरा करेगा। जैट्रोफा के वृक्ष कम पोषित निम्नीकृत मिट्टी वाली भूमि पर भी आसानी से पैदा हो जाते हैं और इनको मवेशी भी नहीं खाते तथा ये कीट एवं रोगणुरहित होते हैं। वर्षा एवं मिट्टी की दशा के आधार पर भी लगभग ये 2 से 5 वर्षों में उत्पादन दे देते हैं, जो कि 0.5 से 12 टन प्रतिवर्ष प्रति हेक्टेयर होता है। अनुकूल वातावरण में ये लगभग 5 टन प्रति हेक्टेयर बीज का उत्पादन कर सकते हैं तथा बीज में 35–40 प्रतिशत तेल होता है जो ट्रांसएस्टरीकरण द्वारा जैव डीजल में परिवर्तित हो जाता है।

निष्कर्ष

जैवडीजल यातायात ईंधन के स्थान पर एक नवीन, वैकल्पित एवं महत्वपूर्ण ईंधन है। इसका उत्पादन कई प्रकार के वनस्पतिक तेल या पशु वसा जैसे अनिर्मित सामग्री द्वारा होता है। अम्लीय उत्प्रेरक के उपयोग द्वारा पूर्व–प्रशोधन प्रक्रिया अच्छी मात्रा में परिवर्तित उत्पादन एवं उच्च्य गुण वाले उत्पाद भी उपलब्ध कराते हैं। जैव डीजल एक नवीनीकरणीय एवं ऊर्जा सक्षम ईंधन है, जिनका डीजल इंजन में उपयोग किया गया है। जैव डीजल पर्यावरण के अनुकूल है क्योंकि ये कम मात्रा में कार्बन मोनो ऑक्साइड हाइड्रोकार्बन एवं धुएँ का उत्सर्जन करते हैं तथा ये ग्रीनहाउस प्रभाव का भी कारण नहीं बनते हैं, क्योंकि कार्बन डाइ ऑक्साइड के उत्सर्जन की मात्रा एवं पौधों द्वारा कार्बन डाइ ऑक्साइड के अवशोषित की मात्रा का आपस में संतुलन बना होता है। इससे दूसरे देशों पर पैट्रोलियम ईंधन के आयात पर निर्भरता में कमी आई है। हालांकि इससे बहुत से लाभ हुए हैं, परन्तु अभी भी ये पैट्रोलियम आधारित डीजल ईंधन को पूर्ण रूप से प्रतिस्थापित नहीं कर पाया है और इसको व्यवसायिक स्तर पर विकसित करने हेतु शोध की आवश्यकता है। बायोडीजल को अधिक सक्षम, सस्ता एवं उपयोग में आसान बनाया जा सके, इसके लिए विश्वस्तरीय कोशिश जारी है। इसी कोशिश के अंतर्गत 'विश्व बायोडीजल कांग्रेस एवं एक्सों' का आयोजन किया जा है। द्वितीय विश्व बायोडीजल कांग्रेस एवं एक्सों का आयोजन 6–7 दिसंबर, 2017 को अमेरिका के टेक्सास में आयोजित किया गया था।

❑❑❑

अध्याय 4

जैविक इथेनॉल : उत्पादन प्रक्रियाओं में प्रगति

विश्व की ऊर्जा की माँग को पूरा करने के लिए लगातार जीवाश्म ईंधनों का उपयोग पर्यावरण में कार्बन डाइ ऑक्साइड (CO_2) की मात्रा को बढ़ा रहा है, जिसके परिणाम स्वरूप भूमण्डलीय तापक्रम में वृद्धि (Global warming) हो रही है। जीवाश्म ईंधनों के ज्वलन से लगभग 73 प्रतिशत कार्बन डाइ ऑक्साइड का उत्पादन होता है। भूमण्डलीय तापक्रम वृद्धि विषय पर जागरुकता बढ़ने के कारण, लोगों का ग्रीनहाऊस गैसों के उत्सर्जन को कम करने की तकनीक का विकास करने में रुचि बढ़ने लगी है। वर्तमान में इन उत्सर्जनों को कम करने के लिए उच्च तकनीकों पर ध्यान दिया जा रहा है, जैसे;

1. ऊर्जा के उपभोग को कम करती है।
2. ऊर्जा रूपांतरण क्षमता को बढ़ाती है।
3. कम कार्बन की मात्रा वाले ईंधनों का उपयोग करती हैं।
4. प्राकृतिक रूप से कार्बन डाइ ऑक्साइड की मात्रा को कम करने वाले संसाधनों को बढ़ावा देती है।
5. कार्बन डाइ ऑक्साइड का प्रग्रहण एवं संचय करती है।

जीवाश्म ईंधनों को कम उपयोग करने से कार्बन डाइ ऑक्साइड की मात्रा में कमी आती है तथा प्रदूषकों का स्तर भी घटता है। जीवाश्म ईंधनों पर बढ़ती हुई निर्भरता एवं भूमण्डलीय तापक्रम वृद्धि, इन समस्याओं के कारण आज विश्व एक ऐसे नवीनीकरणीय ऊर्जा के स्रोत की खोज में है, जो कम मात्रा में कार्बन डाइ ऑक्साइड का उत्सर्जन करें। जैविक इथेनॉल पेट्रोलियम आधारित ईंधनों के विकल्प के रूप में देखा जा रहा है, जो पर्यावरण में ग्रीनहाऊस गैसों के कुल योगदान को कम करता है। प्रारंभ में वर्ष 1897 में निकोलस ओटो ने इथेनॉल को इन्टर्नल कंबशन इंजन में उपयोग किया था। ऑटोमोबाइल के समय से ही अल्कोहल का उपयोग ईंधन के रूप में किया जा रहा है तथा सभी प्रकार के वाहनों और इंजनों में ईंधन–इथेनॉल के सम्मिश्रण का सफलतापूर्वक उपयोग हो रहा है। इथेनॉल विभिन्न प्रकार के उत्पादकों उदाहरणतः अनाज, खोई, फल आदि से निर्मित होता है। 1970 में तेल के संकट के दौरान, इथेनॉल एक वैकल्पिक ईंधन के रूप में स्थापित हुआ।

जैविकइथेनॉल की ईंधन रूपी विशेषताएँ

जैविकइथेनॉल एक द्रवीय जैवईंधन है, जो विभिन्न प्रकार के जैवभार अनिर्मित सामग्रियों एवं रूपांतरण तकनीकों द्वारा उत्पन्न होता है। जैविक इथेनॉल का उपयोग एक वैकल्पिक ईंधन के रूप में किया जा सकता है, क्योंकि यह एक जैव–आधारित नवीनीकरणीय ऊर्जा ऐसा का संसाधन है, जो ऑक्सीजन से परिपूर्ण होता है तथा जिसके फलस्वरूप कम्प्रेशन इग्निशन इंजनों से निकलने वाले विविक्त कणों के उत्सर्जन में कमी आती है। परन्तु, इन ईंधनों के कुछ प्रतिकूल प्रभाव भी होते हैं, जैसे कि मक्के द्वारा इथेनॉल का उत्पादन अन्य फसलों की अपेक्षा अधिक मृदा अपरदन करता है तथा इसमें अधिक नाइट्रोजन उर्वरक का भी उपयोग होता है। जैविक इथेनॉल का पेट्रोल की अपेक्षा उच्च ऑक्टेन नम्बर, विस्तृत ज्वलनशील सीमा, अधिक ज्वलनशील गति और उच्च ऊष्मा वाष्पीकरण होता है। इन विशेषताओं के फलस्वरूप जैविक इथेनॉल का उच्च संपीडन अनुपात, अल्प ज्वलन समय और पतला इंजन होता है। पेट्रोल की अपेक्षा जैविक इथेनॉल की अनेक कमियाँ भी हैं, उदाहरणार्थ कम ऊर्जा सघनता, संक्षारणिता, कम ज्वलन दीप्ति, कम वाष्पीय दाब, जल के साथ मिश्रणीयता, परितंत्र के लिए विषाक्तता। अल्कोहल ईंधन की कुछ विशेषताएँ तालिका 4.1 में दर्शायी गई है।

तालिका 4.1 अल्कोहल ईंधन की कुछ विषेषताएँ

क्रमांक	ईंधन की विशेषता	ऑक्टेन नम्बर	मिथेनॉल	इथेनॉल
1.	सीटेन नम्बर	–	5	8
2.	ऑक्टेन नम्बर	100	112	107
3.	स्वज्वलन ताप (K)	530	737	606
4.	गुप्त ऊष्मा का वाष्पीकरण (MJ/kg)	0.26	1.18	0.91
5.	कम ऊष्मीय मान (MJ/kg)	44.4	19.9	26.7

जैविक इथेनॉल में ऑक्सीजन की उपस्थिति ज्वलनशीलता को बढ़ाती है और इस प्रकार, कार्बन मोनो ऑक्साइड 3 हाइड्रोकार्बन और विविक्त कण के उत्सर्जन को कम करती है, परन्तु नाइट्रोजन के ऑक्साइड (NO_X) के उत्सर्जन को बढ़ाती है। जैविक इथेनॉल गैसोलीन इंजन के लिए एक उपयुक्त मिश्रित ईंधन है। ई 85 (E85) हल्के वाहनों के लिए एक प्रसिद्ध सम्मिश्रित ईंधन है, जिसमें 85 प्रतिशत जैविक इथेनॉल और 15 प्रतिशत गैसोलीन होता है। ब्राजील में गन्ने से जैविक इथेनॉल बनाया जाता है और ये शुद्ध रूप में अथवा गैसोलीन के साथ मिश्रण के रूप में, जिसे गैसोहोल कहते हैं, उपयोग होता है। गैसोहोल में 24 प्रतिशत जैविक इथेनॉल और 76 प्रतिशत गैसोलीन होता हैं। अमेरिका के विभिन्न राज्यों में जैविक इथेनॉल की कुछ मात्रा गैसोलीन में मिलाई जाती है (आयतन के

अनुसार 10 प्रतिशत), इसे ई10 (E10) कहते हैं। अधिक मात्रा में जैविक इथेनॉल को गैसोलीन में मिलाकर प्रयोग किया जा सकता है, जैसे कि फ्लेक्सीबल ईंधन वाहन (Flexible Fuel vehicle) को चलाने वाले ईंधन में 85 प्रतिशत जैविक इथेनॉल होता है और इस ईंधन को ई 85 (E85) कहते हैं। विभिन्न देशों ने जैविक इथेनॉल गैसोलीन मिश्रण योजना के लिए कार्य किया है, जैसे कि संयुक्त राज्य अमेरिका (युनाइटेड स्टेटस ऑफ अमेरिका–USA) ने ई 10 (E10) और फ्लेक्सीबल ईंधन परिवहन (Flexible Fuel vehicle) के लिए ई 85 (E85), कनाडा (Canada) ने ई 10 (E10) और फ्लेक्सीबल फ्यूल वेहिकल (Flexible Fuel vehicle) के लिए ई 85 (E85), भारत (Indin) ने ई 5 (E5), ऑस्ट्रेलिया (Australia) ने ई 10 (E10), थाइलैंड (Thailand) ने ई 10 (E10), चाइना (China) ने ई 10 (E10), कोलंबिया (Columbia) ने ई 10 (E10), पेरू (Peru) ने ई 10 (E10), और ब्राजील (Brazil) ने ई 20 (E20), ई 25 (E25), और फ्लेक्सीबल ईंधन परिवहन आदि के लिए।

मिथेनॉल का उत्पादन विभिन्न प्रकार की प्रक्रियाओं द्वारा होता है, इसमें सबसे प्रचलित प्रक्रिया तरल–उत्पादकों का कोयले, लकड़ी, प्राकृतिक गैस और पैट्रोलियम गैस से आसवन द्वारा उत्पादन करना है। इथेनॉल की लागत मिथेनॉल की तुलना में अधिक है, क्योंकि इथेनॉल मुख्यतः जैवभार–जैविक रूपांतरण विधि से उत्पन्न होता है। मिथाइल अल्कोहल का क्रमानुसार प्रभाव इथाइल एल्कोहल से भिन्न होता है। इथाइल एल्कोहल शीघ्रता से ऑक्सीकरण हो कर कार्बन डाइ ऑक्साइड और जल देता है। इथेनॉल की तुलना में मिथेनॉल को आसानी से पुनः प्राप्त किया जा सकता हैं। इथेनॉल जल के साथ मिलकर एजियोट्रोप (Azeotrope) बनाता है, इसलिए पुनः प्राप्ति के दौरान इथेनॉल का शुद्धिकरण अत्यधिक महंगा होता है और यदि जल को हटाया नहीं गया तो, ये अभिक्रियाओं के साथ हस्तक्षेप करेगा, जबकि मिथेनॉल एज़ियोट्रोप नहीं बनाता है, इसलिए इसकी पुनः प्राप्ति आसानी से की जा सकती है।

जैविक इथेनॉल की वर्तमान स्थिति एवं संभावित उत्पादन

सन् 2005 में जैविक इथेनॉल का उत्पादन 12.1 मिलियन गैलन था जो सन् 2006 में बढ़कर 13.5 बिलियन गैलन हो गया था। लगभग 60 प्रतिशत जैविक इथेनॉल का उत्पादन गन्ने से और 40 प्रतिशत अन्य फसलों से होता है। विश्व में ब्राजील और संयुक्त राज्य अग्रवर्ती देश है, जो गन्ने और मक्के को उपयोज्यित (Exploit) करके लगभग 70 प्रतिशत जैविक इथेनॉल का उत्पादन करते हैं, जबकि संयुक्त राज्य और ब्राजील तेल के लिए अपने आप में आत्मनिर्भर नहीं है। जैविक इथेनॉल के दस उच्च उत्पादकों को तालिका 4.2 में दर्शाया गया है।

तालिका 4.2 दस उच्च जैविक इथेनॉल उत्पादक (मिलियन गैलन)

क्रमांक	देश	2004	2005	2006
1.	युनाइटेड स्टेटस ऑफ अमेरिका	3.54	4.26	4.85
2.	ब्राज़ील	3.99	4.23	4.49
3.	चीन	0.96	1.00	1.02
4.	भारत	0.46	0.45	0.50
5.	फ्रांस	0.22	0.24	0.25
6.	जर्मनी	0.07	0.11	0.20
7.	एशिया	0.20	0.20	0.17
8.	कनाडा	0.06	0.06	0.15
9.	दक्षिण अफ्रीका	0.11	0.10	0.10
10.	थाइलैंड	0.07	0.08	0.09

लगभग सम्पूर्ण जैविक इथेनॉल ईंधन का उत्पादन युनाइटेड स्टेटस में मक्का.ग्लूकोज और ब्राजील में सूक्रोज के किण्वन द्वारा होता है। कोई भी कृषि प्रधान देश, जैविक इथेनॉल किण्वन के लिए वर्तमान तकनीक का उपयोग कर सकता है। युनाइटेड स्टेटस में 90 प्रतिशत जैविक इथेनॉल मक्का से बनाया जाता है। सन् 2007 के नवीनीकरण ईंधन संगठन (रिन्यूवेबल फ्यूल एसोसिएशन–Renewable Fuel Association) के अनुसार युनाइटेड स्टेटस (US) में जैविक इथेनॉल का उत्पादन 2004 में 3.54 बिलियन गैलन से बढ़कर 2006 में 4.85 बिलियन गैलन (Billion gallons) हो गया था। ब्राजील में अधिकतर जैविक इथेनॉल का उत्पादन गन्ने से होता है, उसका अधिकतर उपयोग घरेलू कार्यों जैसे 40 प्रतिशत ब्राज़ीलियन पेट्रोल का विस्थापन और 20 प्रतिशत अन्य देशों जैसे युनाइटेड स्टेटस (US) ई यू (EU), आदि के बाजार को निर्यात किया जाता है। ब्राजील में जैवभार का उत्पादन, सन् 1975 के इथेनॉल ईंधन उत्पादन कार्यक्रम का परिणाम है, जिसमें गन्ने की फसल का उपयोग विशेषत ईंधन के लिए किया गया था। इस कार्यक्रम के लिए 2.7 मिलियन हेक्टेयर भूमि का उपयोग हुआ और लगभग 350 आसवनियों को स्थापित किया गया एवं कार और हल्के वाहनों द्वारा उपयोग होने वाले ईंधन का 40 प्रतिशत ईंधन इथेनॉल द्वारा उपलब्ध होता है। वार्षिक तौर पर, ब्राजील में लगभग 4.5 बिलियन गैलन जैविक इथेनॉल गन्ने से बनता है। मध्य आकार वाले वाहनों में जैविक इथेनॉल का ई 85 (E85), ईंधन में उपयोग करने से, जैविक इथेनॉल संभवतः 353 बिलियन लीटर गैसोलीन को प्रतिस्थापित कर सकता है। लिग्निनयुक्त किण्वन अवशेष जो कि लिग्नो सेल्यूलोज युक्त अवशेष से जैविक इथेनॉल का सहोत्पाद है, वो 458 टेरा–वाट–आवर्स (Terra -watt-hours) की बिजली एवं 2.6 ई जे (EJ) वाष्प का जनन कर सकती है।

2003/30/EC के निर्देश अनुसार ई यू (EU) देशों में जैविक इथेनॉल का यातायात के लिए ईंधन की संभावी माँग लगभग 2006 में 6 बिलियन लीटर और 2010 में 12.7

बिलियन लीटर थी। यूरोप में जैविक इथेनॉल का उत्पादन अनिर्मित सामग्री जैसे; गेहूँ, चुकंदर, शराब के कारखानों के अवशेष आदि के उपयोग से होता है। आंतरिक रूप से जैविक ईंधन के उत्पादन से निर्देश को परिपूर्ण करने के लिए यह अनुमान लगाया गया है कि ई यू (EU) में कुल 4–13 प्रतिशत कृषित भूमि का उपयोग जैविक ईंधन के उत्पादन के लिए आवश्यक है। ई यू 25 (EU25) में शर्करा उत्पादन के लिए चुकंदर क्षेत्र 1999 के दशक में 2.25 मिलियन हेक्टेयर था, जो 2005 में 2.14 मिलियन हेक्टेयर (15 प्रतिशत कम) हो गया था। ई यू (EU) शर्करा बाजार के शासन पद्धति की नयी प्रस्तावित सुधराव के प्रभाव के अनुसार 2015 में चुकंदर क्षेत्र घटकर 1.30 मिलियन हेक्टेयर हो जाएगा।

जैविक इथेनॉल के उत्पादन हेतु अनिर्मित सामग्री

जैवईंधन पौधों के तेलों, चुकंदरों, अनाजों, कार्बनिक अवशेषों एवं जैवभार की प्रक्रम आदि से उद्रमित होता है। जैविक अनिर्मित सामग्री जिसमें सही मात्रा में शर्करा या ऐसे सामग्री जो स्टार्च या सेल्यूलोज से शर्करा में परिवर्तित हो जाए, उनसे किण्वन द्वारा जैविक इथेनॉल का उत्पादन कर सकते हैं, जिनका गैसोलीन ईंधन में उपयोग हो सकता है। विभिन्न प्रकार के अनिर्मित सामग्री जिनका उपयोग जैविक इथेनॉल के उत्पादेन और उनकी तुलनात्मक उत्पादन सामर्थ्य निम्नलिखित तालिका 4.3 में दर्शाया गया है। जैविक इथेनॉल अनिर्मित सामग्रियों को तीन भागों में वर्गीकृत किया है:

1. सुक्रोज युक्त अनिर्मित सामग्री (जैसे; चुकंदर, मीठी ज्वार एवं गन्ना)
2. स्टार्ची सामग्री (जैसे; गेहूँ, मक्का, जौ आदि)
3. लिग्नोसेल्युलोज युक्त जैवभार (जैसे; काष्ठ, पुआला और घास आदि)

तालिका 4.3 जैविक इथेनॉल के उत्पादन हेतु विभिन्न अनिर्मित सामग्री एवं उनके तुलनात्मक उत्पादन सामर्थ्य

अनिर्मित सामग्री	जैविक इथेनॉल उत्पादन (सामर्थ्य ली0/टन)
गन्ना	70
चुकंदर	110
शकरकंद	125
आलू	110
कसावा	180
मक्का	360
चावल	430
जौ	250
गेहूँ	340
खोई एवं अन्य सेल्युलोज जैवभार	280

अनिर्मित सामग्री की उपलब्धता जैविक इथेनॉल के उत्पादन हेतु एक मुख्य कारक है। इसकी उपलब्धता मौसम और भौगोलिक अवस्थिति के अनुसार भिन्न होती है। अनिर्मित सामग्री की कीमत अत्यधिक सीमा तक अस्थाई होती है, जिसके परिणाम स्वरूप जैविक इथेनॉल के उत्पादन लागत पर अधिक प्रभाव पड़ता है।

सूक्रोस युक्त अनिर्मित सामग्री

इथेनॉल के लिए अनिर्मित सामग्री तत्वतः गन्ने और चुकंदर से समाविष्ट (Comprised) होती है। विश्व में शर्करा उत्पादन दो तिहाई गन्ने और एक तिहाई चुकंदर से होता है। जो भौगोलिक रूप से सुस्पष्ट क्षेत्र में उत्पादित होते हैं। गन्ना उष्णकटिबंध (Tropical) और उपोष्णकटिबंधीय (Subtropical) प्रदेशों में एवं चुकंदर शीतोष्ण (Temperate) वातावरण वाले प्रदेशों में उगाया (Grown) जाता है, इसलिए जैविक इथेनॉल का व्यवसाय अधिकांश दक्षिण से जिसका अंततः प्रभाव अनिर्मित सामग्री गन्ने के व्यवसाय पर पड़ता है। 2000–2004 के सत्र में विश्व में गन्ने का निर्यात नहीं बढ़ा है।

तालिका 4.4 विश्व में गन्ने के निर्यात का क्रमिक विकास

	2000	2001	2002	2003	2004
बिलियन्स	3.2	4.3	2.3	3.4	2.9
मिलियन टन	16.5	17.9	12.9	16.7	14.5

ब्राजील गन्ने का प्रचुर एकल उत्पादक है, भूमंडलीय उत्पादन का लगभग 27 प्रतिशत गन्ने का उत्पादन ये करता है। दो प्राथमिक कारणों के कारण से जैविक इथेनॉल का गन्ने से उत्पादन, ब्राजील के लिए अल्पव्ययी है। ब्राजील में शर्करा के दामों पर गिरावट लायी गई ताकि वे जैविक इथेनॉल वाले कारखानों को सरकार द्वारा स्थापित अध्यादेश का सहयोग करते हुए जैविक इथेनॉल का गैसोलीन में सममिश्रण करें। इसके परिणामस्वरूप अनिर्मित सामग्री गन्ने के दाम में गिरावट आई, जिसके कारण जैविक इथेनॉल की माँग और उसके दाम को समर्थन मिला। ब्राजील का केन्द्र–दक्षिणिक क्षेत्र अधिकतर 30 प्रतिशत अनिर्मित सामग्री के उत्पादन के कार्य हेतु होता है। सन् 2009 की नई राष्ट्रीय योजना के अंतर्गत गन्ने का उत्पादन 40 प्रतिशत बढ़ाना है और इस योजना को पूर्ण करने हेतु 2006–2008 तक ब्राज़ीलियन जैविक इथेनॉल के कारखानों में मुख्य रूप से रुकावट आई। एशिया (भारत, थाइलैण्ड, फिलीपीन्स) में गन्ने का उत्पादन उनके स्वयं के छोटे खेतों में होता है। भारत में लगभग सात मिलियन छोटे किसान हैं, जिनकी कुल भूमियों का उपयोग गन्ने के उत्पादन के लिए होता है। युरोपियन देशों में चुकंदर की खोई सबसे अधिक उपयोग होने वाली सुक्रोस युक्त अनिर्मित सामग्री है। ई यू 25 (EU25) देशों में अधिकतर चुकंदर की फसलों की पैदावार की जाती है, इनसे गेहूँ की अपेक्षा प्रति हेक्टेयर अधिक जैविक

इथेनॉल का उत्पादन होता हैं। फसल उत्पादन का छोटा चक्र, उच्च पैदावार, वातावरण के विभिन्न विस्तृत परिसर के लिए उच्च सहिष्णु (Tolerance), जल और उर्वरक की कम माँग आदि चुकंदर की कुछ महत्वपूर्ण विशेषताएँ हैं। गन्ने की अपेक्षा चुकंदर को लगभग 35–40 प्रतिशत कम जल और उर्वरक की आवश्यक होती है। चुकंदर की उत्पादक कीमत बी–कोटा (B-quot) 32.42 €/ tan चुकंदर और जैविक इथेनॉल की उत्पाद 1001 जैविक इथेनॉल / टन चुकंदर, जो अनिर्मित सामग्री की अंतिम लागत 32.42 €/ 1001 जैविक इथेनॉल देखाते हैं। मीठी ज्वार का सूखे समय के दौरान प्रसुप्त होने की क्षमता, उसे सबसे अधिक अनावृष्टि (Drought) प्रभाव शून्य कृषित फसल बनाता है। ऊर्जा और उद्योग के लिए अधिकतर फसलों को जाँचने के बाद मीठी ज्वार मुख्यतः विकासशील देशों में विशेष रूप से जैविक इथेनॉल के उत्पादन के लिए आशाजनक सार्थक उपयोगी हुई हैं।

विभिन्न फसलों के अवशेष उत्पादों को जैविक इथेनॉल के प्रक्रमण में उपयोग की संभावना को ई यू (EU) द्वारा निधिबद्ध (Funded) [एल. ए. एल. एन. ई. टी (LAMNET)] शोध कार्यक्रम में जाँचा गया, जिससे ये पता चला है कि मीठी ज्वार बहुत उपयोगी पौधा है, जो पूरा का पूरा बिना किसी अवशेष के उपयोग हो जाता है। गन्ने से जैविक इथेनॉल का उत्पादन एक आकर्षक प्रस्ताव है। विभिन्न ऊर्जा फसलों के मूल्य स्तरों एवं जैविक इथेनॉल के उत्पादन की समानता को तालिका 5 में दर्शाया गया है। स्टार्ची सामग्री और लिग्नोसेल्युलोज युक्त जैवभार की अपेक्षा कार्बोहाइड्रेट का (5 एवं 6–कार्बन के साथ) जैविक इथेनॉल में परिवर्तन अधिक आसान होता है, क्योंकि इसमें अनिर्मित सामग्री के जल अपघटन (Hydrolysis) की आवश्यकता नहीं होती, क्योंकि यीस्ट इस द्विशर्कराइड (Disaccharide) को तोड़ देता है।

तालिका 4.5 विभिन्न ऊर्जा खेती के उत्पादन मूल्य और जैविक उत्पात् की समानता

प्रकार	**उत्पादन t/ha/year**	**शर्करा या स्टार्च का परिवर्तन दर (प्रतिशत)**	**जैविक इथेनॉल का परिवर्तन दर (l/ton)**	**जैविक इथेनॉल (kg/ha/ year)**	**उत्पात मूल्य S/m³**
गन्ना	70	12.5	70	4900	160
कसावा	40	25	150	6000	700
मीठी ज्वार	35	14	80	2800	200–300
मक्का	5	69	410	2050	250–420
गेहूँ	4	66	390	1560	380–480

स्टार्च सामग्री

अन्य प्रकार की अनिर्मित सामग्री जो जैविक इथेनॉल के उत्पादन के लिए उपयोगी है, वे स्टार्च युक्त सामग्री है। स्टार्च एक जैविक बहुलक (Biopolymer) है, जो D–ग्लूकोज एकलक से बना हुआ समबहुलक है। स्टार्च से जैविक इथेनॉल के उत्पादन के लिए कार्बोहाइड्रेट की श्रृंखला का विभाजन ग्लुकोज सीरप प्राप्त करने हेतु आवश्यक है। यीस्ट के द्वारा ग्लुकोज सीरप को जैविक इथेनॉल में परिवर्तित किया जाता है और यह मुख्यतः नॉर्थ अमेरिका और यूरोप में किया जाता है। युनाइटेड स्टेट्स में विस्तृत मक्का आधारित जैविक इथेनॉल उद्योग है, जिसकी क्षमता 15 बिलियन लीटर प्रतिवर्ष है। ऊर्जा नीति अधिनियम 2005 (Energy policy Act 2005) के अनुसार यह अनुमान लगाया गया था। यदि इसी प्रकार इनका उत्पादन बढ़ता रहा तो 2012 तक ये बढ़कर लगभग 28 बिलियन लीटर प्रतिवर्ष बढ़ गया होगा। सन् 2005 में जैविक इथेनॉल उद्योगों ने 1.4 बिलियन बुशेल (Billion Bushel) से अधिक मक्का का उपयोग किया, जिसका मूल्य 2.9 बिलियन से अधिक था। यू.एस. (U.S.) में जैविक इथेनॉल के लगभग 90 प्रतिशत उत्पादन के लिए मक्का का उपयोग किया जाना था और इसलिए मक्का एक प्रमुख अनिर्मित सामग्री थी। मक्का के उत्पादो में उन्नत और अन्य फसलों के द्वारा स्थानान्तरण का योग यू.एस. मक्का अवखंड (Sector) से बिना बढ़ी हुई कीमतों से ही जैविक इथेनॉल उद्योगों की पूर्ति करता है। ब्राजील और यू.एस में अनुदान द्वारा जैविक इथेनॉल का उत्पादन होता है। यू.एस. में आर्थिक सहायता के कारण से + 6 बिलियन प्रतिवर्ष से भी अधिक इथेनॉल का उत्पादन होता है। यू.एस. में गैसोलीन (Gasolene) की अपेक्षा प्रति गैलन इथेनॉल के लिए आर्थिक सहायता 60 गुना अधिक होता है। मक्के की कीमत प्रतिवर्ष भिन्न होती है और पिछले कुछ वर्षों में इसका परिसर + 1.94 प्रति बुशेल से + 3.24 प्रति बुशेल के बीच है। यू.एस. में मक्का की कीमत लगभग + 4.00 प्रति बुशेल के समीप है और मक्का को खेतों से कारखानों तक ले जाने के कारण से भी, मक्का की कीमतों में उतार–चढ़ाव आता है।

स्टार्च, ग्लुकोज की लंबी श्रृंखला से मिलकर बना होता है, जो जलीय अपघटन तकनीक द्वारा किण्वित शर्करा में परिवर्तित हो जाते हैं। जलीय अपघटन में, स्टार्च जल के साथ अभिक्रिया करके स्टार्च को किण्वित शर्करा में विघटित कर देता है। दो प्रकार के जलीय अपघटन होते हैं, 1 किण्वकीय जलीय अपघटन व 2 अम्ल जलीय अपघटन। उच्च ताप पर एमाइलेज (Amylase) के द्वारा स्टार्च का जलीय अपघटन औद्योगिक रूप से द्रवीकरण (Liquidification) की प्रक्रिया कहलाती है। कुछ कारक जैसे; अधःस्तर, किण्वक की क्रिया, अभिक्रिया के हालात (तापमान, पी.एच) और अन्य मापदण्ड आदि स्टार्च के किण्वकीय जलीय अपघटन पर प्रभाव डालते हैं। तीस वर्षों में, स्टार्च आधारित जैविक इथेनॉल उद्योगों को व्यवसायिक रूप से विकासक्षम बनाने और इसकी किण्वक क्षमता, प्रक्रिया के मूल्य और उसके समय को घटाने एवं जैविक इथेनॉल के उत्पाद को बढ़ाने के

लिए अत्यधिक विकास हुआ है। उच्च जैविक इथेनॉल के उत्पादन की मूल्यवान होने के दो मुख्य कारण हैं:

1. यीस्ट (Yeast) *सैक्रोमायसिस सैरेविसी* (*Saccharomyces cerevisiae*) स्टार्ची सामग्री का उपयोग नहीं कर सकता है, इसलिए अधिक मात्रा में अमाइलोलाइटिक (Amylolytic) किण्वक (ग्लुकोअमाइलेज + (Glucoamylase)α एमाइलेज़ (α-amylase) का प्रयोग किया जाता है।
2. अधिक जैविक इथेनॉल के उत्पाद के लिए स्टार्ची सामग्री को उच्च, तापमान (413–453K) में पकाना आवश्यक है।

मक्का का द्वि–स्तरीय किण्वकीय जलीय अपघटन व्यवसायिक रूप से उपलब्ध α एमाइलेज (α &amylase) और ग्लुकोअमाइलेज (Glucoamylase) और यीस्ट (*सैक्रोमायसिस सैरेविसी),* (*Saccharomyces cerevisiae*) द्वारा उत्पन्न हाइड्रोलाइजेट का जैविक इथेनॉल किण्वन के अध्ययन द्वारा किया गया है। नेम्न तापमान (305K) में 4 घण्टे की अभिक्रिया के पश्चात 80 प्रतिशत से भी अधिक जैविक इथेनॉल का उत्पाद हुआ है।

लिग्नोसेल्युलोज युक्त जैवभार

लिग्नो सेल्युलोज युक्त जैवभार जैसे; कृषित अवशेष (कॉर्न स्ट्रा और गेहूँ का भूसा) काष्ठ ऊर्जा खेती, जैविक इथेनॉल के उत्पादन के लिए अत्यधिक पुनरुत्पादक साधन है। लिग्नो सेल्युलोज युक्त जैवभार 442 बिलियन लीटर प्रतिवर्ष जैविक इथेनॉल का उत्पादन कर सकता है, अतः फसलों के बचे हुए भाग और अवशेष फसलों के द्वारा जैविक इथेनॉल का कुल संभावित उत्पादन 491 बिलियन लीटर प्रतिवर्ष है, जो कि लगभग 16 गुना विश्व के वर्तमानीय जैविक इथेनॉल के उत्पादन से अधिक है। चावल का भूसा विश्व में एक प्रचुर लिग्नो सेल्युलोज युक्त अवशेष सामग्री है। इसका वार्षिक उत्पादन लगभग 731 मिलियन टन है, जो कि अफ्रीका (20.9 मिलियन टन), एशिया (667.6 मिलियन टन), यूरोप (3.9 मिलियन टन), अमेरिका (37.2 मिलियन टन) और ओशनीय (1.7 मिलियन टन) में वितरित है। चावल के भूसे की इस मात्रा से संभावित 205 बिलियन लीटर प्रतिवर्ष जैविक इथेनॉल का उत्पादन हो सकता है, जो एकल जैवभार अनिर्मित सामग्री द्वारा सबसे बड़ी उत्पादन की मात्रा है। विभिन्न उपयुक्त अनिर्मित सामग्रियों के जैव–रासायनिक संघटक तालिका 4.6 में दिए गए हैं।

तालिका 4.6 जैविक इथेनॉल के उत्पादन हेतु विभिन्न योग्य अनिर्मित सामग्री के जैव–रासायनिक संघटक

अनिर्मित सामग्री	कठोर काष्ठ			कोमल काष्ठ	घास
	ब्लेक लोकस्ट	हाइब्रिड पोपुलर	युकेलिप्टस	पाइन	स्विच घास
सेल्युलोज	41.61	44.70	49.50	44.55	31.98
ग्लुकॉन (6C)	41.60	44.70	49.50	44.55	31.98
हेमीसेल्युलोज	17.66	18.55	13.07	21.90	25.19
जाइलेन (5C)	13.86	14.56	10.73	6.30	21.09
अरेबिनोज (5C)	0.94	0.82	0.31	1.60	2.84
गेलेक्टॉन (6C)	0.93	0.97	0.76	2.56	0.95
मेनोज (6C)	1.92	2.20	1.27	11.43	0.30
लिग्निन	26.70	26.44	27.71	27.67	18.13
राख	2.15	1.71	1.26	0.32	5.95
अम्ल	4.57	1.48	4.19	2.67	1.21
ऐक्सट्रेक्टिव	7.31	7.12	4.27	2.88	17.54
हिटिंग मान	19.50	19.60	19.50	19.60	18.60

चीड़ (देवदार) के वृक्ष में अधिकतर संयुक्त शर्करा पाया जाता है, जिससे यह अनुमान लगाया जा सकता है कि इसकी जैविक इथेनॉल की उत्पादन क्षमता सर्वाधिक होती है। अधिकतर अनिर्मित सामग्रियों में लिग्निन लगभग 27 प्रतिशत तक पाया जाता है, परन्तु घासों में ये अपेक्षाकृत कम होता है। सभी लिग्नोसेल्युलोज युक्त जैवभार की मूल संरचना तीन प्रकार के बहुलकों से मिलकर निर्मित होती है:

1. सेल्युलोज ($C_6H_{10}O_5$)
2. हेमीसेल्युलोज जैसे कि जाइलेन (ग्लसंद) ($C_5H_8O_4$)m
3. लिग्निन (Lignin) [($C_9H_{10}O_3$) (OCH_3) 0-9&1-7½]n

सेल्युलोज के रेशे काष्ठ को सामर्थ्य प्रदान करते हैं और सूखी काष्ठ का 40 से 50 भार प्रतिशत सेल्युलोज होता है। सेल्युलोज एक सम बहुशर्कराइड है जो β-D-ग्लुकोपाइरेनोज (β & D glucan glucopyranose) इकाइयों से मिलकर निर्मित होता है। ये इकाइयाँ (1–4) ग्लाइकोसाइडिक बाण्ड के द्वारा एक दूसरे से जुड़ी होती हैं। सेल्युलोज के अणु रेखिक होते हैं, ये (β-D-Xywdksikbjsukst β-D glucan glucopyranose) श्रृंखला की इकाइयाँ कुर्सी रूपी संरूपण दर्शाती हैं और प्रतिस्थापी HO–2, HO–3 एवं CH_2OH

भूमध्य रेखीय दिशा में घूमते हैं। ग्लुकोज से जल के निष्कासन के द्वारा ग्लुकोज एनहाइड्राइड (Glucose anhydride) लम्बी सेल्युलोज की श्रृंखला बनाता है, जिसमें 5000 से 10,000 तक ग्लुकोज इकाइयाँ होती है। सेल्युलोज बहुलक की मूल पुनःवृत इकाई दो ग्लुकोज एनहाइड्राइड इकाइयों से निर्मित होती हैं। काष्ठ में दूसरा मुख्य रासायनिक घटक हेमी सेल्युलोज, (जिसे पोलियोज (Polyose) भी कहते हैं) होता है। हेमी सेल्युलोज के विभिन्न प्रकार अधिकांशतः 25–35 प्रतिशत सूखे काष्ठ के भार में, 28 प्रतिशत कोमल काष्ठ में और 35 प्रतिशत कठोर काष्ठ में होता है। हेमीसेल्युलोज विभिन्न प्रकार के बहुलकित एकल शर्कराइड (Monosaccharide) जैसे; ग्लुकोज (Glucose), मेनोज (Mannose), ग्लेक्टोज (Galactose), जाइलोज (Xylose), अरेबिनोस (Arabinose), 4–ओ–मिथाइल ग्लुकुरोनिक अम्ल (4-O-Methyl glucuronic acid) और गैलेक्टयुरोनिक (Galacturonic) अम्ल अवशेषों का मिश्रण है। जाइलोज एक प्रधान पेंटोज (Pentose) शर्करा है, जो अधिकतर कठोर काष्ठ के अनिर्मित सामग्री के हेमी सेल्युलोज से व्युत्पन्न (Derived) होता है, जबकि अरेबिनोस (Arabinose) सार्थक मात्रा में पेंटोस शर्करा को संगठित करता है, जो कि विभिन्न कर्षित अवशेषों और अन्य अकाष्ठिल पादप (Herbaceous plant) जैसे स्विच घास (जो कि ऊर्जा खेती के लिए योग्य माना गया है) से व्युत्पन्न है। अरेबिनोस कठोर लकड़ी के कुल पेंटोज का 2–4 प्रतिशत ही निर्माण करता है और कई अकाष्ठिल पादप से कुल पेंटोस का 10–20 प्रतिशत निरूपित करता है। कॉर्न फाइबर में अरेबिनोज की मात्रा कुल पेंटोस की 30–40 प्रतिशत है। लिग्निन उच्च शाकीय, प्रतिस्थापी, कुछ जैवभार के कोशिका भित्ती में एकनाभिकीय ऐरोमेटिक बहुलक और कुछ सेल्युलोज रेशों के साथ जुड़कर लिग्नो सेल्युलोज युक्त तंत्र की संरचना करते हैं। कोमल एवं कठोर लकड़ी दोनों में भार के अनुसार लगभग 20–40 प्रतिशत लिग्निन की मात्रा होती है। शाकीय पादपों जैसे; खोई, मक्के के दानों, चावल का भूसे आदि में भार के अनुसार लगभग 10–40 प्रतिशत लिग्निन पाया जाता है।

वर्तमान प्रोद्यौगिकी का उपयोग करके लिग्नो सेल्युलोज युक्त सामग्री से जैविक इथेनॉल के उत्पादन करने की लागत अपेक्षाकृत अधिक है। इसका मुख्य कारण कम उत्पाद और जलीय अपघटन प्रक्रिया की अधिक लागत है। कुल लागत का लगभग 40 प्रतिशत से अधिक अनिर्मित सामग्री पर व्यय होता है। आर्थिक दृष्टि से जैवभार से जैविक इथेनॉल का उत्पादन पूर्णतः इस बात पर निर्भर करता है कि कितनी सरलता, तेजी और दक्षता से सेल्युलोज और हेमी सेल्युलोज में पाया जाने वाला शर्करा इथेनॉल में परिवर्तित किया जा सकता है।

लिग्नो सेल्युलोज युक्त जैवभार से जैविक इथेनॉल का उत्पादन करने की प्रक्रिया

सेल्युलोज एवं हेमी सेल्युलोज के जैविक परिवर्तन से क्षारीय शर्करा जैसे की कार्बोहाइड्रेट (पेंटोज या हेक्सोज) को बनाना स्टार्च के परिवर्तन से अधिक कठिन प्रक्रिया

है। लिग्नो सेल्युलोज से जैविक इथेनॉल बनाने के विभिन्न विकल्प उपलब्ध हैं। किसी भी विकल्प को चुनते समय उसकी तुलना पहले से प्रतिस्थपित शर्करा या स्ट्राचं आधारित जैविक इथेनॉल उत्पादन से करना आवश्यक होता है। निम्न विशेषताओं के आधार पर ये तुलना करनी चाहिएः

1. सेल्युलोज या हेमी सेल्युलोज का दक्षतापूर्वक घुलनशील शर्करा में परिवर्तित होना।
2. हेक्सोज (6 कार्बन) और पेंटोस (5 कार्बन) शर्करा का दक्षतापूर्वक किण्वन होना।
3. उन्नत प्रक्रियाओं के समाकलन द्वारा ऊर्जा की माँग को कम करना।
4. अनिर्मित सामग्री में कम मात्रा में लिग्निन के पाए जाने से जैविक इथेनॉल की लागत का कम होना।

जैव–परिष्करणी (Biorefinery) बनाने का अवसर मिला, जिससे मूल्य आधारित सहोत्पात (Co-products) एवं लिग्नो सेल्युलोज युक्त साम्रगी के साथ जैविक परिवर्तन की प्रक्रिया के फलस्वरूप जैविक इथेनॉल ईंधन बनता है। तत्काल रूप से प्रकाश में या प्रकाश रहित अवस्थाओं में शर्करा का जीवाणु द्वारा किण्वन करने से विभिन्न प्रकार के अन्य उत्पादकों का उत्पादन होता है, जैसे लैक्टिक अम्ल (Lactic acid) जो कि पुनः प्लास्टिक एवं अन्य उत्पादकों में संशोधित होता है। लिग्निन के कार्बोहाइड्रेट रहित घटकों में मूल्य आधारित प्रक्रियाओं को उपयोग करने का सामर्थ्य होता है। लिग्नोसेल्युलोज युक्त जैवभार से जैविक इथेनॉल की प्रक्रिया चार मुख्य एकल प्रचालन का योग है पूर्व–प्रशोधन (Pre-treatment), जलीय अपघटन (Hydrolysis), किण्वन (Fermentation), उत्पादक पृथक्करण (Separation), आसवन (Distillation)। जैवभार का जैविक इथेनॉल में जैविक परिवर्तन व्यवस्थित क्रमदर्शी आरेख द्वारा आकृति 4.1 में दर्शायी गई है।

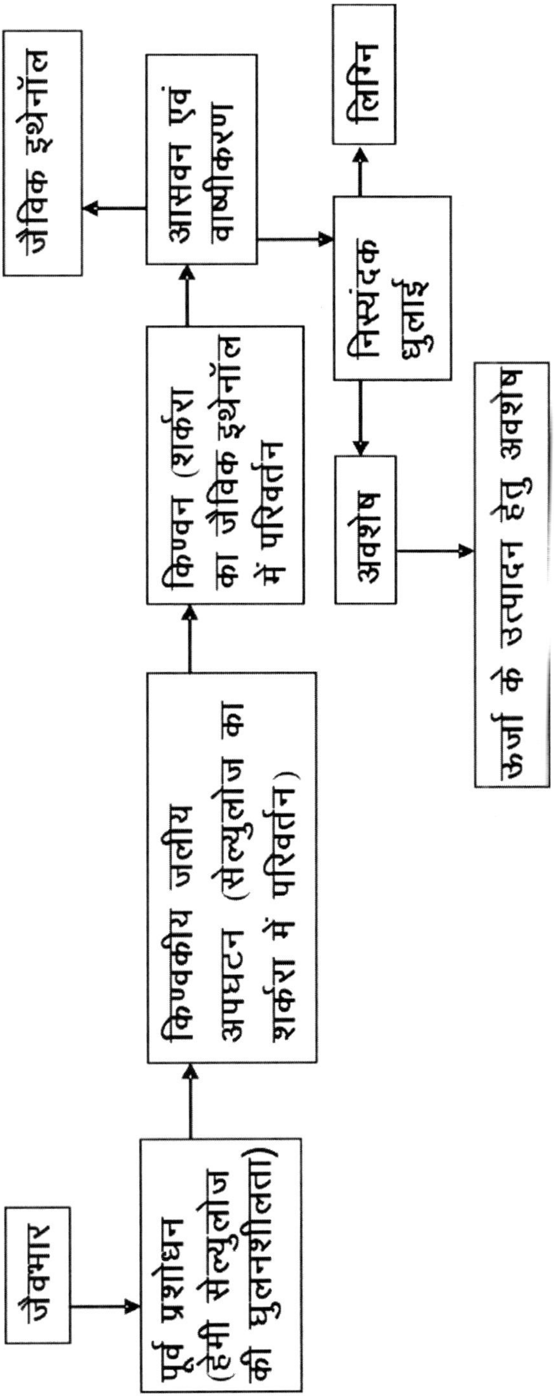

आकृति 4.1 समकालिक शर्करीकरण एवं किण्वन (Simultaneous Saccharification and fermentation (SSF)) द्वारा जैवमार का जैविक इथेनॉल में परिवर्तन

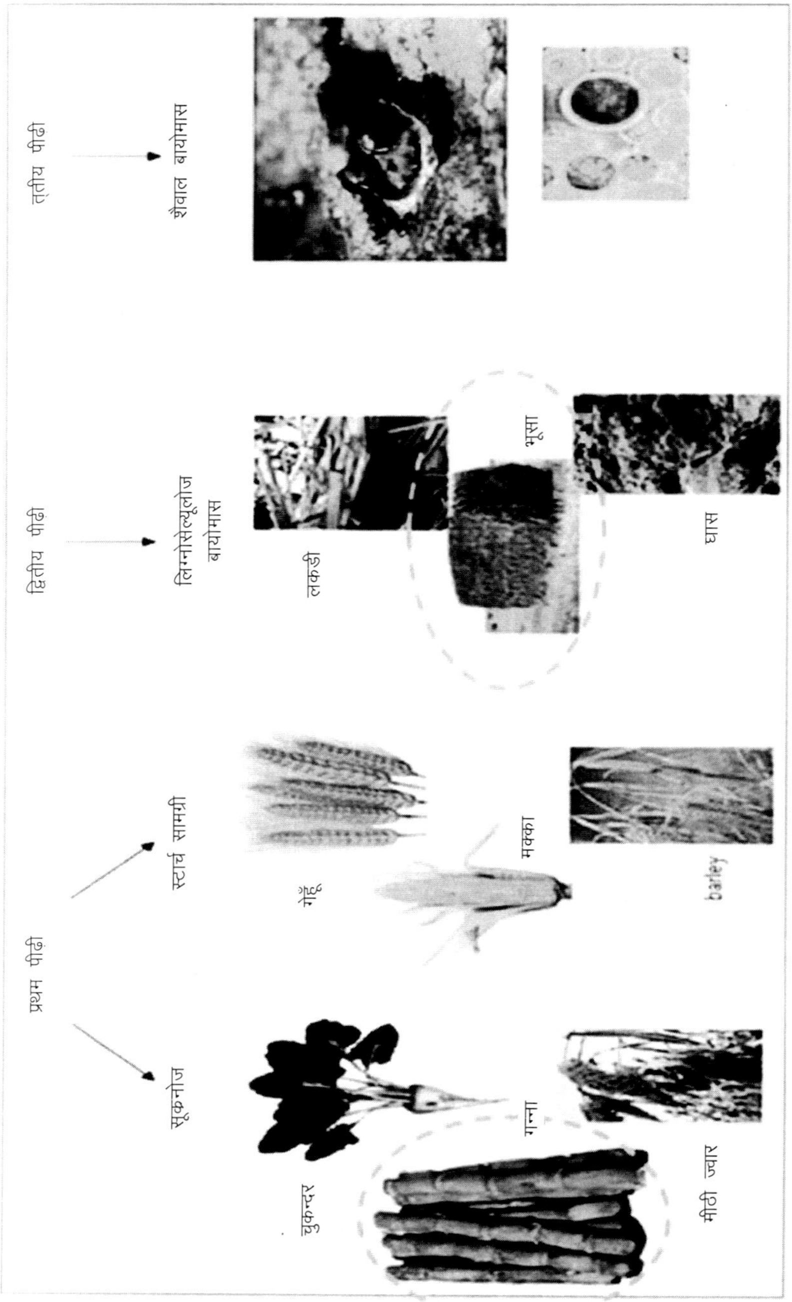

चित्र 4.2 जैवईंधन के प्रकार

पूर्व–प्रशोधन

पूर्व–प्रशोधन लिग्नो सेल्युलोज युक्त सामग्री का जैविक इथेनॉल के जैविक परितर्वन का प्रथम चरण है। किसी भी पूर्व–प्रशोधन तकनीक का मुख्य उद्देश्य जलीय अपघटन में संरचनात्मक और संयोजात्मक बाधा को घटाना या हटाना है, जिससे किण्वक जलीय अपघटन (Enzymatic hydrolysis) की दर और सेल्युलोज या हेमी सेल्युलोज से किण्वकीय शर्करा का उत्पादन बढ़ें। सेल्युलोज परिवर्तन प्रक्रियाओं का पूर्व–प्रशोधन एक मुख्य विधि है। सफलतापूर्वक पूर्व–प्रशोधन के लिए निम्न बातों पर ध्यान देना आवश्यक है:

1. जलीय अपघटन द्वारा शर्करा के निर्माण कार्य में उन्नति।
2. कार्बोहाइड्रेट की हानि का परिहरण।
3. ऐसे सहोत्पादों के निर्माण का परिहरण, जो जलीय अपघटन और किण्वन प्रक्रिया को रोकता है।
4. पूर्व प्रशोधन तकनीक का मूल्य प्रभावी होना।

अध्ययन द्वारा यह पाया गया है कि पूर्व–प्रशोधन, सेल्युलोज युक्त जैविक इथेनॉल तकनीक की सफलता का प्रमुख कारक है, क्योंकि यह सेल्युलोज और हेमीसेल्युलोज द्वारा जैविक इथेनॉल में परिवर्तन की सीमा एवं मूल्य को निर्धारित करता है। विस्तीर्ण (Extensive) शोध द्वारा पूर्व–प्रशोधन की प्रक्रिया के मूल्य को कम किया जा सकता है। पूर्व–प्रशोधन विभिन्न विधियों द्वारा किया जा सकता है, जैसे; यांत्रिक पूर्व–प्रशोधन (Mechanical pretreatment), वाष्प विस्फोटन (team explosion), अमोनिया रेशे द्वारा विस्फोट (Ammonia fiber explosion), सुपर क्रिटिकल (Super critical) कार्बन डाइ ऑक्साइड (CO_2), क्षारीय/अम्लीय पूर्व–प्रशोधन (Alkali/acid pre-treatment), ओजोन पूर्व–प्रशोधन और जैविक पूर्व–प्रशोधन (Biological pre-treatment)।

वाष्प विस्फोटन (स्व जल अपघटन) (Steam Explosion)

जैवभार को आंशिक रूप से खण्डित करने की विभिन्न प्रक्रियाओं में से वाष्प विस्फोटन एक मुख्य प्रक्रिया है। वाष्प विस्फोटन, जलीय पृष्थक्करण और ऊष्मा जलीय प्रणाली (Hot-water system), इस प्रक्रिया में सम्मिलित है। जैवभार प्रभावी के व्यवसायिक उत्पाद लेवुलिनिक अम्ल (Levulinic acid), जाइलिटोल (Xylitol) और एल्कोहल है। जैवभार घटकों से मुख्य प्रभाजित रसायन निम्न है:

1. कोशिकीय घटकों का पृथक्करण ⟶ लिग्निन खंड + ओलिगोशर्कराइड + सेल्युलोज।
2. सेल्युलोज का जलीय अपघटन (शर्करीकरण) ⟶ ग्लुकोज।
3. ग्लुकोज का परिवर्तन (किण्वन) ⟶ इथेनॉल + लैक्टिक अम्ल।
4. सेल्युलोज का रासायनिक निम्नीकरण ⟶ लेवुलिनिक अम्ल + ज़ाइलिटोल।
5. लिग्निन का रासायनिक निम्नीकरण ⟶ फिनोलिक उत्पाद।

स्टेक प्रौद्योगिकी लिमिटेड कनाडा (Stake Technology Ltd, Canada) के द्वारा वाष्प विस्फोटन की तकनीक विकसित की गई है। इसमें जैवभार का उत्सारण (Mechanical pretreatment), उच्च तापमान और दाब पर किया जाता है, जबकि परऑक्साइड उत्सारण में रासायनिक प्रशोधन का प्रयोग होता है। इस प्रक्रिया का मुख्य उद्देश्य भी जैवभार की आंतरिक संरचना का विघटन करना है। इस प्रक्रिया में उच्च दाबीय, उच्च तापीय वाष्प को बंद कक्ष में प्रवेश कराया जाता है, जिसमें काष्ठीय लिग्नो सेल्युलोज युक्त पदार्थ या कृषि अवशेष पहले से उपस्थित रहते हैं। 1 से 5 मिनट के पश्चात् ताप का विमोचन किया जाता है, जिससे वाष्प लिग्नो सेल्युलोज युक्त संरचना में फैल जाती है, जिसके फलस्वरूप रेशे अलग–अलग हो जाते हैं एवं पदार्थों की हानि भी कम होती है। उत्प्रेरित रहित वाष्प विस्फोटन एक ऐसी प्रशोधन तकनीक है, जिसमें किसी रसायनों का प्रयोग किए बिना, उच्च दाबीय वाष्प के द्वारा लिग्नो सेल्युलोज युक्त जैवभार शीघ्रता से गर्म होते हैं। जैवभार/वाष्प मिश्रण हेमी सेल्युलोज के जलीय अपघटन को बढ़ावा देने हेतु कुछ अवधि के लिए संघटित किए जाते हैं और विस्फोटन विसंपीडन (Decompression) द्वारा समाप्त किए जाते हैं। ऐसा माना जाता है कि वाष्प विस्फोटन प्रशोधन के दौरान ऐसिटिक (Acetic) और अन्य अम्लों के विमोचन के द्वारा हेमी सेल्युलोज का जलीय अपघटन होता है। हेमी सेल्युलोज के साथ संघटित ऐसिटाइल समूह के जल अपघटन से ऐसिटिक अम्ल (Acetic acid) उत्पन्न होता है और साथ ही जल अपघटन प्रक्रिया को उत्प्रेरित करके ग्लुकोज (Glucose), जाइलोज (Xylose) का निम्नीकरण करता है। उच्च तापमान में जल ही स्वयं अम्ल की तरह कार्य करता है। कोमल काष्ठ (Soft wood) के लिए अम्ल उत्प्रेरक जैसे सल्फ्युरिक अम्ल (Sulfuric acid) या सल्फर डाइ ऑक्साइड (Sulfur dioxide) का योग वाष्प पूर्व प्रशोधन के साथ शर्करा के उत्पाद को बढ़ाता है। अम्ल हेमी सेल्युलोज शर्करा की पुनः प्राप्ति को बढ़ाता है और किण्वकीय जल अपघटन को बेहतर बनाता है। सल्फ्युरिक अम्ल (Sulfuric acid) एक प्रभावशाली उत्प्रेरक है जो कि, हेमी सेल्युलोज के निष्कासन को बढ़ाता है, परन्तु दमनात्मक (Inhibitory) पदार्थों को भी उत्पन्न करता है। दूसरी ओर सल्फर डाइ ऑक्साइड (SO_2) एक सौम्य उत्प्रेरक है, जो दमनात्मक पदार्थों का कम उत्पादन करता है और हेमी सेल्युलोज के निष्कासन को कम बढ़ाता है। तालिका 4.7 में कुछ अनुकूलतम पूर्व प्रशोधन की परिस्थिति दर्शायी गयी है।

तालिका 4.7 अम्ल उत्प्रेरित वाष्प पूर्व–प्रशोधन परिस्थितियाँ

द्वि–चरणीय पूर्व प्रशोधन		**एकल चरणीय पूर्व–प्रशोधन**
एक चरण	**द्वि–चरण**	
453 k, 10 मिनट, H_2SO_4 (0-5%) 463 k, 2 मिनट, SO_2 (3%)	473 k, 2 मिनट, H_2SO_4 (2%) 493 k, SO_2 (3%)	498 k, 5 मिनट, H_2SO_4 (0-5%) 453 k, 5.5 मिनट, SO_2 (3-5%)

वाष्प विस्फोटन प्रक्रिया में, पूर्व–प्रशोधन केवल जल अथवा वाष्प द्वारा हेमी सेल्युलोज से प्राकृतिक अम्लों के विमोचन पर निर्भर करता है। ये हेमी सेल्युलोज का विद्युत्न करता है, जिसके पश्चात् शीघ्रता से दाब का विमोचन रेशेदार संरचना को अस्त–व्यस्त कर देता है। साहित्य में वाष्प विस्फोटन प्रशोधन का लिग्नो सेल्युलोज युक्त पदार्थो पर निम्नलिखित प्रभाव प्रतिवेदित हैः

1. वाष्प विस्फोटन प्रशोधन सेल्युलोज के क्रिस्टलीनीकरण को बढ़ाता है।
2. हेमी सेल्युलोज का जल अपघटन सरलतापूर्वक हो जाता है।
3. वाष्प विस्फोटन लिग्निन के पृथक्करण को बढ़ाता है।

वाष्प विस्फोटन के अनेक लाभ हैं

1. इसमें यांत्रिक विखण्डन की तुलना में अपेक्षाकृत कम ऊर्जा का उपयोग होता है।
2. इसमें किसी भी प्रकार की पुनरावर्तन (Recycling) अथवा पर्यावरण संबंधी लागत नहीं लगती है।
3. ये कठोर काष्ठ और कर्षित अवशेषों के लिए सबसे अधिक लागत–सार्थक तकनीक है, परन्तु ये कोमल काष्ठ के लिए कम लाभदायक है।

अमोनिया रेशों द्वारा विस्फोटन (Ammonia Fiber Explosion)

अमोनिया रेशों द्वारा विस्फोटन में द्रव्यीय अमोनिया (Ammonia) और वाष्प विस्फोटन पूर्व–प्रशोधन प्रक्रियाएं लिप्त हैं। इस प्रक्रिया में लिग्नोसेल्युलोज युक्त पदार्थ जिनकी आर्द्रता लगभग 15–30 प्रतिशत होती है, उसे एक दाबीय पात्र (Pressure vessel) में द्रव्यीय अमोनिया के साथ रखा जाता है (1 किलोग्राम सूखे जैवभार के लिए लगभग 1 से 2 किलोग्राम अमोनिया)। यह एक सरल प्रक्रिया है, जिसकी प्रक्रम अवधि छोटी होती है। कॉर्न स्टोवर (Corn stover) के प्रशोधन के लिए ये लाभकारी होता है, किन्तु एसपेन चिप्स

(Aspen chips) जिसमें लिग्निन की मात्रा गन्ने की खोई से अधिक होती है, उसके लिए ये प्रशोधन तकनीक कम लाभकारी है। इस पद्धति से प्रत्यक्ष रूप से किसी प्रकार की शर्करा नहीं निकलती है, परन्तु ये किण्वकों द्वारा बहुलक (Polymer) (हेमीसेल्युलोज एवं सेल्युलोज) को क्षीण करके शर्करा में परिवर्तित करता है। कम किण्वन भारण (Loading) [< SFPU/ ग्राम जैवभार अथवा 20 FPU ग्राम सेल्युलोज, पर ही, अमोनिया रेशो द्वारा विस्फोटन पूर्व–प्रशोधन तकनीक अनुकूलतम (Optimum) जल अपघटन दर उत्पन्न करता है, जो अनुमानित उत्पादन के समीप है। अमोनिया की लागत अधिक होने के कारण अमोनिया की क्षमतापूर्वक पुनःचक्रण इस प्रक्रिया (अमोनिया रेशे द्वारा विस्फोटन) को आर्थिक रूप से लाभदायक बनाने के लिए आवश्यक है।

अम्लीय पूर्व प्रशोधन (Acidic pre-treatment)

अम्लीय पूर्व–प्रशोधन का मुख्य उद्देश्य लिग्नो सेल्युलोज युक्त जैवभार से अधिक मात्रा में शर्करा का उत्पादन करना होता है। इसमें विभिन्न प्रकार के अम्लों जैसे की सल्फ्युरिक अम्ल, हाइड्रोक्लोरिक अम्ल, परएसिटिक अम्ल, नाइट्रिक अम्ल, फॉस्फोरिक अम्ल आदि का प्रयोग किया जाता है। सभी प्रशोधन विधियों में से तनु अम्ल पूर्व–प्रशोधन (Dilute acid pre-treatment) विधि का सबसे अधिक अध्ययन किया गया तथा उसे उपयोग में भी लिया गया है। तनु अम्ल पूर्व–प्रशोधन मध्यम तापमान पर सल्फ्युरिक अम्ल या फॉस्फोरिक अम्ल के प्रयोग से लिग्नो सेल्युलोज युक्त जैवभार को घुलनशील शर्करा में परिवर्तित कर देते हैं। इसके पश्चात् सेल्युलोज युक्त भाग को किण्वक की सहायता से जल अपघटन द्वारा ग्लूकोज में बदला जाता है। तनु अम्ल पूर्व–प्रशोधन प्रक्रिया मुख्यतः दो प्रकार की होती हैः

1. कम ठोस भारण (Low solid loading) (भार / भार), उच्च तापमान ($T > 433k$), निरन्तर प्रवाह प्रक्रिया (Continuous flow processè)।
2. उच्च ठोस भारण (High solid loading) (10.40: भार / भार), कम तापमान ($T < 433k$), बैच प्रक्रियां।

सामान्यतः उच्च पूर्व–प्रशोधन तापमान और अल्प रियेक्टर अवधि वास के फलस्वरूप अधिक घुलनशील जाइलोज (Xylose) का पुनःचक्रण उत्पाद उत्पन्न होता है और किण्वकों के द्वारा सेल्युलोज का विखण्डन भी अधिक होता है। पूर्व प्रशोधित अवशेषों का उच्च तापमान पर तनु अम्ल पूर्व–प्रशोधन सेल्युलोज के विखण्डन को बढ़ाता है। अवस्था के अनुसार लिग्नो सेल्युलोज युक्त अनिर्मित सामग्री से तनु अम्ल पूर्व–प्रशोधन द्वारा लगभग 80 से 95 प्रतिशत हेमी सेल्युलोज युक्त शर्करा की प्राप्ति होती है। मध्य तापमान में तनु अम्ल द्वारा पूर्व–प्रशोधन के पश्चात् कॉर्न फाइबर किण्वकीय शर्करीकरण द्वारा शर्करा में परिवर्तित होता है और 85–100 प्रतिशत का उत्पादन प्राप्त होता है। लिग्नो सेल्युलोज युक्त जैवभार का तनु सल्फ्युरिक अम्ल के साथ प्रशोधन का उपयोग हेमी सेल्युलोज युक्त जलीय अपघटनए सेल्युलोज युक्त जलीय अपघटन और सेल्युलोज के किण्वकीय जलीय

अपघटन पूर्व–प्रशोधन में होता है। हेमी सेल्युलोज का जाइलोज (Xylose) और अन्य शर्करा में जलीय अपघटन के लिए तनु सल्फ्युरिक अम्ल (Sulfuric acid) को मिलाते हैं। जाइलोज इसके पश्चात् खण्डित होकर फरफ्युरल (Furfural) बनाता है और आसवन द्वारा फरफ्युरल की पुनःप्राप्ति होती है। वाष्पशील खण्ड में फरफ्युरल शुद्ध रूप में उपस्थित रहता है। जैवभार में अम्लों को मिलाते हैं और 433–493 k तक के तापमान में अलग–अलग समय अवधि पर रखते हैं। उच्च तापमान से उच्च उत्पादन की प्राप्ति होती है और साथ ही अत्यधिक शर्करा भी उत्पन्न होता है। बैच वाइस तनु अम्ल जलीय अपघटन, केवल काष्ठ में उपस्थित सेल्युलोज को 50–55 प्रतिशत तक शर्करा में परिवर्तित करता है। व्यवसायिक रूप से विकास तब तक प्रभावशाली नहीं होगा, जब तक अनिर्मित सामग्री सस्ती नहीं होंगी।

क्षार विशिष्ट पूर्व–प्रशोधन (Alkaline pre-treatment)

अन्य पूर्व–प्रशोधन तकनीकियों की अपेक्षा क्षारीय पूर्व–प्रशोधन कम तापमान और दाब का उपयोग करता है। पूर्व–प्रशोधन के समय का आकलन घंटो और दिनों में होता है। इस पूर्व–प्रशोधन की कुछ सीमा भी है, जैसे कि कुछ क्षार पूर्व–प्रशोधन के दौरान ऐसे लवण में बदल जाते हैं, जिनका पुनः परिवर्तन संभव नहीं होता। क्षारीय पूर्व–प्रशोधन की विशेषता ये है कि, अन्य संघटकों पर प्रभाव डाले बिना ही लिग्निन का निष्कासन कर देते हैं। सोडियम हाइड्रोऑक्साइड (NaOH) द्वारा प्रशोधन लिग्नो सेल्युलोज युक्त जैवभार को फुला देता है, जिसके परिणामस्वरूप आंत्रिक तल का क्षेत्रफल बढ़ जाता है, क्रिस्टलीयकरण में कमी आती है और लिग्निन की संरचना विघटित हो जाती है। अम्ल द्वारा प्रशोधन के पश्चात् अम्लीय क्रिया को रोकने के लिए क्षार द्वारा प्रशोधन की आवश्यकता होती है। क्षारीय पूर्व–प्रशोधन, जैवभार में लिग्निन और हेमीसेल्युलोज के तत्व को कम करता है, तल के क्षेत्रफल को बढ़ाता है, जल को भितरी परत पर निवेश की अनुमति देता है और हेमी सेल्युलोज एवं लिग्निन–कार्बोहाइड्रेट के बीच के बाण्ड को तोड़ता है। तनु सोडियम हाइड्रोऑक्साइड (Dilute Sodium hydroxide) सामान्य रूप से क्षारीय पूर्व–प्रशोधन के लिए उपयोगी होता है। आर्थिक एवं पर्यावरणीय दृष्टिकोण से सांद्रित सोडियम हाइड्रोऑक्साइड प्रशोधन की अपेक्षा तनु सोडियम हाइड्रोऑक्साइड अधिक योग्य है।

लाइम (कैल्शियम हाइड्रोऑक्साइड) का पूर्व–प्रशोधन में उपयोग करते हैं, जैसे; गेहूँ का भूसा (358k, 3 hour) पोपलर काष्ठ (423k 6 hour), स्विच घास (373k 2 hour) और कॉर्न स्टोवर (373k, 13 hour)। कुछ घण्टों या सप्ताहों के लिए कैल्शियम हाइड्रोऑक्साइड, जल और ऑक्सीकरण कारक को 313 से 426 k के तापमान पर जैवभार में मिलाते हैं। इसका मुख्य प्रभाव जैवभार से लिग्निन का निष्कासन होता है, जिसके परिणाम स्वरूप अन्य बहुशर्कराइड की प्रतिक्रियाशीलता भी बढ़ती है।

जैविक पूर्व–प्रशोधन (Biological pre-treatment)

लिग्निन को विलेयीकरण करने के लिए जैविक पूर्व–प्रशोधन में कवक का प्रयोग किया जाता है। जैविक अकाष्ठामन लिग्निन का सूक्ष्मजीवों द्वारा जैविक निम्नीकरण होता है। सन् 1984 में यह अनुमान लगाया गया था, कि भविष्य में इसके उपयोग की संभावना है, जबकि उस समय वह बहुत महंगा था, साथ ही लम्बी प्रक्रिया के अलावा वह लिग्निन व्युत्पन्न द्वारा सूक्ष्म जीवों को विषाक्त करता है। यह तकनीकियाँ पूर्व गैस प्रशोधन को सरल बनाती है, लेकिन उसकी दर को धीमा और उत्पाद को कम भी कर देती है।

जलीय अपघटन (Hydrolysis)

पूर्व–प्रशोधन के खत्म होने के पश्चात् सेल्युलोज जलीय अपघटन के लिए तैयार होता है। इसका अर्थ जल अणु को मिलाने से अणु का विदलन है।

$$(C_6H_{12}O_5)n + nH_2O \longrightarrow nC_6H_{12}O_6$$

इस प्रक्रिया को तनु अम्ल, सांर्द्रित अम्ल और किण्वक (सेल्युलोज) द्वारा उत्प्रेरित किया जाता है। सौम्य अवस्था की (pH 4.8 और तापमान 318 से 323 k) अनेक विशेषताएँ हैं, जैसे उच्च उत्पात्, संक्षारण (Corrosion) की समस्या न होने के कारण क्षारीय और अम्लीय जलीय अपघटन की अपेक्षा कम अनुरक्षण (Maintanence) लागत आदि। पूर्व–प्रशोधन से पूर्व जलीय अपघटन द्वारा उत्पात $< 20\%$ और पूर्व–प्रशोधन के पश्चात् उत्पाद 90 प्रतिशत तक हो जाता है।

कई सालों से जलीय अपघटन द्वारा सेल्युलोज को ग्लुकोज में परिवर्तित करने की बहुत सारी प्रक्रियाओं का विकास हुआ। अधिकतर संसाधन योजना में सेलुलोलाइटिक (Cellulolytic) किण्वक (Enzyme), सल्फ्युरिक अम्ल (Sulfuric acid) के विभिन्न सांर्द्रता का उपयोग किया गया। आर्थिक रूप से इथेनॉल ईंधन का जैवभार से उत्पादन के लिए किण्वक बहुत अधिक कीमती है। सल्फ्युरिक अम्ल (Sulfuric acid) का उपयोग करने में एक मुख्य कमी ये है कि वो उच्च तापमान में सेल्युलोज के जलीय अपघटन से जो ग्लुकोज का निर्माण होता है, उसका निम्नीकरण कर देते है। लिग्नोसेल्युलोज जैवभार का गामा किरण या इलेक्ट्रॉन किरण पुंज किरणन (Electron-beam irradiation) या सूक्ष्मतरंग विकिरण (Microwave radiation) द्वारा जलीय अपघटन किया जाता है। नॉन–ग्लुकॉन घटकों का लिग्नो सेल्युलोज युक्त जैवभार में उपस्थित होने के कारण से जलीय अघटन बहुत जटिल होता है।

अम्लीय जलीय अपघटन (Acidic hydrolysis)

विभिन्न शोध अध्ययन द्वारा नियंत्रित प्रशोधन व्यवस्था के अन्तर्गत लिग्नो सेल्युलोज युक्त जैवभार का अम्लीय जलीय अपघटन जाइलेन (Xylane) से जाइलोज (Xylose) का

उत्पादन करता है। अक्रिस्टलीय संरचना की वजह से जाइलेन का सौम्य अम्ल संशोधन द्वारा जलीय अपघटन अधिक है। अम्लीय जलीय अपघटन के दौरान जाइलोज का फरफ्युरल (Furfural) और अन्य सहोत्पादकों में निम्नीकरण होता है। यीस्ट की वृद्धि पर विभिन्न संयुक्त पदार्थ जैसे; फरफ्युरल (Furfural) 5–हाइड्रोक्सी मिथाइल फरफ्युरल (5-hydroxy methyl furfural), एसीटेट (Acetate), हाइड्रोक्सी बेन्जलडीहाइड (Hydroxy benzaldehyde), सिरिन्गलडीहाइड (Siringaldehyde) और वेनिलिन (Vanillin) का संदमक प्रभाव प्रमाणित है। अम्लीय–उत्प्रेरित सेल्युलोज जलीय अपघटन एक जटिल विविध प्रक्रिया है। इस प्रक्रिया में भौतिक भाग के साथ जल अपघटनीय रासायनिक अभिक्रिया भी होती है। जलीय अपघटन की आण्विक व्यवस्था एकल शर्कराइड उत्पादों के निम्नीकरण से अवांछनीय (Undesirable) रासायनिक पदार्थ उत्पन्न करता है। अम्ल जल अपघटज अधःस्तर किण्वक जल अपघटन के द्वारा उच्च उत्पाद देते हैं, जो कि कॉर्न स्टोवर के लिए 100 प्रतिशत और काष्ठ के लिए 90 प्रतिशत है। अम्लीय जलीय अपघटन मुख्यतः दो प्रकार के होते हैं तनु अम्ल और सांद्रित अम्ल।

तनु अम्ल जलीय अपघटन (Dilute Acid hydrolysis)

तनु अम्ल जलीय अपघटन सेल्युलोज जैवभार से जैविक इथेनॉल के बनाने की प्रक्रिया एक प्राचीन तकनीक है। तनु अम्ल जलीय अपघटन में सेल्युलोज युक्त भाग की अपेक्षा हेमी सेल्युलोज भाग का कम तापमान में विबहुकलन (Depolymerization) होता है। हेमीसेल्युलोज का जाइलोज और अन्य शर्करा में जल अपघटनीय करने के लिए जैवभार में तनु सल्फ्युरिक अम्ल को मिलाया जाता है। लगातार प्रवाह रिएक्टर (Continuous flow reactor) में उच्च तापमान (488 k) पर तनु अम्ल प्रक्रिया में एक प्रतिशत सांद्रित सल्फ्युरिक अम्ल का विलयन होता है। अधिकतर तनु अम्ल प्रक्रिया से शर्करा पुनःप्राप्ति की दक्षता की सीमा लगभग 50 प्रतिशत तक है। तनु अम्ल जल अपघटन प्रक्रियाओं का प्राथमिक उद्देश्य, आर्थिक रूप से औद्योगिक प्रक्रिया द्वारा ग्लुकोज का उत्पाद 70 प्रतिशत से अधिक बढ़ाना और साथ ही उच्च सेल्युलोज के जल अपघटन के दर को संधारण करना एवं ग्लुकोज के अपघटन को कम करना है। काष्ठ शर्करा प्रक्रियाओं में अत्यधिक अंतःस्रवण (Percolation) रिएक्टर का उपयोग होता है। शक्तिशाली अम्ल क्रिस्टलीय भाग को कम करते हैं, परन्तु ग्लुकोज को कम कर देते हैं।

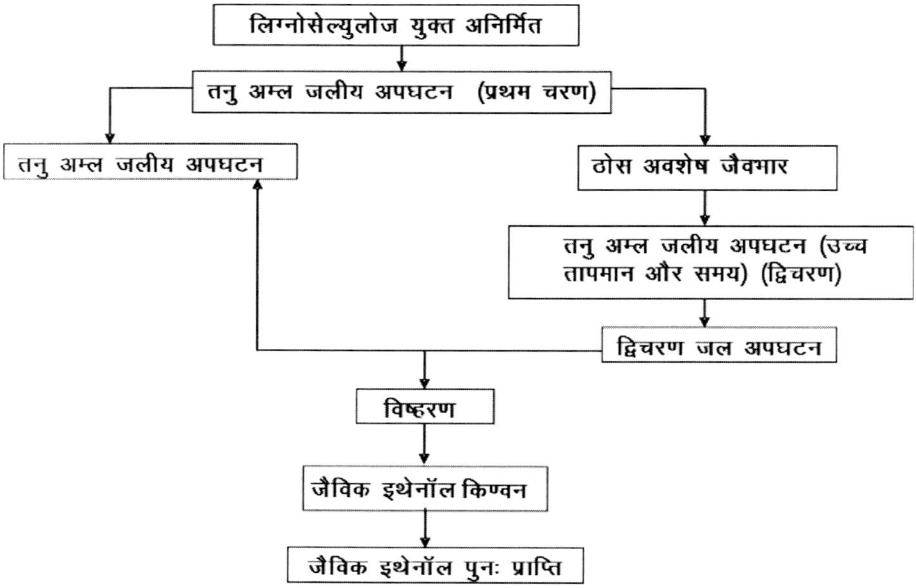

आकृति 4.3 तनु अम्ल जलीय अपघटन (प्रथम एवं द्विचरण) और पेंटोस एवं हेक्सोस शर्करा का पृथक किण्वन

विषहरण

हेमीसेल्युलोज और सेल्युलोज के विभिन्नता के कारण लाभ का उपभोग करने के लिए तनु अम्ल जलीय अपघटन द्विचरणों में उपस्थित होता है। हेमी सेल्युलोज से उत्पाद को बढ़ाने के लिए प्रथम चरण की क्रिया कम तापमान में होती है और द्वितीय चरण में अनिर्मित सामग्री के सेल्युलोज वाले भाग का उच्च तापमान में जल अपघटन होता है। 5–कार्बन शर्करा के पुनः प्राप्ति के लिए प्रथम चरण सौम्य अवस्था में और 6–कार्बन की पुनः प्राप्ति के लिए कर्कश अवस्था में द्वितीय चरण संचालित होता है। तनु अम्ल जलीय अपघटन को व्यवस्थित क्रमदर्शी आरेख द्वारा आकृति 2 में दर्शाया गया है। तनु अम्ल प्रक्रियाओं का सबसे बड़ा लाभ उनकी अभिक्रियाओं की तेज दर है, जो लगातार प्रक्रियाओं को सुविधाजनक (Facilitate) करता है। इस प्रक्रिया की सबसे बड़ी हानि शर्करा का कम उत्पाद है एवं लगातार क्षिप्रिक (Rapid) प्रक्रियाओं के लिए अनिर्मित सामग्री को छोटे आकार में होना चाहिए।

तनु अम्ल जलीय अपघटन (उच्च तापमान और समय) (द्विचरण)

सांर्द्रित अम्ल जलीय अपघटन

सांर्द्रित अम्ल अपघटन प्रक्रिया में सेल्युलोज से ग्लुकोज और हेमी सेल्युलोज से 5–कार्बन शर्करों में परिवर्तन अपने आप में एक पूर्ण और क्षिप्रिक प्रक्रिया है, जिसमें कम मात्रा में निम्नीकरण से जीवनक्षम बनाने के लिए क्रांतिक घटक निम्न हैं: शर्करा की पुनःप्राप्ति के लिए अनुकूलन व्यवस्था, पुनःचक्रण के लिए अम्ल की मूल्य प्रभावशाली पुनःप्राप्ति। सांर्द्रित अम्ल प्रक्रिया, सौम्य तापमान और सामग्रियों को एक बर्तन से दूसरे बर्तन में पंपन द्वारा डालने से उत्पन्न दाब का उपयोग करता है। तनु अम्ल प्रक्रिया की अपेक्षा इसमें अभिक्रिया का समय काफी लम्बा होता है। सांर्द्रित अम्ल प्रक्रिया रिएक्टर में 70 प्रतिशत सल्फ्युरिक अम्ल (Sulfuric acid) 313–323 k तापमान पर 2–4 घण्टे के लिए होती है। कम तापमान और दाब पर शर्करा का निम्नीकरण कम होता है। शर्करा की पुनःप्राप्ति के लिए जल अपघटन द्वारा उत्पादित सामग्री को जल से धोया जाता है। अगले चरण में सेल्युलोज युक्त भाग को विबहुकलन किया जाता है। प्रथम चरण में ठोस अवशेष जल रहित होता है और अगले सेल्युलोज जल अपघटन के लिए 30–40 प्रतिशत सल्फ्युरिक अम्ल (Sulfuric acid) में 50 मिनट तक 373 k के तापमान पर डूबा रहता है। सांर्द्रित अम्ल प्रक्रिया का प्रारम्भिक लाभ, उच्च प्रक्रिया की पुनःप्राप्ति की दक्षता का सामर्थ्य है। कार्न स्टॉक से सांर्द्रित सल्फ्युरिक अम्ल जल अपघटन द्वारा जैविक इथेनॉल के उत्पादों को तालिका 9 में दर्शाया गया है। तनु सल्फ्युरिक अम्ल प्रक्रिया की अपेक्षा सांर्द्रित अम्ल प्रक्रिया लघुकरण लागत के लिए अधिक सामर्थ्य है।

तालिका 4.8 कॉर्न स्टॉक से सांर्द्रित सल्फ्युरिक अम्ल जल अपघटन द्वारा जैविक इथेनॉल का उत्पाद

1. कॉर्न स्टॉक की मात्रा (Kg)	**1000**
सेल्युलोज अवयव (Kg)	430
सेल्युलोज परिवर्तन और पुनःप्राप्ति दक्षता (प्रतिशत शुष्क भार)	76
जैविक इथेनॉल उत्पात् (प्रतिशत शुष्क भार)	51
ग्लुकोज किण्वन दक्षता (प्रतिशत शुष्क भार)	75
ग्लुकोज से जैविक इथेनॉल का उत्पाद (Kg)	130
2. कॉर्न स्टॉक की मात्रा (Kg)	**1000**
हेमीसेल्युलोज अवयव (Kg)	290
हेमीसेल्युलोज किण्वन दक्षता (प्रतिशत शुष्क भार)	90
जैविक इथेनॉल उत्पात् (प्रतिशत शुष्क भार)	51
जाइलोज किण्वन दक्षता (प्रतिशत शुष्क भार)	50
जाइलोज से जैविक इथेनॉल का उत्पाद (Kg)	66

1000 Kg कॉर्न स्टॉक से जैविक इथेनॉल का उत्पात् 196 Kg (225.7 L = 59 Gallon)

किण्वकीय जल अपघटन (Enzymatic Hydrolysis)

किण्वकीय जल अपघटन, जल अपघटन की एक अल्पसिलिक प्रक्रिया हैं। किण्वक प्रोटीन प्राकृतिक रूप से पौधे में उपस्थित होते हैं, और विभिन्न रासायनिक अभिक्रिया करते हैं। दो औद्योगिकीय परिवर्तन हैः किण्वकीय और प्रत्यक्ष सूक्ष्म जैविक परिवर्तन विधि। यू. एस. में किण्वक बहुत महंगे हैं। प्राकृतिक रूप से लिग्नोसेल्युलोज युक्त सामग्री का किण्वकीय जल अपघटन बहुत अधिक धीमी प्रक्रिया है, क्योंकि अधःस्तर (Substrate) के संरचनात्मक मापदण्ड (Parameter) जैसे लिग्निन और हेमीसेल्युलोज का अवयव, क्षेत्रफल और सेल्युलोज का किण्वकीय जल अपघटन पूर्व उपस्थित ग्लुकॉन (Glucan) का विलेयीकरण (Solubilization) करता है। उपयुक्त अवस्था में पूर्व–प्रशोधन मूल सामग्री के लगभग सारे सेल्युलोज को कायम रखते हैं। किण्वकीय जल अपघटन की उपयोगिता लागत (Utility Cost) अम्ल अथवा क्षारीय जल अपघटन की अपेक्षा कम होती है, क्योंकि (1) किण्वकीय जल अपघटन सामान्यतः सौम्य परिस्थितियों (पी.एच. 4.8 और तापमान 318.323 k) में संचालित होती है। (2) इसमें किसी भी प्रकार की संक्षारण की समस्या उत्पन्न नहीं होती है। अम्ल उत्प्रेरित जल अपघटन की अपेक्षा अधिक उत्पाद के कारण किण्वकीय जल अपघटन लाभदायक है। आधुनिक जैव प्रौद्योगिकी का उपयोग करके किण्वक उत्पादकों ने अत्यधिक सीमा तक इस लागत को कम कर दिया है। सेल्युलोज युक्त अधःस्तर के किण्वकीय जल अपघटन के दौरान विभिन्न कारक सेल्युलोज मिश्रण के उत्प्रेरित क्रियाओं में बाधा डालते हैं। यह कल्पित (Suggested) क्रिया है कि, ये बाधाएँ दोनों अधःस्तर और किण्वक–संबंधी कारकों के कारण से है। ठोस सेल्युलोज का किण्वकीय निम्नीकरण ठोस द्रव्य चरण की सीमा पर होता है, जो कि एक जटिल प्रक्रिया है। जब सेल्युलोज किण्वक समुदाय अघुलनशील सेल्युलोज युक्त अधःस्तर पर क्रिया करते हैं, तब तीन प्रक्रियाएँ साथ–साथ होती हैः

1. ठोस स्तर सेल्युलोज के अवशेष में रासायनिक एवं भौतिक परिवर्तन।
2. प्राथमिक जल अपघटन के अभिक्रिया में शामिल सेल्युलोज कणों की सतह से घुलनशील मध्यवर्तीय पदार्थों का विमोचन होता है।
3. द्वितीय जल अपघटन में घुलनशील मध्यवर्ती (Soluble intermediate) पदार्थ आण्विक भार वाले मध्यवर्तीय पदार्थों में बदल जाते हैं, जो कि अंत में ग्लुकोज में परिवर्तित हो जाते हैं।

सेल्युलोज युक्त पदार्थों का किण्वकीय जल अपघटन की दर हमेशा घटती रहती है। समान्यतः किण्वकीय सेल्युलोज निम्नीकरण प्रक्रिया का प्राथमिक चरण शीघ्रता से समाप्त हो जाता है, जबकि इसका दूसरा चरण अपेक्षाकृत कम गति से होता है और यह तब तक चलता रहता है जब तक पूर्ण अधःस्तर का उपयोग न हो जाए। आसानी से उपलब्ध सेल्युलोज भाग का शीघ्र जल अपघटन, प्रबल उत्पाद निरोधन (Inhibition) एवं अवशोषित (Absorbed) किण्वक कणों का धीमा निष्क्रियण इन तथ्यों के आधार पर इस

प्रक्रिया को समझाया गया है। लिग्नो सेल्युलोज युक्त पदार्थों के जल अपघटन के लिए जीवाणु और कवक दोनों ही सेल्युलोज का उत्पादन करते हैं। ये सूक्ष्मजीव वायुजीवी ;Aerobic), अथवा अवायवीय (Anaerobic), मध्यरागीय (Mesophilic) अथवा तापरोगी (Thermophilic) हो सकते हैं। *क्लोस्ट्रीडियम (Clostridium), सेलुलोमोनस ;Cellulomonas), बैसिलेस (Bacillus), थर्मोमोनोस्पोरा (Thermomonospora), रूमिनोकोकस* (Ruminococcus), *बैक्टीरियओइडस (Bacteriodes), इरवीनिया; (Ervinia)* और *स्ट्रेपटोमाइसिस (Streptomyces)* नस्लों के बैक्टीरिया सेलुलोस का उत्पादन कर सकते हैं। एन्डोग्लुकॉनेज़ (Endoglucanase) या एन्डो–1,4. β ग्लुकोनेज़ (Endo-1,4- β-glucanase), ऐक्सोग्लुकॉनेज (Exoglucanase) या सेलोबायोहाइड्रोलेज (Cellobiohydrolase) और β ग्लुकोसाइडेज़ (β-Glucosidase), इन तीनों के सम्मिलित क्रियाओं से सेल्युलोज का किण्वकीय जल अपघटन होता है। एन्डोग्लुकॉनेज (Endoglucanase) सेल्युलोज के जल–अपघटन में महत्वपूर्ण भूमिका निभाते हैं। ये सेल्युलोज श्रृंखला को यदृच्छिुकता से विभाजित करते हैं और इसके निम्नीकरण में सहयोग देते हैं। ये सेल्युलोज श्रृंखला के आंतर आण्विक (Intra-molecular) β–1,4–ग्लाइकोसाइडिक (β 1,4 Glycosidic) बाण्ड को विभाजित करके नई श्रृंखला के छोर को बनाता है। एक्सोग्लुकानेज (Exoglucanse) सेल्युलोज श्रृंखला को छोर पर से β–ग्लुकोसाइडेज (β-Glucosidase) सेलोबॉयोज को जल अपघटनीयकरण करके ग्लुकोज बनाता है, जिससे कि सेलोबॉयोज द्वारा उत्पन्न निरोधन को दूर किया जा सके। तनुमय कवक (Filamentous fungi) सेल्युलोज और हेमीसेल्युलोज का मुख्य स्रोत है। ट्राइकोडर्मा (Trichoderma) की जंगली एवं उत्परिवर्ती नस्ल अभी तक सबसे अधिक लाभकारी और क्रिस्टलीय सेल्युलोज को विध्वंस करने वाली सशक्त प्रजाति है। सी.बी.एच I (C.B.H.I) और सी.बी.एच II (C.B.H.II) मुख्यः *ट्राइकोडर्मा रीसाई (Trichoderma reesei)* में ई.जी. I (E.G.I) ई.जी. II (E.G.II) प्रमुख एन्डोग्लुकोनेज (Endoglucanase) हैं।

पृथक जल अपघटन और किण्वन (Separate Hydrolysis and Fermentation) (SHF)

पृथक रूप से किण्वकीय जल अपघटन और किण्वन प्रक्रिया को करना ''पृथक जल अपघटन और किण्वन'' कहलाता है। इस समाकृति (Configuration) में दोनों जल अपघटन रिएक्टरों में से जल निकलकर एकत्र होकर पहले ग्लुकोज किप्वन रिएक्टर (Glucose fermentation reactor) में प्रवेश करता है। इस मिश्रग से आसवन द्वारा जैविक इथेनॉल अलग हो जाता है और अपरिवर्तित जाइलोज बच जाता है। पृथक पेंटोस एवं हेक्सोस शर्करा और संयुक्त शर्करा किण्वन के साथ पृथक जलीय अपघटन और किण्वन (Separate hydrolysis and fermentation) (SHF)) को आकृति 4.4 में दर्शाया गया है।

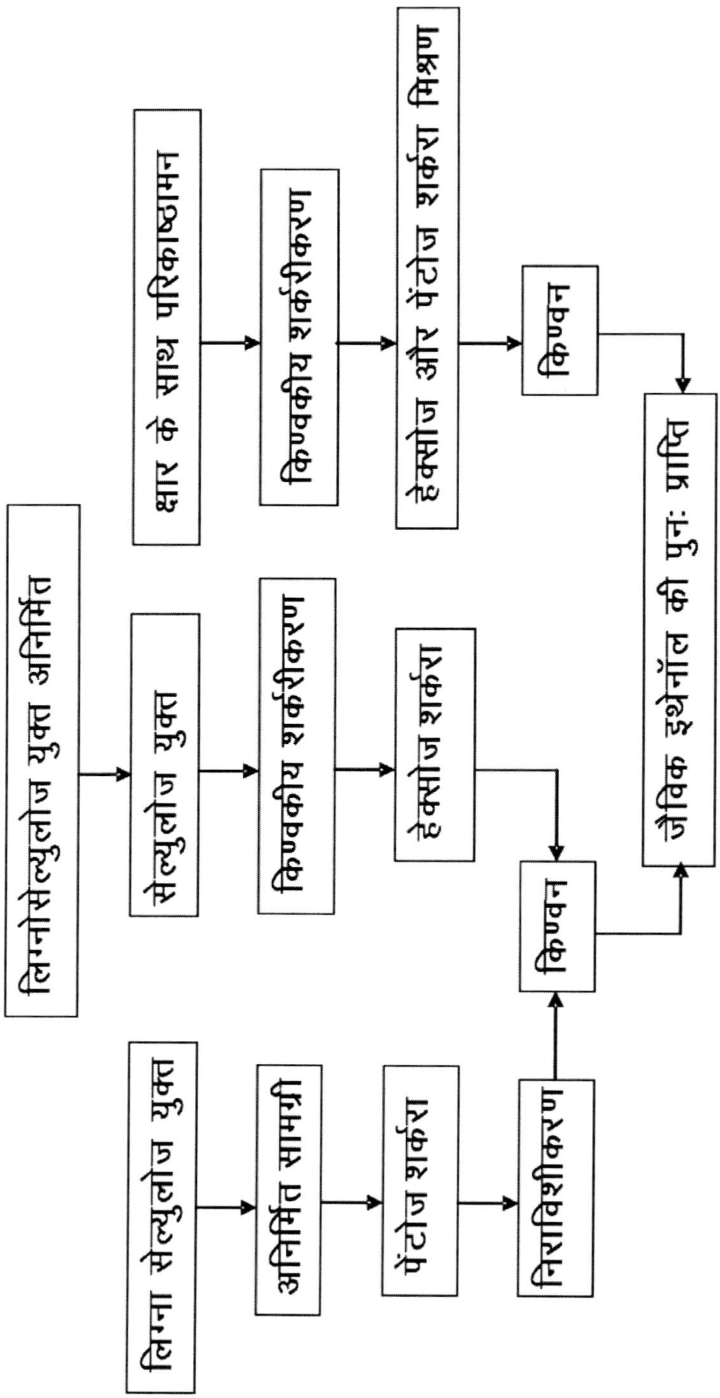

आकृति 4.4 पृथक जल अपघटन और किण्वन पृथक पेंटोस एवं हेक्सोज और संयुक्त शर्करा किण्वन के साथ

समकालिक शर्करीकरण और किण्वन
(Simultaneous Sacharrification and Fermentation)

पूर्व–प्रशोधन और किण्वकीय जल अपघटन द्वारा प्राप्त हुई शर्करा का किण्वन जीवाणु (Fermentation Bacteria), यीस्ट (Yeast) और तंतुमय कवक (Filamentous fungi) से किया जाता है। इस प्रक्रिया में किण्वकीय जल अपघटन और किण्वन साथ–साथ एक ही चरण में किए जाते हैं। इस प्रक्रिया में, सेल्युलोज और जाइलेनेस (Xylanase) कार्बोहाइड्रेट बहुलक को किण्वकीय शर्करा में परिवर्तित कर देता है। ग्लुकोज (Glucose), जाइलोज (Xylose), सेलोबायोज (Cellobiose) और अन्य ओलिगोशर्कराइड द्वारा ये किण्वक पुनर्भरण निरोध (Feedback inhibition) के लिए सुग्राहित (Susceptible) है। आकृति 4.5 में समकालिक शर्करीकरण और किण्वन के साथ संयुक्त शर्करा (पेंटोस और हेक्सोस) किण्वन को दर्शाया गया है।

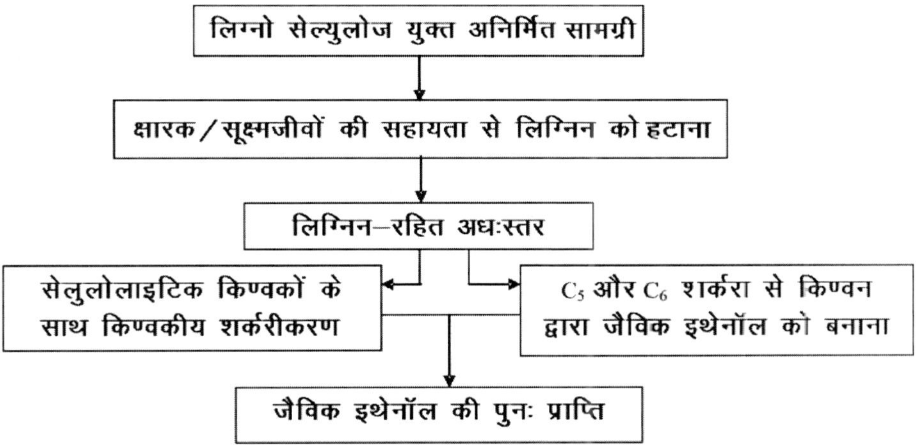

आकृति 4.5 समकालिक शर्करीकरण और किण्वन के साथ संयुक्त शर्करा किण्वन

एम. इनडीकस (*M.indicus*) के साथ पूर्व–प्रशोधित चावल के भूसा अवायवीय समकालिक शर्करीकरण और किण्वन द्वारा उच्च जैविक इथेनॉल और ग्लिसरोल का उत्पादन करते हैं। समकालिक शर्करीकरण और किण्वन की निम्न विशेषताएँ हैं:

1. शर्करों के परिवर्तन द्वारा जल अपघटन के दर में वृद्धि सेल्युलोज की क्रिया का निरोधन होना।
2. निम्न किण्वक की आवश्यकता।
3. उच्च उत्पाद का उत्पादन।

4. रोगाणुरहित अवस्थाओं के लिए कम आवश्यकताएँ: ग्लुकोस का शीघ्रता से निष्कासन और जैविक इथेनॉल का उत्पादन।
5. प्रक्रिया का कम समय।
6. कम रियेक्टर आयतन।

समकलिक शर्करीकरण और किण्वन की कुछ हानियाँ भी हैं। शर्करीकरण और किण्वन के लिए विभिन्न अनुकूलतम–तापमान समकालिक शर्करीकरण और किण्वन की प्रमुख हानि है। कुछ प्रकरण में निम्न पी.एच. (5 से कम), और उच्च तापमान (>313 k) किण्वकीय जल अपघटन के लिए लाभदायक है, जबकि निम्न पी.एच. लैक्टिक अम्ल (Lactic acid) के उत्पादन को रोकती है और उच्च तापमान कवकीय कोशिका विकास को प्रतिकूल रूप से प्रभावित करता है। *ट्राइकोडर्मा रिसाई* (*Trichoderma reesei*) सेल्युलोज की सर्वोत्कृष्ट (Optimal) क्रिया 4.5 पी.एच और 328 k पर है। सैक्रोमायसिस कल्चरों (Saccharomyces cultures) के लिए समकालिक शर्करीकरण और किण्वन 4.5 पी.एच. और 310 k पर किया जाता है। पेंटोस और हेक्सोस के समकालिक किण्वन के लिए समकालिक शर्करीकरण और किण्वन (SSF) ने अनेक लाभ सिद्ध किए हैं, जो कि समकालिक शर्करीकरण और सह–किण्वन [Simultaneous Saccharification and co-fermentative (SSCF), कहलाता है। समकालिक शर्करीकरण और सह–किण्वन में किण्वकीय जल अपघटन लगातार रूप से हेक्सोस शर्करा का निष्कासन करता है, जो ग्लाइकोलिसिस की दर को बढ़ाता है, जिसके कारण पेंटोस शर्करा का तेजी से किण्वन और उच्च उत्पादन प्राप्त होता है। समकालिक शर्करीकरण और किण्वन (SSF), समकालिक शर्करीकरण और सह–किण्वन (SSCF) दोनों ही एक टैंक में हो सकता है, जिससे कम लागत में कार्य हो जाता है।

किण्वन (Fermentation)

लिग्नोसेल्युलोज युक्त जैवभार का अम्लीय प्रशोधन द्वारा जल अपघटज (Hydrolyzate) का सूक्ष्म जीवों द्वारा जैविक इथेनॉल किण्वन (Ethanol fermentation) के लिए उपयोग होता है। क्योंकि लिग्नोसेल्युलोज जलापघटनी में ग्लुकोज के साथ अन्य एकल शर्कराइड जैसे; जाइलोज (Xylose), मेनोज (Mannose), गेलेक्टोज (Galactose), अरेबिनोज (Arabinose) ओलिगोशर्कराइड (Oligosaccharide) उपस्थित होने के कारण सूक्ष्मजीवों की सहायता से दक्षतापूर्वक शर्करा में परिवर्तित कर देते हैं, जो कि जैविक इथेनॉल का सफलतापूर्वक उत्पादन करता है। सूक्ष्मजीवों की सहायता से किण्वन होता है जिसमें सूक्ष्मजीवों शर्करा को अपना भोजन बनाके, इथाइल एल्कोहल (Ethyl alcohol) और अन्य चीजों का भी उत्पादन करते हैं। ये सूक्ष्मजीव अधिकतर 6–कार्बन शर्करा (ग्लुकोज) का उपयोग करते हैं। इसलिए ऐसे सेल्युलोज युक्त जैवभार जिनमें उच्च मात्रा में ग्लुकोज या ग्लुकोज पूर्ववर्ती (Precursors) होते हैं, उनसे आसानी से जैविक इथेनॉल का उत्पादन हो सकता है। सूक्ष्मजीव [इथेलोजेन्स

(Ethalogens), वर्तमान में जैवभार से उत्पादित अधिकतर शर्करा को जैविक इथेनॉल में परिवर्तित कर देते हैं। विभिन्न प्रकार के सूक्ष्मजीव हैं, जो कि सार्थक मात्रा नें जैविक इथेनॉल का उत्पादन (1% w/v से अधिक) करते हैं। जाइलोज का किण्वन करने वाले सूक्ष्मजीव बैक्टीरिया, यीस्ट ओर तंतुमय कवकों में पाए जाते हैं। आजकल जाइलोज किण्वकीय बैक्टीरिया में दोनों सामान्य और अनुवांशिकीय (Genetically) अभियंत (Engineered) जीव लिप्त हैं और अत्यधिक जीवों में ऐसी विशेषताएँ हैं, जो समकालिक शर्करीकरण और किण्वन के लिए उपयोगी है। *सैक्रोमायसिस सैरेविसी* (*Saccharomyces cerevisiae*) जैविक इथेनॉल के उत्पादन के लिए सबसे अधिक प्रभावी है जिसके कुल लाभ हैं, जैसे; हेक्सोज से उच्च जैविक इथेनॉल उत्पादन, जैविक इथेनॉल के लिए उच्च सहिष्णुता (Tolerance) और लिग्नोसेल्युलोज युक्त जैवभार के अम्लीय जलापघटनी में अन्य संदमकीय (Inhibitory) यौगिक। क्योंकि यीस्ट का वन्य–प्रारूप (Wild-type) विकृति पेंटोसस जैसे; जाइलोज (Xylose), अरेबिनोस (Arabinose) सेलोलियोशर्कराइड (Celloliosaccharide) का उपयोग नहीं कर सकता है, इसलिए लिग्नो सेल्युलोज जलापघटनी का जैविक इथेनॉल का उत्पादन अपर्याप्त (Inadequate) है। *जाइमोमोनस* (*Zymomonas*) की योग्यता, जैविक इथेनॉल का निपुणतापूर्वक ग्लुकोज आधारित अनिर्मित सामग्री से उत्पादन के लिए मानीय है। *जाइमोमोनस मोबिलिस* (*Zymomonas mobilis*) ने ग्लुकोज किण्वन में 97 प्रतिशत जैविक इथेनॉल उत्पाद और 12 प्रतिशत (w/v) जैविक इथेनॉल की सांद्रता को प्रमाणित किया है। लिग्नो सेल्युलोज युक्त जैवभार का जैविक इथेनॉल में परिवर्तन जो कि पुनर्योगाज (Recombinent) *जाइमोमोनास मोबिलिस* (*Zymomonas mobilis*) पर आधारित है, सामान्यीकृत क्रमदर्शी आरेख द्वारा आकृति 4.6 में दर्शाया गया है।

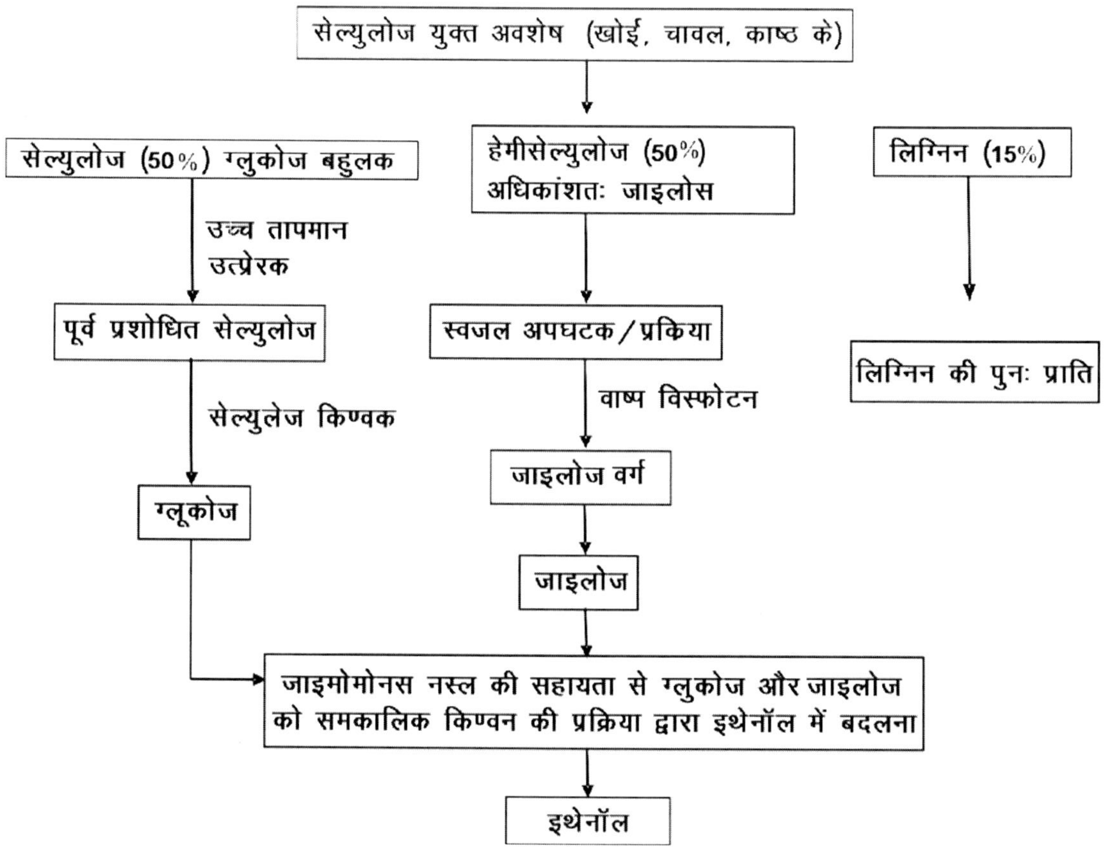

आकृति 4.6 जाइमोमोनास द्वारा लिग्नो–सेल्युलोज युक्त जलापघटनी को इथेनॉल में परिवर्तित करने की प्रक्रिया

हालाँकि *जाइमोमोनास मोबिलिस* (*Zymomonas mobilis*) से बहुत से लाभ हैं, परन्तु ये जैवभार परिवर्तन के लिए ज्यादा उपयोगकारी नहीं सिद्ध हुआ, क्योंकि ये केवल ग्लुकोज, फ्रक्टोज (Fructose) और सुक्रोज (Sucrose) का ही किण्वन करते हैं। राष्ट्रीय नवीनीकरणीय संसाधन प्रयोगशाला (National Renewable Resource Laboratory) में कुछ शोधकर्त्ताओं ने सफलतापूर्वक ऐसी नस्लों को अभियंत्रित किया है जो जाइलोज और अरेबिनोज का किण्वन कर सकते हैं। वायुजीवी अवस्था में, ई.कोलाई (*E. coli*) में सक्सीनेट (Succinate) के अतिरिक्त एसीटेट (Acetate) का मुख्य उत्पाद के रूप में उत्पादन होता है। *ई.कोलाई* (*E-Coli*) में सक्सीनेट (Succinate) के उत्पादन को बढ़ाने के लिए विभिन्न चयापचयी (Metabolic) रणनीतियो ने सफलतापूर्वक कार्य किया। *के. ऑक्सीटोका* (*K-Oxytoca*) एक ऐसा बैक्टीरिया है, जो कागज और लुगदी के साथ–साथ अन्य काष्ठ के स्रोत के आस–पास पनपता है। कम पी.एच. (>5.0) और 308k तापमान पर सूक्ष्मजीव आसानी से प्रगतिशील रहते हैं। *के. ऑक्सीटोका* (*K-Oxytoca*) विस्तृत प्रकार के शर्करा, हेक्सोज और पेंटोज के साथ ही सेलोबायोज (Cellobiose) और सेलोट्रयोज (Cellotriose) में पनपते हैं। सभी नस्लों के सांस्कृतिक अभिलक्षण तालिका 4.9 में दर्शाया गया है।

तालिका 4.9 इथेनॉल उत्पादन के लिए प्रजाति का सांस्कृतिक अभिलक्षण

प्रजातियां	अरेबिनोस	गैलेक्टोस	ग्लुकोस	मेनोस	जाइलोस	T(k)[a]	pH[a]
ई. कोलाई	+	+	+	+	+	308	6.5
क्लेबसीला ऑक्सीटोका	+	+	+	+	–	303	5.5
जाइमोमोनास मोबिलिस	+	–	+	–	–	303	5.5

प्राकृतिक ज़ाइलोस–किण्वनीय यीस्ट जैसे; *पीचिया स्टीपिटिस* (*Pichia stipitis*), *कैनडिडा शीहेटे* (*Candida shehatae*), *केनडिडा पेरेप्सिलोसिस* (*Candida parapsilosis*), जाइलोज को जाइलोज रिडक्टेज (Xylose reductase) क्रिया द्वारा जाइलिटोल (Xylitol) में और जाइलिटोल डीहाइड्रोजिनेज (Xylitol dehydrogenase) द्वारा जाइलिटोल को जाइलोज (Xylulose) में परिवर्तित करता है निष्पादन (Performance) अनुपात के आधार पर जैविक इथेनॉल किण्वन के लिए सूक्ष्मजीव का काफी अच्छी तरह से वर्णन किया है। किण्वन के निष्पादन अनुपात हैं: तापमान का दायरा, पी.एच. की सीमा, एल्कोहल सहिष्णुता, वृद्धि का दर, उत्पादकता, परासरणी सह्यता, उत्पाद विशिष्टता (Specificity), आनुवंशिक स्थायित्व और संदमक सह्यता। सारे पुनर्योगज (Recombinant) नस्ल मध्यरागीय (Mesophilic) जीव हैं, जो 303 k और 311 k तापक्रमों में अच्छे से क्रिया करते हैं। अधिकांश बैक्टीरिया 6.5 से 7.5 पी.एच. के

सीमा में अच्छे से कार्य करते हैं। अधिकांशतः जीव 10–15 प्रतिशत (w/v) से अधिक जैविक इथेनॉल की सांद्रणता को सहन नहीं कर सकते हैं। किण्वन का बैच, फेड बैच (Fed batch) और लगातार रूप में (Continuous flow) प्रक्रिया का निष्पादन किया जा सकता है। फेड बैच रियेक्टर विस्तृत रूप से औद्योगिकी अनुप्रयोग में उपयोग होता है, क्योंकि ये दोनों बैच लगातार रूप से होने वाली प्रक्रिया के लाभों को संयुक्त करता है। फेड बैच का बैच की तुलना में मुख्य लाभ अधिकतर मात्रा में जीवनक्ष्म कोशिका की सांद्रणता को बढ़ाने की क्षमता है। जटिल फेड बैच किण्वन प्रक्रिया तीन तकनीकी स्तरों से संघटित होता हैः बैच–निवेशन–बैच। यह प्रक्रिया आलोचनात्मक परिवर्तनशील वस्तु (तापमान, पी. एच., विसर्जित ऑक्सीजन) के अनुरक्षण की अनुमति देती है।

उत्पाद और ठोस की पुनः प्राप्ति

जैवभार जल अपघटन और किण्वन की तकनीकियों का व्यवसायिक रूप से व्यावहारिकता के प्रस्ताव के कारण से उत्पाद पुनःप्राप्ति की तकनीकी के विकास की आवश्यकता है। आसवान की पद्धति द्रव्य मिश्रण में ही जैविक इथेनॉल को जल से अलग कर देती है। शुद्ध जैविक इथेनॉल में जल का अंतर्वस्तु विषय सामान्यतः 80 प्रतिशत से अधिक होता हैं। इथेनॉल को 95.6 प्रतिशत तक सांद्रित करने के लिए अधिक मात्रा में ऊर्जा की आवश्यकता होती है। बीयर कॉलम (Bear Column) अधिकतर जैविक इथेनॉल को जल से अलग करता है, जिसमें उच्च भाग पर जैविक इथेनॉल और निचले भाग पर जल होता है। सेल्युलोज युक्त जैवभार से जैविक इथेनॉल के उत्पाद की सांद्रणता निम्न होती है। जैविक इथेनॉल की अधिकतम सांद्रणता 303 k तापमान पर 10 भार प्रतिशत है, जो कि बढ़ते हुए तापमान से घटती है। सेल्युलोज की क्रियाशीलता अधिक तापमान (310 k) में बढ़ती है, इसलिए सेल्युलोज के उत्पादन की लागत आसवन की अपेक्षा अधिक है। प्रथम चरण में आसवन या बीयर कॉलम द्वारा जैविक इथेनॉल की पुनःप्राप्ति होती है। परिशोधन करने वाले कॉलम में उत्पाद : 37 प्रतिशत जैविक इथेनॉल को 95 प्रतिशत से कम प्रतिशत तक सांद्रणित करते हैं। पौधे में आसवन कॉलम (Distillation Column) में जैविक इथेनॉल की पुनः प्राप्ति 99.6 प्रतिशत तक निर्धारित की है, जो जैविक इथेनॉल के नुकसान को कम करती है। प्रथम प्रभाव के पश्चात् ठोस पदार्थों को अपकेंद्रित (Centrifuge) द्वारा अलग और रोटेटरी ड्रायर (Rotatory dryer) द्वारा सुखाया जाता है। लगभग 25 प्रतिशत भाग इस अपकेंद्रित उत्प्रवाही (Effluent) किण्वन के लिए पुनःचक्रित करते हैं और शेष भाग को दूसरे और तीसरे वाष्पित प्रभाव के लिए भेज देते हैं।

ऊष्मीय रासायनिक जैविक इथेनॉल के उत्पादन की प्रक्रियाएँ

जैविक इथेनॉल के उत्पादन हेतु ऐसी दो प्रक्रियाएँ हैं, जिसमें ऊष्मीय रासायनिक अभिक्रिया होती है। प्रथम प्रणाली एक द्विजाति ऊष्मीय रासायनिक और जैविक प्रणाली है।

सेल्युलोज युक्त जैवभार सामग्री प्रथम ऊष्मीय रासायनिक गैसीभूत (Gasified) कार्बन मोनो ऑक्साइड और हाइड्रोजन का मिश्रण, जो विशिष्ट रूप से फर्मेन्टर से बुलबुले की तरह निकलते हैं। एक अनुवांशिकी अभियंतः सूक्ष्मजीव जिसकी संश्लेषण गैस को परिवर्तित करने की क्षमता हो, उसे विशिष्ट प्रक्रिया की अवस्था में किण्वन वैट (Fermentation vat) में प्रस्थापित किया। द्वितीय ऊष्मीय रासायनिक जैविक इथेनॉल उत्पादन की प्रक्रिया में सूक्ष्मजीव का उपयोग नहीं होता है। इस प्रक्रिया में जैवभार सामग्री सबसे पहले ऊष्मीय रासायनिक गैसीभूत और संश्लेषण गैस रिएक्टर से उत्प्रेरक को उपस्थिति में गुजरते हैं, जिसके कारण से गैस जैविक इथेनॉल में परिवर्तित होती है। व्यवसायिक रूप से जीवनक्षम ऊष्मीय रासायनिक से जैविक इथेनॉल प्रक्रियाएँ के विकास हेतु विभिन्न प्रयास किए गए हैं। लगभग 50 प्रतिशत जैविक इथेनॉल का उत्पादन संश्लेषण गैस–से–जैविक प्रक्रिया के उपयोग से हुआ है। कुछ प्रक्रियाएँ जिसमें सबसे पहले मिथेनॉल का उत्पादन और उसके बाद उत्प्रेरक विस्थापन से जैविक इथेनॉल का उत्पादन, जैविक इथेनॉल के उत्पादन को 80 प्रतिशत तक बढ़ाता है। अन्य प्रक्रियाओं की तरह लागत–प्रभावी सारे ऊष्मीय रासायनिक प्रक्रियाओं का मिलना कठिन है। सेल्युलोज युक्त जैवभार के लिग्निन भाग का परिवर्तन जैविक प्रक्रिया की अपेक्षा ऊष्मीय रासायनिक प्रक्रिया अधिक आशाजनक है। जिसका किण्वकीय जल अपघटन पर प्रभाव पड़ता है और साथ ही ये सहोत्पाद में सामर्थ्य एवं प्रक्रिया के लिए ऊर्जा आदि के स्रोत हैं, जिनसे जीवन चक्र के प्रकरण में विशेष लाभ हैं।

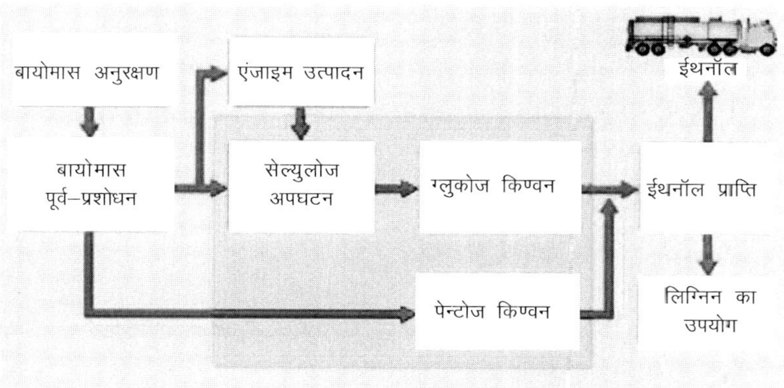

चित्र 4.7 बायोईथनॉल उत्पादन प्रक्रिया

जैविक इथेनॉल की आर्थिक स्थिति

लिग्नोसेल्युलोज युक्त जैवभार (विभिन्न बहुशर्कराइड से मिलकर निर्मित) सबसे अधिक आशाजनक सामग्री है, क्योंकि ये आसानी से उपलब्ध और साथ ही सस्ते होते हैं। परन्तु, लिग्नोसेल्युलोज युक्त सामग्रियों द्वारा अत्यधिक मात्रा में व्यवसायिक रूप से जैविक इथेनॉल ईंधन का उत्पादन कार्यान्वित (Implement) नहीं हुआ है। जैविक इथेनॉल

ईंधन के उत्पादन प्रक्रियाओं के संरचना के लिए विभिन्न अनिर्मित सामग्रियों (सुक्रोज, स्टार्ची सामग्री, लिग्नो सेल्युलोज युक्त जैवभार) का जैविक इथेनॉल की लागत में कच्चे माल का बड़ा श्रेय है। आज लिग्नोसेल्युलोज से जैविक इथेनॉल की लागत बहुत अधिक होने के कारण से अभी तक इसका सही तरह से उपयोग नहीं हो पा रहा है। मक्का और गन्ने से जैविक इथेनॉल का उत्पादन लगभग 40–70 प्रतिशत उत्पादन लागत नियुक्त करता है। कृषि, कारखानों और वन के सस्ते व्यर्थ उत्पादों के उपयोग करने से लागत में कमी आ सकती है। जैविक इथेनॉल के उत्पाद को बढ़ाने के लिए अनिर्मित सामग्री को निपुणता से उपयोग करना आवश्यक है। लगभग 60 प्रतिशत उत्पादन लागत कच्चे माल से आती है। विभिन्न अध्ययन के विचारों से ये पता चलता है कि कच्चे माल की लागत (US$ 22 - U5$ 61/मिट्रिक टन सूखे भार) बदलती रहती है। अपेक्षाकृत उच्च कच्चे माल की लागत (स्टार्च आधारित फसलों का किण्वक द्वारा पूर्व प्रशोधन) जैसे; किण्वन उत्पाद, जो ईंधन या रसायन के निम्न लागत वाले हाइड्रोकार्बन के उत्पादन से अधिक महंगे हैं। सेल्युलोज युक्त जैवभार–से–किण्वनीय शर्करा में परिवर्तन की प्रक्रिया में पूर्व–प्रशोधन एक अत्यधिक महंगा प्रक्रियात्मक स्तर है, जिसकी लागत US$ 0.3/गैलन जैविक इथेनॉल उत्पादन है। कॉर्न का वर्तमानीय आँकड़ा, सूखे अनाजों के आसवक (Distillers), प्राकृतिक गैस (Natural gas), किण्वक, यीस्ट और रसायन, बिजली और मजदूरी दर आदि के उपयोग से जैविक इथेनॉल के सूखे मिल से, जैविक इथेनॉल के उत्पादन की लागत 50 मिलियन गैलन प्रतिवर्ष ज्ञात की गई है। इस आकार के जैविक इथेनॉल के कारखाने 18.1 मिलियन बुशेल (Bushel) कॉर्न से वार्षिक 51.5 मिलियन गैलन विकृत (Denatured) जैविक इथेनॉल का उत्पादन करते हैं। जैविक इथेनॉल के साथ–साथ कारखाने 154,500 टन सूखे अनाजों के आसवक का भी उत्पादन करते हैं। वर्तमान स्थिति में सूखे मिल कारखानों से जैविक इथेनॉल के उत्पादन की लागत कुल US$ 1-65/ गैलन, जो कि तालिका 4.10 में दर्शायी गयी है।

तालिका 11. सूखे मिल जैविक इथेनॉल उद्योग का 50 मिलियन गैलन प्रति वर्ष की प्रचालन लागत; 2006)

कच्चा माल	इकाई गैलन	इकाई दाम	मिलियन $/वर्ष	$/गैलन
1. कॉर्न (bu)	0.364	30.1	54.73	1.09
2. किण्वक (lb)	0.035	1.02	1.79	0.04
3. यीस्ट और रसायन (lb)	1.126	0.02	0.84	0.02
4. विकृति कारक (gal)	0.030	1.60	2.40	0.05
5. बिजली ($/kh)	0.800	0.60	2.31	0.05
6. प्राकृतिक गैस ($/MCF)	0.036	7.78	14.00	0.28
7. जल (thou gal/bu)	0.010	0.37	0.18	0.00

8. जल के उत्सर्ग (thou gal/bu)	0.008	0.50	0.19	0.00
9. मजदूर और लाभ ($/0.032/gal)			1.600	0.03
10. साधारण/सुधार ($ 0.026/gal)			1.300	0.03
11. जी एस और एक (GS&A)($/0.06/gal)			3.000	0.06
कुल लागत			82.347	1.65

कॉर्न से 66 प्रतिशत की प्रचालन लागत और ऊर्जा (बिजली और प्राकृतिक गैस) से 20 प्रतिशत की प्रचालन लागत है। विश्व में ब्राजील जैविक इथेनॉल का सबसे बड़ा उत्पादक है। जैविक इथेनॉल के उत्पादन के लिए ब्राजील गन्ने का उपयोग करता है और जैविक इथेनॉल के उत्पादन हेतु कॉर्न की अपेक्षा गन्ना अधिक प्रभावशाली अनिर्मित सामग्री है। विश्व में जैविक इथेनॉल के उत्पादन की लागत की सीमा US $ 0.68- US $ 0.95 प्रति गैलन है। ब्राजील के इस प्रतियोगितात्मकता के कारकः उचित जलवायु अवस्था, कम मजदूर लागत और पिछले तीन दशकों पर निर्मित परिवक्व संरचना है। अनुमान यह दर्शाता है कि, जब ई यू (EU) में तेल का दाम US $ 270 पर पहुँचेगा, तब जैविक इथेनॉल प्रतियोगितात्मक होगा जबकि ई यू (EU) में US $ 50.60 पर होगा। ब्राजील में सीमा रेखा बहुत नीची US $ 25 और US $ 30 तक है। अन्य प्रभावशाली शर्करा का उत्पादन करने वाले देश जैसे पाकिस्तान (Pakistan), स्वाजिलैण्ड (Swaziland) और जिम्बाबे (Zimbabwe) जिनकी उत्पादन लागत ब्राजील के बराबर है।

निष्कर्ष

जैविक इथेनॉल एक ऐसा ईंधन है, जो अनिर्मित सामग्री के जैवभार स्रोत से उत्पन्न होता है। कच्चे तेल के लिए जैवभार से जैविक इथेनॉल का उत्पादन एक अच्छी विधि है। कार्बन से जैविक इथेनॉल उत्पादन के दौरान अधिक कार्बन डाइ ऑक्साइड का निष्कासन होता है, जो भूमण्डलीय तापक्रम वृद्धि की समस्या के लिए भी जिम्मेदार है। वाहनों के लिए जैविक इथेनॉल का ईंधन के साथ सम्मिश्रण पेट्रोलियम के लिए उपयोगी और ग्रीनहाउस से उत्सर्जित गैस को कम करती है। जैविक इथेनॉल ऑक्सीजन से भरा हुआ ईंधन है, जिसमें 35 प्रतिशत ऑक्सीजन होती है, जो दहन से निकलने वाले विविक्तकरण और NO_x के उत्सर्जन को कम करती है। इथेनॉल का उच्च ऑक्टेन नम्बर (108), विस्तृत ज्वलनशीलता की सीमा, उच्च ज्वाला गति, उच्च ऊष्मा का वाष्पीकरण विशेषताएँ हैं। ये विशेषताएँ इथेनॉल को उच्च संपीडन भाग और निम्न जलन अवधि के लिए स्वीकृति प्रदान करती है, जो आई.सी.ई (ICE) में गैसोलीन के उपरान्त काल्पनिक सामर्थ्य सुविधा का नेतृत्व करता

है। जैविक इथेनॉल गैसोलीन के साथ मिश्रित होकर ई 10 (E10) मिश्रण (10 प्रतिशत इथेनॉल और 90 प्रतिशत गैसोलीन) बनाता है, लेकिन ये उच्च सांद्रणता वाले मिश्रण जैसे ई 85 (E85) या ई 95 (E95) में उपयोग होता है। जैविक इथेनॉल शर्करा की बढ़ी संख्या में यीस्ट द्वारा किण्वन से बनता है। यीस्ट और कवक 3.5 से 5.0 पी.एच. के बीच में ही अधिक सहायता दिखाते हैं। पी.एच. को 4.0 से कम करने के लिए एक विधि है, जिसमें बैक्टीरियल संदूषकों द्वारा हानि को कम करने के लिए यीस्ट को पूर्तिहीन (Aseptic) अवस्था से कम में उपयोग करना चाहिए। अधिकतर जीव जैविक इथेनॉल का 10–15 प्रतिशत (w/v) से अधिक सांद्रणता को सहन नहीं कर सकते हैं। किण्वन ऐसे सूक्ष्मजीवों का उपयोग करते हैं, जो किण्वन द्वारा उत्पादित शर्करा को भोजन की तरह उपयोग करते हैं और इस प्रक्रिया में प्रयोग एल्कोहल और अन्य उत्पाद का उपयोग करते हैं जो 6–कार्बन शर्करा है। इसलिए ऐसा सेल्युलोज युक्त जैवभार सामग्री जिसमें ग्लुकोज का स्तर अधिक होता है, आसानी से जैविक इथेनॉल में परिवर्तित हो जाते हैं।

सूक्ष्मजीवों (इथेनोलोजेन्स) जैवभार के अधिक शर्करा भाग को जैविक इथेनॉल में परिवर्तित कर देते हैं। बहुत से सूक्ष्मजीव है जो >1% w/v मात्रा में जैविक इथेनॉल का उत्पादन करते हैं। सबसे बड़ी समस्या जैविक इथेनॉल के उत्पादन में कच्चे माल की उपलब्धता है। जैविक इथेनॉल का उत्पादन अनिर्मित सामग्री, मौसम और विभिन्न भौगोलिक स्थिति के कारण परिवर्तित होता है। कच्चे माल के दाम स्थायी होते हैं, जो जैविक इथेनॉल की उत्पादन लागत पर अधिक प्रभाव डालते हैं। जैविक इथेनॉल के उत्पादन क्षमता को बढ़ाना अनिवार्य है क्योंकि उत्पादन लागत का एक तिहाई से भी अधिक व्यय अनिर्मित सामग्रियों के ऊपर होता है।

❑❑❑

अध्याय 5

कृषि अवशेष से जैवहाइड्रोजन की उत्पत्ति

विश्व की ऊर्जा खपत मुख्यतः तीन जीवाश्म ईंधनों पर आधारित है। कोयला, तेल और प्राकृतिक गैस। परन्तु इनके उत्पादन और इस्तेमाल से कई प्रकार के प्राकृतिक पर्यावरण पर प्रभाव पड़ते हैं जैसे; स्थानीय वायु प्रदूषण, ग्रीनहाउस प्रभाव, ओजोन परत की क्षीणता, अम्लीय वर्षा और जलवायु परिवर्तन जोखिम। यदि जीवाश्म जनित ऊर्जा की खपत वर्तमान की तरह से कायम रही तो विश्व का कार्बन डाइ ऑक्साइड उत्सर्जन 120–130 वर्षों में चौगुना हो जाएगा। इंटर गवर्न्मेन्टल पैनल ऑन क्लाइमेट चेन्ज (IPCC) की सिफारिश के अनुसार जलवायु में होने वाले अपरिवर्तनीय बदलाव को कम करने के लिए भूमण्डलीय कार्बन डाइ ऑक्साइड उत्सर्जन को 50 प्रतिशत से अधिक घटाने की आवश्यकता है, जिससे कार्बन डाइ ऑक्साइड स्तर को स्थिर किया जाए और इससे होने वाले दुष्परिणामों को नियंत्रित किया जा सके। कार्बन डाइ ऑक्साइड की अवनति के लिए ईंधन और संसाधन तकनीकों की कई श्रेणियाँ हैं, जैसे कि उन्नत ऊर्जा रूपांतर साधन, नवीनीकरणीय ऊर्जा स्रोत, परंपरागत जैवईंधन, उन्नत परंपरागत भीतरी दहन इंजन, जैवहाइड्रोजन और ईंधन सेल। जैव ईंधन मूलतः कार्बन डाइ ऑक्साइड के उत्सर्जन को कम करते हैं जो कि रासायनिक तौर पर कार्बन से परिबंधित नहीं है, अतः ऊष्मा निकलती है। समस्त ईंधनों में हाइड्रोजन (H_2) में अधिकतम ऊर्जा तत्व प्रतिभार इकाई के तौर पर 143 गीगा जूल/टन होता है। व्यापक प्रत्याशित रूप से, दीर्घावधि में हाइड्रोजन ही हमारे ऊर्जा, पर्यावरणीय और आर्थिक विषयों का सही विकल्प है। हाइड्रोजन (H_2) को सीधे तौर पर दहन के बाद ईंधन के रूप में आंतरिक दहन इंजन (Internal combustion engine) के काम में लाया जा सकता है अथवा ईंधन सेल (Fuel cell) के ऊर्जा स्रोत के रूप में वैसे भी जीवाश्म ईंधनों पर निर्भरता को कम करने का संभवतः प्रयास और संवहनीय विकास वर्तमान की आवश्यकता है।

हाइड्रोजन का उत्पादन कई भिन्न–भिन्न हाइड्रोकार्बन पदार्थों से अलग–अलग प्रविधियों से किया जा सकता है। नेप्था या प्राकृतिक गैस का वाष्प शोधन (Steam reforming), कोयले का गैसीकरण (Gasification), हाइड्रोकार्बन का आंशिक उपचयन (Partial oxidation), जैवभार का ताप–अपघटन (Pyrolysis) या गैसीकरण, विद्युत अपघटन (Electrolysis) या प्रकाश विद्युत रासायनिक क्रिया से जल का विघटन, हाइड्रोजन उत्पादन के कुछ परंपरागत पद्धतियां हैं। कुछ और पद्धतियां जैसे कि स्वतः भाप

संभावन, प्लाज़्मा पुनः संभावन, गैस शिफ्ट क्रिया आदि हैं। ये सभी विधियां अत्यधिक गहन ऊर्जा से संबंधित हैं या फिर हमेशा पर्यावरणीय अनुकूल नहीं होती हैं। इसके विपरीत जैविक क्रियाएं जिसमें सूक्ष्मजीव परिवेश ताप तथा दाब में कार्य करने से सतर्क तौर पर उपयोगी है। साथ ही साथ यह तकनीक विकेंद्रित छोटे पैमाने पर ऊर्जा उत्पादक के अनुकूल है, जिन स्थानों पर जैवभार अथवा कूड़ा उपलब्ध होता है, हालांकि ऊर्जा पर व्यय और परिवहन के खर्च को बचाया जा सकता है।

जीवाश्म ईंधन से हाइड्रोजन (H_2)

अधिकतर जीवाश्म ईंधन हाइड्रोजन का उत्पादन कर सकते हैं। जीवाश्म ईंधन से हाइड्रोजन का उत्पादन भिन्न–भिन्न जटिल क्रियाओं से होता है, क्योंकि इन क्रियाओं में कार्बन डाइ ऑक्साइड उपोत्पाद की तरह निकलती है, इसलिए चिरस्थायी प्रक्रम के लिए कार्बन डाइ ऑक्साइड का अभिग्रहण सुनिश्चित कर लेना चाहिए। इन क्रियाओं की व्यवहार्यता इस बात पर निर्भर करती है कि उत्पादन इकाई केन्द्रीकृत है या वितरित।

प्राकृतिक गैस से उत्पादन

वर्तमान में हाइड्रोजन प्राकृतिक गैस से तीन अलग–अलग रासायनिक क्रियाओं से उत्पन्न हो सकती है:

1. भाप संभावन (भाप मीथेन संभावन) (Steam methane reformation)
2. आंशिक उपचयन (Partial oxidation)
3. पुनः संभावन

हालांकि कई नए उत्पादन के सिद्धांत भी विकसित हुए हैं, परन्तु उनमें से कोई भी वाणिज्यीकरण के योग्य नहीं है, जिसमें मीथेन और जल वाष्प से हाइड्रोजन और कार्बन मोनो ऑक्साइड उत्पन्न होती है। औसतन इस प्रक्रम में 700–800°C का तापमान तथा 3–25 बार का दबाव दिया जाता है। उत्पादित गैस में लगभग 12 प्रतिशत कार्बन मोनो ऑक्साइड होती है।

$$CH_4 + H_2O + \text{ताप} \rightarrow CO + 3H_2 \quad (i)$$

$$CO + H_2O \rightarrow CO_2 + H_2 + \text{ताप} \quad (ii)$$

क्रिया के साथ में निकलने वाली कार्बन मोनो ऑक्साइड को जल गैस शिफ्ट अभिक्रिया के माध्यम से कार्बन डाइ ऑक्साइड और हाइड्रोजन में परिवर्तित किया जा सकता है। प्राकृतिक गैस का आंशिक उपचयन क्रिया में मीथेन का ऑक्सीजन गैस के साथ आंशिक दहन से कार्बन मोनो ऑक्साइड और हाइड्रोजन का उत्पादन होता है।

$$CH_4 + \frac{1}{2} O2 \rightarrow CO + 2H_2 + \text{ताप} \quad (iii)$$

इस क्रिया के फलस्वरूप ताप का उत्सर्जन होता है। इसके साथ ही निकलने वाली कार्बन मोनो ऑक्साइड को हाइड्रोजन में समीकरण संख्या (iv) के अनुसार बदला जा सकता है।

$$CO + H_2O \rightarrow CO_2 + H_2 + \text{ताप} \quad (iv)$$

निकलने वाली गैसों का शुद्धिकरण आवश्यक होने के कारण इनकी उत्पादन कीमत बढ़ जाती है और क्रिया की क्षमता में दुर्बलता आ जाती है। उपरोक्त सभी क्रियाओं के अपने लाभ और चुनौतियां हैं, जिसे तालिका संख्या 5.1 में प्रस्तुत किया गया है :

तालिका 5.1 क्रियाओं के लाभ और चुनौतियाँ

तकनीक	ऊष्म मीथेन संभावन	आंशिक उपचयन का पुनः संभावन
लाभ	अधिक क्षमता, कम उत्सर्जन	छोटा आकार, कम लागत, साधारण पद्धति
चुनौतियाँ	जटिल पद्धति, प्राकृतिक गैस की गुणवत्ता से संवेदनशीलता	निम्न क्षमता हाइड्रोजन, स्वच्छीकरण, अधिक उत्सर्जन

कोयले से हाइड्रोजन (H_2) का उत्पादन

विविध गैसीकरण प्रक्रियाओं के फलस्वरूप कोयले से हाइड्रोजन का उत्पादन किया जा सकता है। सामान्यतः उच्च ताप प्रवाह क्रिया अधिकतम कार्बन का गैस में रूपांतरण को सहयोग देता है तथापि चार, टारकोल और फिनोल की उत्पत्ति को रोकता है। इसकी प्रारूपिक क्रिया समीकरण संख्या (v) में दी गई है जिसमें कार्बन का कार्बन मोनो ऑक्साइड और हाइड्रोजन में परिवर्तन दर्शाया गया है।

$$C(s) + H_2O + \text{ताप} \rightarrow CO + H_2 \quad (v)$$

क्योंकि यह प्रक्रिया ऊष्माशोषी (Endothermic) होती है, इसलिए अतिरिक्त ऊष्मा की आवश्यकता पड़ती है, जैसे कि मीथेन पुनः संभावन में भी देखा जा सकता है। क्रिया के साथ में निकलने वाली कार्बन मोनो ऑक्साइड को जल–गैस शिफ्ट अभिक्रिया के माध्यम से कार्बन डाइ ऑक्साइड और हाइड्रोजन (H_2) में परिवर्तित किया जा सकता है।

$$CH_4 + \frac{1}{2} O_2 \rightarrow CO + 2H_2 + \text{ताप} \quad (vi)$$

कोयले से हाइड्रोजन का उत्पादन व्यावसायिक रूप से परिपक्व है, परन्तु प्राकृतिक गैस से हाइड्रोजन (H_2) के उत्पादन की तुलना में यह क्रिया काफी जटिल है। इस प्रक्रिया से उत्पादित हाइड्रोजन का मूल्य अधिक होता है क्योंकि विश्व के कई भागों में कोयला

प्रचुर मात्रा में उपलब्ध है और संभवतः यह ऊर्जा के स्रोत के रूप में उपयोग होता रहेगा। इसके साथ–साथ प्रौद्योगिकी के विकास की और भी अन्वेषण करना चाहिए।

जल के विपाटन से हाइड्रोजन (H_2)

जल के विपाटन से हाइड्रोजन (H_2) कई प्रक्रियाओं से उत्पादन की जा सकती है, जैसे; कि विद्युत अपघटन, प्रकाश–विद्युत अपघटन, प्रकाश जैविक उत्पादन, उच्च ताप में जल का अपघटन।

जल का विद्युत अपघटन (Electrolysis of water)

विद्युत ऊर्जा के प्रयोग से जल का हाइड्रोजन और ऑक्सीजन में विखण्डन क्रिया को जल का विद्युत अपघटन कहते हैं (समीकरण संख्या vii)

$$H_2O + \text{विद्युत} \rightarrow H_2 + ½ O_2 \quad \text{(vii)}$$

औद्योगिक प्रक्रियाओं में व्यर्थ में जाने वाली ताप को उच्च ताप विद्युत अपघटन में प्रवेश किया जा सकता है। विश्वव्यापी रूप से, यह काफी जीवाश्म ईंधनों से उत्पन्न होता है जिसकी दक्षता अपेक्षाकृत रूप से कम होती है।

क्षारीय विद्युत अपघटन

क्षारीय विद्युत अपघटक में जलीय पोटेशियम हाइड्रो ऑक्साइड (KOH) विलयन, विद्युत–अपघट्य के रूप में विद्युत अपघटनीय सेल में प्रचलित होता है। क्षारीय विद्युत अपघटक स्थिर उपकरणों के लिए उपयुक्त है और 25 बार के दाब पर कार्य करता है। क्षारीय विद्युत अपघटन एक विकसित तकनीक है, जिस पर सुदूर कार्य प्रणाली भी चलाई जा सकती है। क्षारीय विद्युत अपघटकीय सेल में निम्नलिखित प्रक्रियाएँ होती हैं:

विद्युत अपघटय $4H_2O \rightarrow 4H^+ + 4OH^-$

कैथोड $4H^+ + 4e^- \rightarrow 2H_2$

ऐनोड $4OH\text{-} \quad O_2 + 2H_2O + 4e^-$

सार $2H_2O \rightarrow O_2 + 2H_2$

भविष्य में इसकी रूपरेखा और उत्पादन के क्षेत्र में प्रमुख शोध की चुनौतियाँ इसकी कीमत, ऊर्जा तथा खपत है।

पॉलिमर विद्युत अपघट्य झिल्ली विद्युत अपघटन

पॉलिमर विद्युत अपघट्य झिल्ली विद्युत अपघट्य नहीं होता है, जो इसकी योजना को महत्वपूर्ण रूप से सरल बनाता है। इसकी विद्युत अपघट्य अम्लीय पॉलिमर झिल्ली होती है। यह व्यवस्था 700 बार जैसे उच्च दाब तक कार्य कर सकती है तथा स्थिर और अस्थिर प्रारुपों के लिए उपयुक्त है। झिल्ली की सीमाबद्ध जीवन काल ही इस तकनीक की मात्र एक कमी है। क्षारीय विद्युत अपघट्य के ऊपर इसका लाभ अधिक कार्यक्षमता, पोटेशियम हाइड्रो ऑक्साइड (KOH) विद्युत अपघट्य की न होने से सुरक्षा, छोटा आकार तथा उच्च दाब पर कार्य करने की योग्यता है।

ऐनोड : $H_2 \rightarrow \frac{1}{2}O_2 + 2H^+ + 2e^-$

कैथोड : $2H^+ \; 2e^- \rightarrow H_2$

अधिक कीमत, कम क्षमता, कमज़ोर कुशलता व लघु जीवन्काल के कारण से पॉलिमर विद्युत अपघट्य झिल्ली विद्युत अपघटन विद्युतघटक, क्षारीय विद्युतीय घटक जैसे विकसित नहीं हैं। इसके विकास के लिए अर्थपूर्ण कार्य करना चाहिए।

अधिक ताप अपघटन

अधिक ताप अपघटन अधिक ताप ईंधन सेल की तकनीक पर आधारित है। ऐसा देखा गया है कि 1000°C पर जल के विघटन में 100°C पर अपघटन से काफी कम ऊर्जा लगती है। इसका अर्थ है, कि अधिक ताप विद्युत अपघटक उल्लेखनीय तौर से अधिक कुल विधि क्षमता से कार्य कर सकता है।

प्रकाश अपघटन (Photolysis)

प्रकाश वोल्टीय प्रणाली व विद्युतीयघटक का संयोजन व्यवसायिक रूप से उपलब्ध है। यह प्रणाली कई विकल्प प्रदान करती है, जैसे कि प्रकाश वोल्टीय से बिजली या विद्युतीय घटक से हाइड्रोजन का उत्पादन। प्रत्यक्ष प्रकाश अपघटन विकसित प्रकाश वोल्टीय तथा अपघटन प्रणाली का समीकरण है जिसमें दोनों क्रियाएँ एक ही उपकरण में उपलब्ध हैं। जल का प्रकाश अपघटन एक ऐसी क्रिया है, जिसमें प्रकाश से जल का विघटन प्रत्यक्ष रूप से हाइड्रोजन और ऑक्सीजन में होता है। ऐसे उपकरण कीम्त कटौती में महत्वपूर्ण योगदान देते हैं। प्रकाश–जैविक हाइड्रोजन उत्पादन के दो महत्वपूर्ण चरण होते हैं, प्रकाश संश्लेषण तथा हाइड्रोजिनेज से उत्प्रेरित हाइड्रोजन उत्पादन उदाहरणतः हरे शैवाल और साइनोबैक्टीरिया। दीर्घकालिक और व्यवहारिक शोध इस क्षेत्र में आवश्यक है क्योंकि भविष्य में नवीनीकरणीय H_2 की बहुत आवश्यक है। इसके लिए प्राकृतिक क्रिया तथा हाइड्रोजन उत्पादन में आनुवंशिक विधि को समझना अत्यधिक आवश्यक है। उपाचयी

तथा आनुवंशिक अभियांत्रिकी बड़े जैविक रियेक्टर में इस क्रिया को प्रदर्शित कर सकते हैं या फिर दो चरणों में कृत्रिम प्रकाश संश्लेषण से इसे दर्शाया जा सकता है:

प्रकाश संश्लेषण : $2H_2O \rightarrow 4H^+ + 4e^- + O_2$

H_2 उत्पादन : $4H^+ + 4e^- \rightarrow 2H$

उच्च ताप में अपघटन

जल का 3000°C पर विघटन में 10 प्रतिशत जल का अपघटन हो जाता है जबकि बचे हुए 90 प्रतिशत जल को पुनः चक्रित किया जाता है। तापमान को घटाने के लिए कुछ दूसरे उपाय भी सुझाए गए हैं:

1. उष्ण रसायन चक्र
2. उष्ण अपघटन तथा विद्युत अपघटनीय अपघटन का हाइब्रिड व्यवस्था
3. उष्ण–भौतिक चक्र
4. प्लाज्मा–रासायनिक जल का उपघटन

इन सभी क्रियाओं में 50 प्रतिशत कार्य क्षमता से हाइड्रोजन उत्पादन के मूल्य में महत्वपूर्ण कमी की आशा की जा सकती है। मुख्य तकनीकी समस्या सिर्फ अधिक ताप पर इन क्रियाओं में उपयोग होने वाली वस्तु पर क्षय का प्रभाव तथा सुरक्षा है।

उष्ण रासायनिक जल का विघटन (Thermo-chemical decomposition of water)

उष्ण रासायनिक जल के विघटन में क्रमबद्ध उष्ण चलित रासायनिक क्रियाओं से जल का हाइड्रोजन और ऑक्सीजन में परिवर्तन होता है। यह पद्धति पिछले कई वर्षों से जानी जाती है, क्योंकि यह तकनीकी तौर से संभव, अधिक कार्य क्षमता, कम कीमत से जुड़ी हुई है। उदाहरण के तौर पर आयोडीन/सल्फर चक्र को लिया जा सकता है। उष्णीय क्रिया से विघटित हाइड्रोजन को ग्रहण करने, गैर आवश्यक क्रियाओं को हटाने तथा हानिकारक पदार्थों को दूर करने के लिए काफी शोध की आवश्यकता है। इन वस्तुओं से जुड़ी क्षय की समस्या अधिक गंभीर होती हैं।

$(850^oC) : H_2SO_4 \rightarrow SO_2 + H_2O + ½\ O_2$

$(120^oC) : I_2 + SO_2 + 2H_2O \rightarrow H_2SO_4 + 2HI$

$(450^oC) : 2HI \rightarrow I_2 + H_2$

समीकरण : $H_2O \rightarrow H_2 + ½\ O_2$

जैवभार से हाइड्रोजन (H_2)

कोयले के गैसीकरण की तरह जैवभार रूपांतरण क्रिया में हाइड्रोजन (H_2) गैस की उत्पत्ति होती है। यद्यपि व्यावसायिक रूप के जैवभार से हाइड्रोजन (H_2) के लिए कोई भी कारखाना नहीं लगा है। वर्तमान में वाष्पीय गैसीकरण (प्रत्यक्ष या अप्रत्यक्ष), उष्ण–रासायनिक चक्र से हाइड्रोजन (H_2) का उत्पादन किया जा रहा है, परन्तु कोई भी प्रमाणीकरण तक नहीं पहुंच पाया है। जैवभार का गैसीकरण हाइड्रोजन (H_2) और जैव ईंधन के उत्पादन का एक समान विषय है। जैवभार की भिन्न–भिन्न गुणवत्ता और निचले दर की किस्म होना, इससे एक कठिन ईंधन स्रोत बनाता है। फसल की किस्म, स्थान और जलवायु परिवर्तन उत्पादन की विधि को तय करता है। इस तरह की अनियमित ईंधन तकनीकी नवीनता में कठिनाईयां पैदा करता है क्योंकि ये कम समरूपक और निचले दर का ईंधन होता है, जिससे अधिक जटिल परिवर्तन प्रणाली की आवश्यकता होती है। जैव ईंधन के उत्पादन के लिए तर्कसंगत व्यवस्था की आवश्यकता है, जिसमें अधिक अनुकूल और उच्च तकनीक का ईंधन बनाया जा सके। बड़े पैमाने की प्रणाली के लिए अल्प मूल्य तथा निचले दर का ईंधन उचित हो सकता है, जबकि छोटे कारखाने उच्च स्तर के समरूप ईंधन की अपेक्षा रखते हैं। इस संबंध को समझने और विशिष्ट सहनशीलता जो कोई भी तकनीक समायोजित कर सके, की आवश्यकता है। लाभदायक उत्पादन क्रियाओं और जैवभार के संचालन के लिए कई विकास कार्यों की आवश्यकता है, जैसे कि

1. जैवभार की तैयारी तथा विभिन्न अभिलक्षणों की पहचान जिसकी तकनीकी का विकास किया जा सके।
2. जैवभार का गैसीकरण।
3. अशुद्ध गैस का प्रबंधन तथा सफाई।
4. प्रक्रिया का एकीकरण जिसमें उत्पादन स्तर और ईंधन की गुणवत्ता के संबंध को पहचाना जा सके और उपलब्ध तकनीक में समायोजित किया जा सके।

बड़े पैमाने पर औद्योगिक हाइड्रोजन (H_2) का उत्पादन विभिन्न जीवाश्म ईंधनों से व्यावसायिक तकनीक समझी जा सकती है। कम कीमत के ईंधन की आपूर्ति करना इसका एक विशिष्ट लक्षण है। भविष्य में और अधिक शोध के साथ इस स्वच्छ और नवीनीकरणीय ऊर्जा स्रोत को और स्वाभाविक व लाभदायक बनाया जा सकता है (तालिका 5.2)।

तालिका 5.2 हाइड्रोजन उत्पादन प्रणाली में आवश्यक शोध का संक्षिप्त विवरण

शोध का विषय	प्राकृतिक गैस से H_2	जल के अपघटन से H_2
कीमत में कमी	x	x
कार्बन डाइ ऑक्साइड और अन्य उत्सर्जनों में कमी	x	-
प्रयोक्ता मैत्रीपूर्ण तथा स्वचालित प्रणाली का विकास	x	x
कार्यविधि के सुधार में विश्वसनीयता तथा स्थायित्व	x	x
कार्य प्रशिक्षण तथा रखरखाव में अनुकूलता	x	x
सुरक्षा स्तर मान और प्रमाणीकरण का विकास	x	x
प्रणाली की अधिक उर्जा क्षमता	x	x
वर्तमान उपलब्ध तकनीकों से हाइड्रोजन गैस की गुणवत्ता पर	x	x

जैविक विधि से जल का अपघटन

जल का अपघटन सूक्ष्मजीवों के प्रयोग से हो सकता है, क्योंकि हरे पौधे के प्रकाश संश्लेषण प्रक्रिया जिसमें पर्ण–हरित की सहायता से सौर ऊर्जा से फोटोन प्राप्त करता है तथा ए.टी.पी. में परिवर्तित कर देता है। इस क्रिया में जल के प्रकाश अपघटन के परिणामस्वरूप जल का अणु, ऑक्सीजन इलेक्ट्रॉन और हाइड्रोजन आयन (H^+) में विघटित हो जाता है। यह हाइड्रोजन आयन (H^+) हाइड्रोजन गैस में परिवर्तित न होकर, ऊर्जा से भरपूर ग्लुकोज के बनने में प्रयोग हो जाता है। यद्यपि अगर ये हाइड्रोजन आयन हाइड्रोजन गैस (H_2) में परिवर्तित हो सके तो बाद में इकट्ठा करके ईंधन की तरह प्रयोग में लाए जा सकते हैं। हाइड्रोजिनेज और नाइट्रोजिनेज किण्वक, इस हाइड्रोजन आयन (H^+) को हाइड्रोजन गैस (H_2) में परिवर्तित करने के लिए उपयुक्त माने जाते हैं।

सूक्ष्मजीवों से हाइड्रोजिनेज़ का उत्पादन

सूक्ष्मजीव जैसे *क्लमाइडोमोनस, डोनेलिया, पोरफाइरीडिम, क्रोमेटिनम, क्लोस्ट्रीडियम, सिनडेसमस थायोकेपसा* इत्यादि प्राकृतिक रूप से हाइड्रोजिनेज किण्वक के मुख्य स्रोत हैं। इन जीवों में यह किण्वक होता है जिसकी सहायता से दो हाइड्रोजन आयन के जोड़ से एक हाइड्रोजन गैस का अणु बनता है। इन सूक्ष्मजीवों की सहायता से प्रत्यक्ष रूप से हरित लवक से हाइड्रोजिनेज किण्वक पृथक किया जाता है। इसके परिणामस्वरूप बनी हुई हाइड्रोजन (H_2) गैस बुलबुले के रूप में बाहर निकल आती है, जो कि आसानी से एकत्रित की जा सकती है। यह प्रक्रिया कुछ ही घंटे कार्य करती है, परन्तु इसे व्यावसायिक रूप से उन्नत किया जा सकता है। वर्तमान में जामुनी रंग के बैक्टीरिया के समूह की खोज की

गई है जो हाइड्रोजन का संभावित स्रोत है। हैलोबैक्टीरिया लवणप्रिय बैक्टीरिया होता है जो की खारे समुद्र और झीलों में पनपता है और सूर्य की ऊर्जा से हाइड्रोजन बनाता है।

सूक्ष्मजीवों से नाइट्रोजिनेज़ का उत्पादन

साइनोबैक्टीरिया जैसे *ऐनेबिना, नोस्टोक रिवुलेरिया* इत्यादि नाइट्रोजिनेज़ किण्वक के मुख्य स्रोत होते हैं। हाइड्रोजिनेज किण्वक ऑक्सीजन की उपस्थिति में संवेदनशील होता है जो जल के प्रकाश–अपघटन से बनता है जबकि नाइट्रोजिनेज किण्वक कम संवेदनशील होता है। नाइट्रोजिनेज किण्वक हेट्रोसिस्ट में नाइट्रोजन को अमोनिया तथा संबंधित हाइड्रोजन को निकालता है क्योंकि हेट्रोसिस्ट में ऑक्सीजन की मात्रा अत्यधिक कम या न के बराबर होती है, इसलिए इसमें हाइड्रोजन का उत्पादन अधिक प्रभावशील विधि से होता है। हाइड्रोजन गैस का उत्पादन प्रकाश पर निर्भर होता है जो इलेक्ट्रॉन बनाता है और हेट्रोसिस्ट में नाइट्रोजिनेज और ए.टी.पी. का भरण–पोषण करता है।

जैविक ईंधन सेल विश्वभर में उर्जा के उत्पादन के लिए माना जाता है। इसकी क्षमता परंपरागत ऊर्जा परिवर्तन प्रक्रियाओं से अधिक सक्षम है और इसमें उत्सर्जन न के बराबर होता है। एक उन्नत तकनीक के अनुसार कार्बनिक पदार्थ को बैक्टीरिया की सहायता से कार्बनिक, अम्ल, कार्बन डाइ ऑक्साइड (CO_2) तथा हाइड्रोजन (H_2) में परिवर्तित किया जा सकता है। वैसे तो यह हाइड्रोजन (H_2) एकदम मिथेनोजनिक बैक्टीरिया के द्वारा मीथेन में परिवर्तित हो जाती है, परन्तु हाइड्रोजन (H_2) उत्पादन प्रक्रिया को मीथेन से अलग करके सम्पूर्ण कार्बनिक पदार्थ को हाइड्रोजन में बदला जा सकता है। इसके पहले चरण में कार्बनिक पदार्थ हाइड्रोजन तथा ऐसिटिक एसिड अम्ल में किण्वन क्रिया से बदलता है। यह प्रक्रिया अधितापप्रिय बैक्टीरिया जो अधिक सूक्ष्म तथा मीथेनोजनिक बैक्टीरिया के विकास को रोकता है, की सहायता से होता है। दूसरे चरण में ऐसिटिक अम्ल हाइड्रोजन में परिवर्तित हो जाता है। इस प्रक्रिया के लिए अतिरिक्त ऊर्जा की आवश्यकता होती है तथा इससे अधिक स्वच्छ हाइड्रोजन बनता है। जैविक विधियों द्वारा जैवभार से ईंधन बनाने की तकनीक अभी प्रारंभिक चरण में है, जो कि अलग–अलग पौधों, शैवालों, कवकों, बैक्टीरियों पर अधिक शोध के बाद लाभदायक हो सकती है।

निष्कर्ष

हाइड्रोजन ऊर्जा–वाहक के रूप में नई ऊर्जा तकनीकियों एवं नीतियों के लिए एक सक्षम विकल्प उपलब्ध करा रहा है। हाइड्रोजन द्वारा ऊर्जावान ईंधन सेल ने उच्च दक्षता अर्जित की है, जिसको विभिन्न चलायमान एवं स्थानबद्ध अनुप्रयोगों के लिए उपयोग किया जा सकता है। हाइड्रोजन एवं ईंधन सेल, ऊर्जा सुरक्षा के उद्देश्यों की पूर्ति हेतु अपना योगदान देते हैं तथा कार्बन डाइ ऑक्साइड के उत्सर्जन में भी कमी लाते हैं। हाइड्रोजन

एवं ईंधन सेल के शोध एवं विकास के क्षेत्रों में आधुनिक उन्नतियों के फलस्वरूप अंतर्राष्ट्रीय समुदायों का ध्यान इन तकनीकियों की ओर आकर्षित हुआ है। हाइड्रोजन उत्पादन, संग्रहण, स्थानांतरण, वितरण, विभिन्न प्रकार के ईंधन सेल एवं अन्य अंतिम उत्पाद के उपयोग संबंधित तकनीकियों तथा प्रक्रम अत्यधिक जटिल होती है। जैव गैस के उत्पादन में, बैक्टीरिया कार्बनिक सामग्रियों को निम्न श्रेणी के चयापचयों जैसे; कार्बनिक अम्ल, कार्बन डाइ ऑक्साइड और हाइड्रोजन में परिवर्तित कर देते हैं। उपरोक्त अभिक्रिया द्वारा उत्पादित हाइड्रोजन का मिथेनोजनिक बैक्टीरिया उपभोग करके मीथेन का उत्पादन शीघ्रता से करते हैं। मीथेन उत्पादन प्रणाली से मिथेनोजनिक बैक्टीरिया की वृद्धि में रोकथाम के द्वारा हाइड्रोजन उत्पादन को इससे पृथक किया जा सकता है। इसके फलस्वरूप कार्बनिक पदार्थों से निम्न श्रेणी के चयापचयों तथा इन चयापचयों से हाइड्रोजन का उत्पादन होता है। हाइड्रोजन एक स्वच्छ, अल्पव्ययों एवं नवीकरणीय ऊर्जा का स्रोत है, जो कि वर्तमान समय की मुख्य माँग है। कर्षित अवशेषों का उपयोग भी हाइड्रोजन के उत्पादन हेतु किया जा सकता है, जिससे इनके निवारण संबंधी समस्याओं के साथ ही ऊर्जा का एक मुख्य स्रोत भी प्राप्त होता है।

❑❑❑

अध्याय 6

जैवभार से ऊर्जा : जैवगैस

जैवभार कार्बनिक सामग्री है, जो स्थलीय और जलीय पौधों एवं उनसे उत्पन्न सामग्रियों से उत्पादित होते हैं। इसमें मुख्यतः वृक्षों के अवशेष, फसलों और उनके अवशेष तथा पशुओं द्वारा उत्सर्जित अवशिष्ट पदार्थ आदि शामिल हैं। प्राकृतिक गैस, तेल एवं कोयला जिनके निर्माण में लाखों वर्ष लग जाते हैं, उनकी अपेक्षा जैवभार एक नवीनीकरणीय ऊर्जा का स्रोत है, क्योंकि पौधों का जीवन चक्र नवीकृत होकर प्रतिवर्ष जैवभार की मात्रा को पुनः बढ़ा देता है। जैवभार को सौर ऊर्जा के रूप में संगठित किया जा सकता है, क्योंकि यह बाद में अप्रत्यक्ष रूप से प्रकाश संश्लेषण द्वारा पौधों की वृद्धि के लिए उपयोग होता है। जैवभार का आशय कार्बनिक सामग्री और प्रकाश–रासायनिक सन्निकर्ष (Approach) द्वारा सौर ऊर्जा का प्रकाश–संश्लेषण में उपयोग करना है। ये सौर ऊर्जा और रासायनिक ऊर्जा के रूप में प्रग्रहित रहती है।

सौर ऊर्जा ⟶ प्रकाश संश्लेषण ⟶ जैवभार ⟶ ऊर्जा की उत्पत्ति

नवीकरणीय ऊर्जा के विभिन्न स्रोत जैसे सौर, पवन, समुद्रीय, ऊष्मीय ऊर्जा, ज्वारीय धारा ऊर्जा, नाभिकीय ऊर्जा, भूतापीय ऊर्जा आदि की अपेक्षा जैवभार से उत्पादित ऊर्जा देश के लिए अत्यंत महत्वपूर्ण है। जैवभार संसाधन को तीन प्रवर्ग में वर्गीकृत किया गया हैं। प्रथम वर्ग में जैवभार को प्रत्यक्ष रूप से जला कर ऊर्जा को संगठित करना, द्वितीय वर्ग में जैवभार को इथेनॉल (इथाइल एल्कोहल) एवं मिथेनॉल (मिथाइल एल्कोहल) में परिवर्तित करके इन द्रव्यीय ईंधन को इंजन में उपयोग करना एवं तृतीय वर्ग में वायु की अनुपस्थिति में जैवभार के किण्वन से गैसीय ईंधन प्राप्त करना, जिसे जैव गैस भी कहते हैं। काष्ठ के अवशिष्ट एवं खोई से व्युत्पत्ति (Derived) जैवभार में विद्युत ऊर्जा उत्पादित करने की क्षमता होती है। सम्पूर्ण जैवभार में जल की कम मात्रा (50–90 प्रतिशत) उपस्थित होती है, इसलिए इनका दूर स्थान के लिए स्थानातंरण करना संभव नहीं है। जैवभार को द्रव्यीय एवं गैसीय ईंधन में परिवर्तन किया जा सकता है, जिससे इसकी ऊर्जा सघनता बढ़ेगी एवं इसका आसानी से स्थानातंरण किया जा सकेगा। स्थलीय फसलों में शर्करा की फसलें जैसे; गन्ने, मीठी ज्वार आदि शामिल होते हैं। शाकीय फसलें जो कि अकाष्ठिल पादप होते हैं, वे आसानी से द्रव्यीय एवं गैसीय ईंधन में परिवर्तित होते हैं। पशु एवं मानव द्वारा उत्पादित अवशिष्ट पदार्थ से दहन हेतु मीथेन और प्लास्टिक उद्योग में उपयोग होने वाली एथिलीन का उत्पादन होता है।

जैव गैस या मीथेन का उत्पादन कार्बनिक सामग्री के अवायवीय अपघटन से होता है। यह गैस गाय के गोबर एवं अन्य अवशिष्ट पदार्थों जैसे; मक्के का छिलका, पत्तियाँ, भूसा, मुर्गी एवं सुअरों के अवशिष्ट पदार्थ, हरी सब्जियों के अवशिष्ट, मानव द्वारा उत्पादित अवशिष्ट एवं वाहित मल आदि से उत्पादित होती है। यह अनुमानित किया गया है, कि देश में लगभग 100 करोड़ टन से अधिक पशुओं द्वारा उत्पादित स्वच्छ अवशिष्ट उपलब्ध होता है एवं जिसमें 67.1 क्युबिक मीटर गैस/टन मीथेन गैस का उत्पादन होता है। यह भी अनुमानित किया गया है, कि लगभग 2 लाख हेक्टेयर भूमि जल कुंभी से ढकी हुई है, जो पं. बंगाल, बिहार, असम, आंध्र प्रदेश, तमिलनाडु, ओड़िशा और केरल तक फैली है। माध्यमिक उत्प्रवाही से पाँच दिनों के भीतर ये 80 प्रतिशत नाइट्रोजन एवं 60 प्रतिशत फॉस्फोरस को अवशोषित करता है। गाय द्वारा उत्पादित अवशिष्ट में लगभग 18 प्रतिशत ठोस पदार्थ होते हैं। जैव गैस एवं डीजल तेल के सम्मिश्रण का उपयोग डीजल इंजन को चलाने में होता है, जो लगभग 80 प्रतिशत डीजल तेल की खपत को कम करता है। जो ऊर्जा शुष्क जैवभार जैसे काष्ठ और भूसा में संग्रहित होती है, उसे बड़ी आसानी से प्रत्यक्ष दहन द्वारा निष्कासित किया जा सकता है तथा शुष्क पदार्थों को विभिन्न तकनीकियों द्वारा द्रव्यीय एवं गैसीय ईंधन में भी परिवर्तित किया जा सकता है। ऐसे जैवभार जो गीले होते हैं, जैसे वाहित मल, सब्जियों के अवशिष्ट आदि को पहले सुखाते हैं, फिर उन्हें जलाते हैं, परन्तु इनको सुखाने के लिए अत्यधिक ऊर्जा लगती है। परिशोधित जैव ईंधन का उच्च ऊष्मीय मान होता है, जिसे बिना अपकर्ष के लम्बे समय तक संग्रहित किया जा सकता है। तीन मुख्य ठोस जैव ईंधनः काष्ठ, भूसा, अविशिष्ट पदार्थ, बड़े स्तर पर अनेक देशों में जलाए जाते हैं, ताकि विभिन्न कार्यों के लिए उपयोगी ऊष्मा को उपलब्ध करा सके।

काष्ठ (Wood)

लकड़ी का लट्ठा, लकड़ी के चिप्स, लकड़ी का बुरादा आदि का उपयोग घरेलू तापक की उपलब्धता के लिए होता है, साथ ही ये टिम्बर एवं लकड़ी के कारखानों में भी उपयोग होते हैं। हालांकि ये स्थूल ईंधन हैं, पर फिर भी इनमें कम मात्रा में राख और सल्फर के अंश पाए जाते हैं, साथ ही ये आसानी से जलते हैं। विभिन्न औद्योगिक देश, काष्ठ का औद्योगिक एवं विद्युत उत्पत्ति में उपयोग की क्षमता का परीक्षण कर रहे हैं।

भूसा

भूसे को स्टोव या फरनेस में जलाए जाने की प्रक्रिया अनेक देशों में होती है। फसलों को सुखाने, भूसे से स्थान को खाली करने एवं जल को गर्म करने हेतु विभिन्न आकार के भूसे को जलाते हैं।

नगरीय अवशिष्ट पदार्थ (Municipal Refuse)

नगरीय अवशिष्ट पदार्थ एक आदर्श ईंधन के विशेषताओ से काफो दूर है और ये कोयले द्वारा उत्पादित ऊर्जा का एक तिहाई भाग ही ऊर्जा उत्पादन के लिए कर सकता है। यह ध्यान देने की आवश्यकता है, की संक्षारक दहन उत्पाद द्वारा बोयलर को नुकसान न हो एवं धूम वाहिका गैस के निष्कासन से पूर्व किसी भी प्रकार की विषाक्त गैस उत्पन्न न हो। नगरीय अवशिष्ट पदार्थ द्वारा व्युत्पन्न ईंधन को प्रत्यक्ष रूप से जलाया जा सकता है या अन्य ईंधन जैसे अवशिष्ट तेल या कोयला आदि के साध सम्मिलित भी किया जा सकता है।

द्रव्य

विभिन्न देशों में एल्कोहल एवं वानस्पतिक तेल, पेट्रोल और डीजल ईंधन का प्रतिस्थापन कर रहे हैं, जिसके फलस्वरूप वानस्पतिक तेल के मूल्य में तेजी से वृद्धि आयी। अन्य द्रव्यीय ईंधनों का अन्वेषण भी किया जा रहा है। यूफोरबिया का पौधा जिससे हाइड्रोकार्बन का उत्पादन होता है, उसकी वृद्धि रेगिस्तान क्षेत्र में होती है। यूफोरबिया के वृक्ष रबड़ के वृक्ष के समान होते हैं और उनके रबड़–क्षीर में पेट्रोलियम की तरह यौगिक उपस्थित होते हैं।

मिथेनॉल एवं इथेनॉल

बिना लेड (Lead) की उपस्थिति वाले पेट्रोल के साथ मिथेनॉल एवं इथेनॉल का मिश्रण करके इन्टर्नल कम्बस्चन इंजन में जलाया जाता है। 20 प्रतिशत से अधिक या पूर्ण रूप से शुद्ध अल्कोहल का उपयोग करने हेतु इंजन में थोडा सा आशोधन करने की आवश्यकता है। पाइपों, पम्पों एवं ईंधन के टैंकों को सुरक्षित करके रखना आवश्यक है, क्योंकि एल्कोहल विशेषतः मिथेनॉल में जल एवं कार्बनिक संक्षारक अशुद्धियाँ समाविष्ट होती हैं। पेट्रोल की अपेक्षा अल्कोहल का ऑक्टेन नम्बर उच्च एवं ऊष्मीय मान निम्न होता है। मिथेनॉल में इथेनॉल की अपेक्षा 25 प्रतिशत एवं पेट्रोल की अपेक्षा 50 प्रतिशत कम ऊर्जा/गैलन उपस्थित होती है।

वानस्पतिक तेल

संदलित बीजों एवं नटस जैसे; सूर्यमुखी एवं तोरई के बीज, मूँगफली के बीज, ताड़ के बीज, सोयाबीन एवं मक्का के बीज आदि को असंशोधित इंजन में जलाया जाता है। उनका डीजल ईंधन के साथ सम्मिश्रण या प्रत्यक्ष रूप से भी उपयोग किया जाता है। ट्रैक्टरों एवं विभिन्न कृषि उपयोगी यंत्रों के लिए वानस्पतिक तेल एक उप्योगी ईंधन है, जो कि किसानों द्वारा विभिन्न देशों में उपयोग हो रहा है जैसे; दक्षिण अफ्रीका, ब्राजील आदि। सूर्यमुखी के एक खेत द्वारा उत्पादित तेल से ट्रैक्टर द्वारा छोटे आकार के दस खेतों की जुताई की जा सकती है।

गैसें

कुछ विकासशील देशों में गाय के गोबर एवं कृर्षित अवशेष द्वारा जैवगैस का उत्पादन विस्तीर्ण रूप से फैला हुआ है। यह पूर्व ही घोषित किया जा चुका है, कि जैवगैस मीथेन, कार्बन डाइ ऑक्साइड एवं हाइड्रोजन के अवशेष का सम्मिश्रण है। स्रोत के आधार पर मीथेन का अंश 50–70 प्रतिशत तक परिवर्तित होता है। इसमें उपयुक्त ऊर्जा का अंश प्राकृतिक गैस के दो–तिहाई ऊर्जा के अंश के बराबर है, जो इंजन एवं टर्बाइनों में जलाकर ऊष्मीय और यांत्रिक ऊर्जा या विद्युत ऊर्जा का उत्पादन करते हैं। उच्च मात्रा एवं कम दाब पर जैवभार का संभारण (Storage) करना अव्यवहारिक है। रासायनिक पद्धति द्वारा कार्बन डाइ ऑक्साइड का निष्कासन जैव गैस के गुणवत्ता को बढ़ाता है। मीथेन एक शुद्ध गैस है, जिसका ऊष्मीय मान भी अधिक होता है तथा उच्च ताप एवं दाब पर उत्प्रेरक की सहायता से मिथेनॉल में परिवर्तित किया जाता है।

धूमवाहिका गैस (Fuel Gas)

जैवभार के ऊष्मीय निम्नीकरण द्वारा धूमवाहिका गैस का उत्पादन होता है। इसके मुख्य दहनशील घटक कार्बन मोनो ऑक्साइड एवं हाइड्रोजन है, परन्तु कच्चे माल एवं उत्पादन के तरीके के उपयोग के अनुसार घटकों का ऊष्मीय मान एवं संयोजन परिवर्तनशील होता है। सामान्यतः निम्न एवं मध्य ऊष्मीय मान वाली गैसों का लंबी दूरी के लिए स्थानातंरण करना उचित नहीं है। पेट्रोल एवं डीजल ईंधन के प्रतिस्थापन के लिए धूम वाहिका गैस का उपयोग किया जा सकता है।

ऊर्जा रोपण (Energy Plantation)

ऊर्जा रोपण का तात्पर्य अत्यधिक मात्रा में सौर ऊर्जा को अनगिनत पौधों के रोपण द्वारा प्रग्रहित करना है। ऊर्जा के फार्म एक आदर्श सौर ऊर्जा के संग्राहक है, जो बिना किसी अनुरक्षण के कार्य करते हैं एवं ये प्रदूषण रहित होते हैं। ये स्थापित तकनीकियों का उपयोग करके ऊर्जा का संभारण करते हैं। प्राकृतिक रूप से प्रकाश संश्लेषण की प्रक्रिया दस गुना से भी अत्यधिक ऊर्जा का संभारण करते हैं, जिसका सम्पूर्ण मानव जाति द्वारा उपयोग होता है। भारत में लगभग कुल भूमि क्षेत्र का 23 प्रतिशत वन के अन्तर्गत आता है। सामाजिक वानिकीय कार्यक्रम द्वारा दो योजनायें बनायी गई हैं 1. अवशिष्ट भूमि पर मिश्रित रोपण 2. निम्नीकृत वन का पुनः रोपण। जोजोबा जो कि एक सदाबहार पौधा है, जिसकी ऊँचाई 1.7 मी. है, मेक्सिकों (Mexico) और यू. एस. ए (USA) के अर्ध–शुष्क क्षेत्र में लगाए जाते हैं तथा इसके बीज में 50 प्रतिशत से 80 प्रतिशत तक तेल उपस्थित होता है। इथाइल एल्कोहल जिसे गैसोलीन में मिलाया जाता है, वो पौधों या अन्य जैवभार में उपलब्ध स्टार्च एवं कार्बोहाइड्रेट से उत्पादित होता है।

जैवभार परिवर्तन तकनीकियाँ (Biomass Conversion Technologies)

विस्तृत रूप से, जैवभार से ईंधन बनाने हेतु परिवर्तन तकनीकियाँ उपलब्ध हैं। कुछ तकनीकियाँ सरल एवं सहज हैं, तो कुछ क्लिष्ट हैं। कुछ तकनीकियों को तालिका 6.1 में दर्शाया गया है। प्रत्येक जैवभार के संसाधन काष्ठ, गोबर, सब्जियों के अवशिष्ट आदि विभिन्न प्रक्रियाओं द्वारा विस्तृत स्तर पर उपयोगी उत्पादों का निर्माण करते हैं। घरेलू अवशिष्ट पदार्थ को सुखा कर जलाने से ऊष्मा एवं ताप अपघटन द्वारा निम्न ऊष्मीय मान वाले गैस में परिवर्तन किया जा सकता है। द्रव्यीय एवं गैसीय ईंधन जैसे मिथेनॉल, मीथेन आदि को विभिन्न प्रकार की अनिर्मित सामग्री से, विस्तृत प्रकार के उत्पादन की विधियों द्वारा निर्माण किया जा सकता है। प्रक्रिया का चुनाव विभिन्न घटकों द्वारा निर्धारित किया जाता है, संसाधन की अवस्थिति एवं उसकी भौतिक अवस्था, प्रतियोगी प्रक्रियाएं की आर्थिक स्थिति, उत्पाद के लिए उपयुक्त बाजार की उपलब्धता।

तालिका 6.1 जैवभार परिवर्तन प्रक्रियाएँ

	परिवर्तन प्रक्रियाएं	ठोस	मुख्य द्रव्यीय उत्पान	गैसें	पुनःप्रक्रिया	अधिमूल्य ईंधन
	अवायवीय पाचन			मीथेन एवं कार्बन डाइ ऑक्साइड	CO_2 का निष्कासन	
	किण्वन		इथेनॉल		आसवन	
	रासायनिक लघुकरण		तेलों का मिश्रण		प्रेल्सनल आसवन	
ऊष्मीय प्रक्रियाएँ	द्रव्यीयकरण	चार	पाइरोलिजिनस	ईंधन गैस	वाष्प का पुनः निर्माण या शिफ्ट अभिक्रिया	मीथेन, मिथेनॉल या उच्च श्रेणी के अल्कोहल
	गैसीकरण	चार	पाइरोलिजिनस	ईंधन गैस	वाष्प का पुनः निर्माण या शिफ्ट अभिक्रिया	मीथेन, मिथेनॉल या उच्च श्रेणी के अल्कोहल
	वाष्प–गैसीकरण	चार	अम्लीय तेल एवं तार	मीथेन	वाष्प का पुनः निर्माण य शिफ्ट	मीथेन, मिथेनॉल या उच्च श्रेणी के अल्कोहल

		अभिक्रिया	
हाइड्रोजिनीकरण	तेलों का मिश्रण	प्रेक्सनल आसवन	हाइड्रोकार्बन द्रव्य
तेल का निष्कासन	वानस्पतिक तेल	एस्टरीकरण	डीज़ल को स्थान पर उपयोग होने वाला

ऊश्मीय रासायनिक परिवर्तन (Thermochemical Conversion)

ऊष्मीय रासायनिक परिवर्तन में दो प्रकार की प्रक्रियाएं होती हैं और वे है गैसीकरण (Gasification) एवं द्रव्यीयकरण (Liquification)। गैसीकरण द्वारा निम्न ऊष्मीय मान वाली गैसों की उत्पत्ति हेतु जैवभार को ऑक्सीजन की सीमित मात्रा में जलाया जाता है। मध्यवर्ती ऊष्मीय मान वाली गैस की उत्पत्ति हेतु उच्च दाब एवं ताप पर वाष्प और ऑक्सीजन की अभिक्रिया होती है। इसके पश्चात् गैस मिथेनॉल खमिथाइल एल्कोहल (CH_3OH), या इथेनॉल इथाइल एल्कोहल (CH_3CH_2OH), में परिवर्तित होकर द्रव्यीयकरण की प्रक्रिया में उपयोग होती है अथवा उच्च ऊष्मीय मान वाली गैस में परिवर्तित होती है। जैव रासायनिक परिवर्तन प्रक्रियाऐं दो प्रकार की होती हैं, अवायवीय पाचन एवं किण्वन। अवायवीय पाचन का तात्पर्य सूक्ष्म जीवों द्वारा जैवभार का पाचन है। इसका उपयोग पशु द्वारा उत्पादित अवशिष्ट पदार्थ में होता है, परन्तु ये अन्य जैवभार के साथ भी संभव है। यह प्रक्रिया निम्न तापमान (60°C) और लगभग 80 प्रतिशत नमी में सम्पन्न होती है, जिसके फलस्वरूप गैस की उत्पत्ति होती है, जिसमें अधिकतर कार्बन डाइ ऑक्साइड एवं मीथेन के साथ बहुत ही कम मात्रा में अशुद्धियाँ जैसे हाइड्रोजन सल्फाइड होती है। गैस को प्रत्यक्ष रूप से ज्वलन या कार्बन डाइ ऑक्साइड और अशुद्धियों को निष्कासन के पश्चात संश्लिष्ट प्राकृतिक गैस में परिवर्तित किया जाता है। प्रक्रिया के बाद बचा हुए अवशिष्ट प्रोटीन से भरा होता है और पशुओं के भोज्य के रूप में भी इसका उपयोग होता है।

किण्वन (Fermentation)

किण्वन प्रक्रिया में जटिल अणुओं का कार्बनिक यौगिक में यीस्ट, बैक्टीरिया, किण्वन आदि द्वारा विघटन करना है। किण्वन की प्रक्रिया द्वारा अनाजों एवं गन्ने की फसलों का इथेनॉल में परिवर्तन, एक पूर्ण प्रतिस्थापित एवं विस्तृत रूप से उपयोग होने वाली तकनीक है। सन् 1985 में अनाजों के उपयोग से लगभग प्रतिवर्ष 500 मिलियन गैलन इथेनॉल का उत्पादन किया, जिसे गैसोलीन में मिलाकर (90 प्रतिशत गैसोलीन, 10 प्रतिशत इथेनॉल) गैसोहोल का निर्माण करते हैं, परन्तु इस प्रक्रिया के लिए उच्च मात्रा में ऊर्जा की आवश्यकता होती है।

नम प्रक्रियाएँ (Wet Processes)

अवायवीय पाचन (Anaerobic Digestion)

नाले से बहने वाला जल, गाढ़ा गीला कीचड़, पशु द्वारा उत्पादित अवशिष्ट पदार्थ या ऑक्सीजन की अनुपस्थिति में हरे पौधे आदि के जीवाण्विक अपघटन से जैव गैस का उत्पादन होता है। अनिर्मित सामग्री जैसे काष्ठ, भूसा और अवशिष्ट का भी उपयोग किया जा सकता है, परन्तु इनके पाचन क्रिया में लम्बा समय लगता है। प्राकृतिक रूप से अपक्षय प्रक्रिया अवायवीय अपघटन में तेजी लाने के लिए ऊष्मीय आवरण, वायुरुद्ध टैंक के साथ स्टीरर एवं तापक यंत्र का उपयोग किया जाता है। पशु एवं मानव द्वारा उत्पादित अवशिष्ट पदार्थ का पूर्ण अपघटन अनुकूल तापक्रम (30°C) पर दस दिनों में हो पाता है। यह अनुमानित किया गया है कि 1 कि.ग्रा. कार्बनिक सामग्री से 450–500 लीटर जैव गैस (9–12 MJ) का उत्पादन होता है। पाचन के पश्चात बचा हुआ अवशेष बहुमूल्य उर्वरक है, जो प्रोटीन से परिपूर्ण होता है और पशुओं के पोषण परिपूरक के रूप में भी उपयोग होता है।

किण्वन (Fermentation)

शर्करा के घोल का प्राकृतिक यीस्ट द्वारा किण्वन से इथेनॉल का उत्पादन होता है। लगभग 30 घण्टे किण्वन के पश्चात् 6–10 प्रतिशत ही एल्कोहल उपस्थित रहता है, जिसको आसवन द्वारा सुदूर कर दिया जाता है। रेशेदार अवशेष जैसे गन्ने की खोई को ताप के लिए जलाया जाता है। शर्करा के विरचन में सब्जियों के स्टार्च एवं सेल्युलोज, मक्का, गेहूँ, आलू आदि को पीस कर या भुर्ता बना कर किण्वक (Enzyme) के साथ पकाते हैं, जिससे स्टार्च का निष्कासन हो और वह किण्वकीय शर्करा में परिवर्तित हो जाए। सेल्युलोज युक्त सामग्री जैसे; काष्ठ, कागज़ का अवशिष्ट, भूसा के लिए पूर्व–प्रशोधन की प्रक्रिया जैसे पीसना (Milling) या गर्म अल्म द्वारा जलीय अपघटन की आवश्यकता होती है। एक टन शर्करा से 520 लीटर, एक टन अनाज से 350 लीटर एवं एक टन काष्ठ से 260 से 540 लीटर एल्कोहल का उत्पादन होता है। किण्वन के पश्चात् बचा हुआ अवशेष प्रोटीन से परिपूर्ण होता है, जो पशुओं के लिए उपयोगी होता है।

रासायनिक निम्नीकरण (Chemical Reduction)

रासायनिक निम्नीकरण नम जैवभार परिवर्तन प्रक्रियाओं में सबसे कम विकसित प्रक्रिया है। इस प्रक्रिया में पशु अवशिष्ट या पौधे के सेल्युलोज युक्त गारा (Plant cellulosic slurry) को, उचित दाब पर क्षारीय उत्प्रेरक (Basic catalyst) के साथ कार्बन मोनो ऑक्साइड की उपस्थिति में 250°C–400°C के तापक्रम में पकाया जाता है, जिसके परिणाम स्वरूप कार्बनिक सामग्री का परिवर्तन तेलों के मिश्रण में हो जाता है। यदि इस प्रक्रिया के दौरान दाब कम एवं तापक्रम अधिक हो तो उच्च ऊष्मीय मान (Calorific value) वाली गैस का उत्पादन होता है।

शुष्क प्रक्रियाएँ (Dry Processes)

ताप अपघटन (Pyrolysis)

शुष्क काष्ठ सामग्री जैसे भूसा एवं काष्ठ के छोटे टुकड़े आदि को अत्यधिक गर्म करने से विस्तृत प्रकार के ऊर्जा से परिपूर्ण ईंधनों का उत्पादन होता है। सामग्री को एक रिएक्टर के बर्तन में डालकर वायु की अनुपस्थिति में गर्म किया जाता है। उच्च तापमान पर सेल्युलोज और लिग्निन का विघटन होकर सामान्य पदार्थ में परिवर्तित हो जाता है। लगभग 100 वर्षों से इस प्रक्रिया का उपयोग चारकोल के उत्पादन के लिए किया जा रहा है। अभिक्रिया का अंतिम उत्पाद कम तापमान 500°C पर कार्बनिक द्रव्य एवं 1000°C तापमान पर गैसों का दहनशील मिश्रण है।

द्रव्यीयकरण (Liquification)

अनिर्मित सामग्री (Raw material) के तत्काल गर्म करने की पद्धति से द्रव्यीय उत्पाद में वृद्धि होती है। गैस प्रवाह से वाष्प का द्रवणित्र होता है और ये द्वि–चरण द्रव्य में विभाजित होते हैं। जलीय चरण में जल में घुलनशील कार्बनिक सामग्री जैसे; एसिटिक अम्ल, एसीटोन, मिथेनॉल शामिल होते हैं एवं जल रहित चरण में तेल और टॉर होते हैं। ताप अपघटन (Pyrolysis) की प्रक्रिया ऑक्सीजन (गैसीकरण), जल (वाष्पीय गैसीकरण) एवं हाइड्रोजन (हाइड्रोजनिकरण) की उपस्थिति में भी हो सकती है।

गैसीकरण (Gasification)

नम जैवभार के ताप अपघटन से ईंधन गैस और बहुत कम मात्रा में द्रव्य का उत्पादन होता है। गैस के उत्पाद को बढ़ाने के लिए कम मात्रा में वायु या ऑक्सीजन को रिएक्टर के बर्तन में फूँक करके, तापमान को 1000°C तक बढ़ाना एक वैकल्पिक तकनीक है। वायु–प्रहार गैसीफायरों द्वारा उत्पादित ईंधन गैस का कम ऊष्मीय मान (5 MJ/m^3) होता है एवं 80–85 प्रतिशत पूर्ण उत्पाद का 40 प्रतिशत निष्क्रिय नाइट्रोजन होता है। मानक उत्प्रेरक प्रक्रिया द्वारा गैस का दहन या परिवर्तन स्थानापन्न प्राकृतिक गैस (मीथेन) या मिथेनॉल में हो जाता है। जैवभार से 50 प्रतिशत मिथेनॉल का उत्पादन होता है।

वाष्पीय गैसीकरण (Steam- Gasification)

काष्ठीय सामग्री का उच्च ताप एवं दाब पर हाइड्रोजन गैस की उपस्थिति में प्रत्यक्ष रूप से प्रशोधन द्वारा मीथेन गैस का उत्पादन होता है। रिएक्टर बर्तन में कार्बन मोनो ऑक्साइड और वाष्प से हाइड्रोजन की उत्पत्ति होती है। अध्ययनों के अनुसार वाष्पीय गैसीकरण मिथेनॉल के उत्पादन हेतु सबसे सक्षम विधि है।

हाइड्रोजनिकरण (Hydrogenation)

निम्न अवस्था के अन्तर्गत ;तापमान एवं दाब (300-400°C, 100 atm)) कार्बन मोनो ऑक्साइड और वाष्प सेल्युलोज के साथ अभिक्रिया करके तेल का उत्पादन करते हैं, जो पृथ्यीकरण एवं शुद्धिकरण के पश्चात् ईंधन में परिवर्तित हो जाता है। बहुत से देश, जैवभार द्रव्यीयकरण एवं गैसीकरण के लिए व्यवसायिक प्रक्रियाओं का विकास कर रहे हैं।

प्रकाश संश्लेषण (Photosynthesis)

पृथ्वी पर सबसे महत्वपूर्ण रासायनिक अभिक्रिया सूर्य प्रकाश एवं हरे पौधों के बीच होती है। पौधों में उपस्थित हरे वर्णक पर्णहरित (Chlorophyll) सूर्य के विकरण से प्राप्त हुई ऊर्जा का अवशोषण करके उसे रासायनिक बॉण्ड ऊर्जा के रूप में संग्रहित करते हैं। पौधों में प्रकाश संश्लेषण एक जैविक परिवर्तन की प्रक्रिया है, जिसमें सौर ऊर्जा का परिवर्तन शर्करा और स्टार्च में होता है, जो ऊर्जा से परिपूर्ण यौगिक है। तेजी से वृद्धि करने वाले वृक्ष, जिनकी प्रकाश संश्लेषी क्षमता अधिक हो, उनकी कटाई एवं जलाने के पश्चात् वाष्प का उत्पादन हो जाता है, ठीक वैसे जैसे ऊष्मीय शक्ति केन्द्र में विद्युत ऊर्जा के लिए करते हैं। इस तरह का ऊर्जा रोपण संसाधन सूर्य ऊर्जा को संग्रहित करने का एक नवीन साधन है। इस अभिक्रिया में जल और कार्बन डाइ ऑक्साइड के अणुओं का अपघटन करके कार्बोहाइड्रेट का निर्माण के साथ शुद्ध ऑक्सीजन का निष्कासन होता है।

$$CO_2 + H_2O + \text{प्रकाश} + \text{पर्णहरित} \rightarrow (H_2CO)_6 + O_2 + \text{पर्णहरित}$$

या

$$6CO_2 + 12H_2O \rightarrow C_6H_{12}O_6 + 6H_2O + 6O_2$$

प्रकाश संश्लेषण के दो मुख्य चरण हैं:

1. पर्णहरित एवं सौर प्रकाश के प्रभुता में जल के अणुओं का हाइड्रोजन एवं ऑक्सीजन में विघटन, अभिक्रिया के इस स्तर को प्रकाश अभिक्रिया कहते हैं। इस प्रक्रिया में पर्णहरित द्वारा अवशोषित प्रकाश से जल का प्रकाश अपघटन होता है। हाइड्रोजन का रूपातंरण किसी अन्य यौगिक में हो जाता है अर्थात् इस तरह सौर ऊर्जा का परिवर्तन रासायनिक ऊर्जा में हो जाता है।

2. दूसरे चरण में हाइड्रोजन का अन्य यौगिक में से कार्बन डाइ ऑक्साइड में स्थानातंरण होकर स्टार्च या शर्करा में परिवर्तित होना है। इस प्रक्रिया में सौर प्रकाश की आवश्यकता नहीं होती है।

प्रकाश संश्लेषण हेतु आवश्यक परिस्थितियाँ

प्रकाश

जैवभार उत्पादन के लिए सौर विकरण का प्रकर्ष एक महत्वपूर्ण निवेश है, जिसका सिर्फ एक भाग (40–45 प्रतिशत) ही प्रकाश संश्लेषण में उपयोग होता है। पौधे 400–700°A के बीच की विकरण का इस्तेमाल कर सकते हैं। इस प्रकार के प्रकाश को प्रकाश संश्लेषित क्रियाशील विकरण [Photo-synthetically active radiation (PAR)] कहते हैं। प्रकाश संश्लेषण दक्षता की उच्च सीमा 5 प्रतिशत है।

कार्बन डाइ ऑक्साइड की सांद्रता (Carbon Dioxide Concentration)

प्रकाश संश्लेषण के लिए प्राथमिक कच्ची सामग्री कार्बन डाइ ऑक्साइड है। वायुमण्डल में कार्बन डाइ ऑक्साइड सिर्फ 0.03 प्रतिशत उपस्थित रहता है। यदि कार्बन डाइ ऑक्साइड की उपलब्धता में वृद्धि हुई, तो फसलों के उत्पादन में भी वृद्धि होगी। अर्थात् एक प्रक्रिया जिससे जैवभार में वृद्धि लाई जा सकती है, वो है पौधों को अतिरिक्त कार्बन डाइ ऑक्साइड प्रदान करवाना और उनके मुख्य स्रोत हैः ईंधन का दहन, पशुओं द्वारा श्वसन कार्बनिक सामग्री का बैक्टीरिया द्वारा क्षय, समुद्र में पौधों एवं पशुओं के श्वसन द्वारा कार्बन डाइ ऑक्साइड का जल में निष्कासन।

तापमान

जो तापमान प्रोटीन के बर्दास्त सीमा से 60°C के अंतर्गत होता है, उसी सीमा में प्रकाश संश्लेषण की प्रक्रिया होती है। हालांकि फोटो–रासायनिक भाग पर तापमान का कोई प्रभाव नहीं पड़ता है, परन्तु जैव–रासायनिक भाग जिसका संचालन उत्प्रेरक द्वारा होता है, वह तापमान के लिए अत्यधिक संवेदनशील होता है।

प्रकाश संश्लेषण की दक्षता

जैवभार माध्यम द्वारा, ऊर्जा उपयोगिता की दक्षता एक अत्यधिक महत्वपूर्ण मापदण्ड है। पौधों में ऊर्जा, कार्बन स्थिरीकरण के द्वारा रासायनिक बॉण्ड ऊर्जा के रूप में संग्रहित होती है और जब हम इसे पौधों पर पड़ने वाली कुल आपतित सौर विकरण के अंश के रूप में दर्शाते हैं तब यह प्रकाश–संश्लेषी दक्षता कहलाती है। विभिन्न अध्ययनों द्वारा यह ज्ञात हुआ है, कि प्रकाश संश्लेषी दक्षता का चारों और 0.1 से 5 प्रतिशत तक है और पौधे से पौधे के बीच दक्षता में विस्तृत रूप से भिन्नता दिखाता है।

जैवगैस उत्पादन (Biogas Production)

जैवगैस का उत्पादन पशु, पौधे एवं मानव अवशिष्ट के अपघटन से होता है, जिसमें 55–65 प्रतिशत मीथेन, 30–40 प्रतिशत कार्बन डाइ ऑक्साइड एवं कुछ अशुद्धियाँ जैसे; हाइड्रोजन, हाइड्रोजन सल्फाइड, नाइट्रोजन भी उपस्थित होते हैं। यह शुद्ध एवं धीमी जलने वाली गैस है, जिसका ऊष्मीय मान 5000 से 5500 Kcal/kg (20935 से 23028 KJ/Kg) या 38131 KJ/m^3 है। इसको प्रत्यक्ष रूप से भोजन बनाने के लिए उपयोग कर सकते है, जिसके फलस्वरूप काष्ठ की माँग में कमी आएगी। जिन अवशिष्ट सामग्री से जैव गैस का उत्पादन होता है, वे पुनः उर्वरक के रूप में मिट्टी में शामिल हो जाते हैं। जैव गैस का प्रचलित नाम "गोबर गैस" है, क्योंकि इसमें सामान्य तौर पर गाय के गोबर का उपयोग होता है और इसके साथ सूअरों एवं मुर्गियों द्वारा उत्पादित अवशिष्ट का भी उपयोग होता है। कुछ अन्य सामग्री, जिससे जैव गैस का उत्पादन किया जा सकता है वे हैः शैवाल, फसलों के अवशेष, रसोई से बचे अवशेष, कागज़ के अवशेष, समुद्रीय काष्ठ, मानव द्वारा उत्पादित अवशिष्ट पदार्थ, शर्करा के कारखानों से बचे हुए अवशेष, जल कुंभी इत्यादि। किसी भी प्रकार के पशु एवं पौधों द्वारा उद्गम सेल्युलोज युक्त कार्बनिक सामग्री जिसका आसानी से निम्नीकरण हो जाए, वही कच्ची सामग्री दक्षतापूर्वक जैवगैस का उत्पादन कर सकती है। जैवगैस का उत्पादन पाचन, ताप अपघटन या हाइड्रो गैसीकरण द्वारा होता है। पाचन एक जैविक प्रक्रिया है, जो ऑक्सीजन की अनुपस्थिति एवं अनुकूल दाब और ताप (35–70°C) पर अवायवीय सूक्ष्म जीवों की उपस्थिति में होता है। जिस बर्तन में पाचन क्रिया होती है, उसे डाइजेस्टर कहते हैं।

अवायवीय पाचन (Anaerobic Digestion)

जैव गैस तकनीक में सूक्ष्म जीवों जैसे; बैक्टीरिया, कवक, वायरस आदि पर खास ध्यान रहता है। बैक्टीरिया को दो भागों में वर्गीकृत किया गया है; लाभप्रद एवं हानिकारक बैक्टीरिया। ऑक्सीजन की आवश्यकता के अनुसार इन्हें पुनः वर्गीकृत किया गया है वायुजीवी एवं अवायवीय बैक्टीरिया। जब कार्बनिक सामग्री का किण्वन होता है, तब अवायवीय पाचन द्वारा गैस की उत्पत्ति होती है, जिसे हम जैवगैस के रूप में जानते हैं। विभिन्न अवशिष्ट सामग्री का अवायवीय सूक्ष्म जीवों की उपस्थिति में किण्वन या जैव–पाचन द्वारा जैवगैस का उत्पादन होता है। दोनों ही वायुजीवी एवं अवायवीय किण्वन का उपयोग कार्बनिक सामग्री का निम्नीकरण करना है। अन्तर केवल इतना है कि वायुजीवी किण्वन से कार्बन डाइ ऑक्साइड, अमोनिया एवं कुछ मात्रा में अन्य गैसों के साथ निम्नीकृत भार एवं ऊष्मा का भी उत्पादन होता है और अवायवीय किण्वन से कार्बन डाइ ऑक्साइड, मीथेन, हाइड्रोजन एवं कुछ मात्रा में अन्य गैस के साथ निम्नीकृत भार का ही उत्पादन होता है। वायुजीवी किण्वन के पश्चात् बचा हुआ अवशेष कार्बन, नाइट्रोजन, फॉस्फोरस, पोटेशियम एवं अन्य पोषक तत्वों से परिपूर्ण होता है। जैवगैस के प्लांट का मुख्य उद्देश्य मीथेन गैस

की उत्पत्ति है। इसलिए अवायवीय पाचन का उपयोग किया जाता है, जिसके परिणामस्वरूप कार्बनिक अणुओं का शर्करा, एल्कोहल, कीटनाशक एवं अमीनों अम्ल में विघटन हो जाता है। इसके पश्चात् इन उत्पादों से अन्य वर्ग के बैक्टीरिया मीथेन की उत्पत्ति करते हैं। किसी भी प्रकार के गारा या गाढ़े कीचड़ में अत्यधिक मात्रा में कार्बनिक सामग्री, उपयोगी बैक्टीरिया, अवायवीय अवस्था में अन्य सूक्ष्म जीव जो सामान्यतः अवायवीय पाचन में उपयोगी हो शामिल रहते हैं। अवायवीय पाचन को तीन चरणों में विभाजित किया है। किण्वकीय जलीय अपघटन चरण में सेल्युलोज युक्त जैवभार में उपस्थित वसा, स्टार्च एवं प्रोटीन का सामान्य यौगिक में अपघटन होता है।

अम्ल का विरचन (Acid Formation)

अम्ल के विरचन (Formation) चरण में विकल्पीजीवी (Facultative) एवं अवायवीय वर्ग जिन्हें अम्लीय किसान भी कहा जाता है, अपघटज (hydrolyse) और किण्वित करके सामान्य यौगिकों को अम्लों एवं वाष्पशील ठोस पदार्थों में तोड़ देते हैं, अर्थात् जटिल कार्बनिक यौगिक का अपघटन होकर छोटे रासायनिक कार्बनिक अम्लों में परिवर्तन हो जाता है। यह चरण की प्रक्रिया लगभग दो सप्ताहों तक चलती है और इस दौरान अधिक बड़ी मात्रा में कार्बन डाइ ऑक्साइड निकलती है।

मीथेन का विरचन (Methane Formation)

इस चरण में कार्बनिक अम्ल अवायवीय सूक्ष्म जीवों द्वारा मीथेन एवं कार्बन डाइ ऑक्साइड में परिर्वतित हो जाते हैं एवं इन बैक्टीरियों को मीथेन किण्वन (फर्मेन्टर्स) कहते हैं। मीथेन की विरचन प्रक्रिया पी.एच. के लिए संवेदनशील होती है और 6.5 से 8 के बीच पी.एच. किण्वन एवं प्राकृतिक गैस के उत्पादन के लिए उचित होता है।

आधारिक प्रक्रियाएँ और ऊर्जा सामर्थ्य (Basic Reactions and Energetics)

अवायवीय पाचन का सामान्य समीकरण

$$CxHyOz + (x - y/4 - z/2)\,H_2O \rightarrow (x/2 - y/8 + z/4)\,CO_2 + (x/2 + y/8 - z/4)\,CH_4$$

सेल्युलोज का समीकरण

$$(C_6H_{10}O_5)n + nH_2O \rightarrow 3nCO_2 + 3nCH_4$$

कुछ कार्बनिक सामग्री (जैसे लिग्निन) और सारे अकार्बनिक सामग्री का पाचन होना संभव नहीं है। सामान्य तौर पर कुल सामग्री का 95 प्रतिशत जल होता है एवं अभिक्रियाएं ऊष्माक्षेपी होती है, जिसमें ऊष्मीय अभिक्रिया का मान लगभग 1.5 MJ/कि. ग्रा शुष्क पाचीय

सामग्री है, जो कि लगभग 250 KJ/ मोल सेल्युलोज ($C_6H_{10}O_5$) के बराबर है। यदि निवेश हेतु सामग्री को सुखा के जलाए जाने से दहन द्वारा उत्पन्न ऊष्मा लगभग 16 MJ/ कि.ग्रा. है, तो केवल 10 प्रतिशत ऊष्मा की पाचन प्रक्रिया के दौरान हानि होती हैं और यह 90 प्रतिशत दक्षता है। यह सामान्य रूप से देखा गया है, कि विशिष्ट प्रकार के बैक्टीरिया के लिए तापमान के तीन सीमा सहयोगी है। उच्च तापमान पर पाचन की प्रक्रिया अत्यधिक क्षिप्रिक होती है एवं गैस की दर भी दुगुनी होती है। तापमान के क्षेत्र निम्न प्रकार से है।

1. शीतस्नेही (Psicrophilic 20°C)
2. मध्यरागीय (Mesophilic 35°C)
3. ऊष्मस्नेही (Thermophilic 55°C)

जैव रासायनिक प्रक्रियाएँ तीन स्तर पर होती है:

1. सर्वप्रथम अघुलनशील जैव निम्नीकृत सामग्री जैसे; सेल्युलोज, बहुशर्कराइड और वसा का घुलनशील कार्बोहाइड्रेट एवं फैटी अम्लों में विघटन, जो कि 25°C पर एक दिन में ही क्रियाशील डाइजेस्टर में सम्पन्न होती है।
2. अम्ल बनाने वाल बैक्टीरिया प्रायः ऐसिटिक और प्रोपियोनिक अम्ल का उत्पादन करत हैं। इस चरण में प्रक्रिया एक दिन में 25°C के तापमान पर पूर्ण होती है।
3. मीथेन का विरचन करने वाले बैक्टीरिया 25°C पर 14 दिन तक कार्य करते हैं एवं पूर्ण पाचन के पश्चात् लगभग ~ 70 प्रतिशत मीथेन,~ 30 प्रतिशत कार्बन डाइ ऑक्साइड के साथ कुछ मात्रा में हाइड्रोजन एवं हाइड्रोजन सल्फाइड का उत्पादन करते हैं।

मीथेन का विरचन करने वाले बैक्टीरिया पी.एच. के प्रति संवेदनशील होते हैं एवं कुछ अम्लीय अवस्था (पी. एच. 6.6 से 7.0) होनी चाहिए, परन्तु 6.2 पी. एच से नीचे नहीं होना चाहिए। दुग्धशाला के अविशिष्ट सामग्री द्वारा उत्पादित जैव गैस में मीथेन 75 से 75 प्रतिशत उपस्थिति होती है, जबकि गाय के गोबर द्वारा उत्पादित जैवगैस में केवल 65 प्रतिशत है।

अवायवीय पाचन के लाभ

अवायवीय पाचन के अनगिनत लाभ हैं, जो निम्नलिखित हैं:

1. **गैस का ऊष्मीय मान** : अवायवीय पाचन का प्रमुख लाभ सहोत्पाद अर्थात् जैव गैस का उत्पादन है, जिसका ऊष्मीय मान वाष्प एवं गर्म जल की उत्पत्ति के लिए एक ऊर्जा के स्रोत के रूप में उपयोग हो सकता है, क्योंकि दुग्धशाला उद्योग में

ऊर्जा के स्रोत की अत्यधिक आवश्यकता होती है और गैस संभारण की कोई समस्या भी नहीं रहती है।

2. **नवीन गाढ़े कीचड़ का उत्पादन** : कार्बनिक सामग्री का मीथेन एवं कार्बन डाइ ऑक्साइड में परिवर्तन कम मात्रा में गाढ़े कीचड़ की उत्पत्ति करता है।
3. **स्थिर गाढ़ा कीचड़** : नगरीय अवशिष्ट पदार्थ के पाचन के अधिष्ठापन का मुख्य कारण अंतः आक्रामक गाढ़े कीचड़ की उत्पत्ति करना है।
4. **लघुतर धावी मान** : वायुजीवी प्रणाली की तुलना में अवायवीय पाचन का धावी मान (Running cost) एक चौथाई है।
5. **दुर्गन्ध में कमी** : संवतृत प्रणाली की वजह से दुर्गन्ध में कमी बनी रहती है एवं जिन यौगिक की उपस्थिति से दुर्गन्ध की संभावना हो सकती है, उनका पाचन द्वारा विघटन हो जाता है।
6. **स्थिरता** : यथेष्ट समय अवधि के लिए बिना किसी अधःपतन के पूर्ण रूप से अनुकूलित अवायवीय गाढ़ा कीचड़ स्थिर रहता है।
7. **गाढ़े कीचड़ का मान** : जब वायुजीवी गाढ़े कीचड़ का शोधन अवायवीय व्यवस्था में होता है, तो उसके पश्चात् उस कीचड़ में नाइट्रोजन के अंश की मात्रा अधिक होने के फलस्वरूप, वह उर्वरक के रूप में उपयोग होने के लिए उत्तम हो जाता है। यह कीचड़ मिट्टी के अनुकूलक के रूप में भी कार्य करता है।
8. **रोगाणुओं की मात्रा का लघुकरण** : डाइजेस्टर से उत्प्रवाही के विकास से रोगाणुओं की मात्रा एवं उनके व्ययन की समस्याओं में कमी आती है।
9. **कम पोषण तत्वों की आवश्यकता** : जीवाण्विक ठोस के उत्पादन में कमी के कारण से कम पोषक तत्वों की आवश्यकता पड़ती है।

जैव पाचन या गैस की उत्पत्ति पर प्रभाव डालने वाले कारक

जैव गैस की उत्पत्ति पर प्रभाव डालने वाले कारक निम्नलिखित हैः

1. पी.एच. अथवा हाइड्रोजन ऑयन की सांर्द्रणता
2. तापमान
3. संभरण सामग्री (Feed material) का कुल ठोस अंश
4. भारण दर (Loading rate)
5. बीज की बुआई

6. एकसमान संभरण (Uniform Feeding)
7. व्यास और गहराई का अनुपात
8. कार्बन और नाइट्रोजन का अनुपात
9. पोषक तत्व
10. डाइजेस्टर में उपस्थिति अंतर्वस्तु अंश (Content) को हिलाना, मिश्रण करना एवं उत्तेजना पैदा करना।
11. अवरोधन समय (Retention Time) या संभरण की दर (Rate of Feeding)
12. अनिर्मित सामग्री के प्रकार
13. अंतिम उत्पाद की विषाक्तता
14. दाब
15. डाइजेस्टर के अंदर अम्ल का संचयन (Acid Accumulation)

पी.एच. अथवा हाइड्रोजन ऑयन की सांद्रणता

पाचन के विभिन्न चरण में घोल के पी. एच में परिवर्तन होता है। किण्वन प्रक्रिया में अम्ल निर्माण चरण का पी.एच. 6 या उससे कम होता है और कार्बन डाइ ऑक्साइड का निष्कासन होता है। दो से तीन सप्ताह के पश्चात् वाष्पशील अम्ल एवं नाइट्रोजन यौगिक के पाचन से मीथेन की उत्पत्ति होती है और इसके दौरान पी.एच. में वृद्धि होती है। निरंतर रूप से गैस की आपूर्ति के लिए डाइजेस्टर के अंदर उपयुक्त पी.एच. का अनुरक्षण अनिवार्य है। डाइजेस्टर का पी.एच. 6.5 से 7.5 के बीच संवर्धन किया जाता है, क्योंकि इस पी.एच. पर सूक्ष्म जीव अधिक क्रियाशील रहते हैं एवं जैव–पाचन अत्यधिक प्रभावशाली होता है। यदि पी.एच. का क्षेत्र 4 से 6 के बीच हुआ तो अम्लीय एवं 9 से 10 के बीच हुआ तो क्षारीय होता है और ये दोनों ही अवस्थाऐं मीथेन की उत्पत्ति करने वाले जीवों के लिए अहितकारी है। नाली से बहने वाले जल इत्यादि के पाचन हेतु पी.एच. का क्षेत्र 7 से 7.5 और पौधे एवं पशु के कच्चे अवशेष के लिए 8.2 होना चाहिए।

तापमान

मीथेन की उत्पत्ति करने वाले जीवाणु 35°C-38°C के बीच अधिक क्रियाशील होते हैं। लगभग 20°C पर गैस उत्पत्ति की मात्रा में गिरावट और 10°C पर क्रिया, कार्य करना बंद कर देती है। एक प्रयोग के दौरान 25°C तापमान पर 4.25 m^3 गाय के गोबर से प्रतिदिन 2.25 क्युबिक मीटर गैस का उत्पादन होता है और जब तापमान 28.3°C होता है,

तो उत्पादन बढ़कर 3.75 क्युबिक मीटर दिन पर 50 प्रतिशत हो जाता है। अवायवीय पाचन के दो सार्थक खंड है। विभिन्न तापमान के दायरे में पाचन क्रिया करने के लिए दो प्रकार के सूक्ष्म जीव मध्यरागीय और ऊष्मस्नेही का उत्तरदायित्व स्थापित किया गया है। मध्यरागीय जीवाणु के लिए 35°C और ऊष्मस्नेही के लिए 55°C अनुकूल तापमान है। ऊष्मस्नेही (Thermophilic) की अपेक्षा मध्यरागीय (Mesophilic) के दायरे पर डाइजेस्टर का तापमान आसानी से संवर्धन किया जा सकता है। अनुकूल तापमान के अलावा मौसम की परिस्थिति भी गैस की उत्पत्ति में प्रभाव डालते हैं, जैसे; पवन वेग, डोम को अनुकूल तापमान प्रदान करने के लिए सौर प्रकाश की उपलब्धता, गाय–भैसों को दिए जाने वाली विभिन्न प्रकार की भोजन सामग्री इत्यादि।

संभरण सामग्री का कुल ठोस अंश

गाय के गोबर में 80–82 नमी होती है और बचे 18–20 प्रतिशत को हम कुल ठोस अंश कहते हैं। भार के अनुसार गोबर को 1:1 के दर से मिलाया जाता है, ताकि कुल ठोस अंश 8–10 प्रतिशत तक आ सके। कुल ठोस अंश के मिश्रण से पाचन क्रिया के दर में तेजी आती है।

भारण दर

डाइजेस्टर में डाली गई प्रतिदिन प्रति इकाई आयतन कच्ची सामग्री की मात्रा उसकी भारण दर कहलाती है। अधिकतर नगरीय अवशिष्ट शोधन प्लांट 0.5 से 1.6 कि.ग्रा. वाष्पशील ठोस पदार्थ/मीटर^2/दिन के भारण दर से कार्य करते हैं। यदि डाइजेस्टर में अत्यधिक मात्रा में कच्ची सामग्री भर दी जाएगी, तो अम्ल का संचयन होगा और किण्वन की प्रक्रिया रुक जाएगी।

बीज की बुआई

हालाँकि अम्लीय किण्वन एवं मीथेन के किण्वन हेतु आवश्यक जीवाणु, गाय के गोबर में उपस्थित होते है। अम्लीय किण्वन में सहायक जीवाणु की तेजी से वृद्धि होती है और संख्या में भी वृद्धि होती है जबकि मीथेन के किण्वन में सहयोगी जीवाणु की संख्या में धीरे–धीरे से ही वृद्धि होती है। मीथेन के किण्वन में सहयोगी जीवाणु की संख्या को बढ़ाने के लिए बाहर से पाचित गाढ़ा कीचड़ जो मीथेन वाले जीवाणुओं से परिपूर्ण हो, उसे मिलाना अत्यंत लाभकारी है।

अपरिवर्तनशील संभरण

उचित पाचन क्रिया के लिए डाइजेस्टर का अपरिवर्तनशील संभरण आवश्यक है, क्योंकि सूक्ष्म जीवाणु निरंतर रूप से अपरिवर्तित कार्बनिक ठोस सांद्रणता पर रखे जाते हैं।

इसलिए डाइजेस्टर में एक ही समय पर सामग्री प्रतिदिन डालनी चाहिए एवं उसकी मात्रा और गुण में भी समानतः होनी चाहिए।

व्यास और गहराई का अनुपात

जब व्यास और गहराई के अनुपात का क्रियाशील 0.66 से 1.00 के बीच हो तो डाइजेस्टर के अनुरूप गैस का उत्पादन अत्यधिक होता है। ऐसा डाइजेस्टर जिसकी गहराई 16 फीट और व्यास 4 से 5 फीट हो, वो काफी संतोषजनक कार्य करते हैं, क्योंकि पाचन हेतु गाढ़ा कीचड़ डाइजेस्टर के निचले आधे भाग में होता है, जो कि रात्रि एवं दिन के तापमान से प्रभावित नहीं होता है।

कार्बन और नाइट्रोजन का अनुपात

कार्बन की अपेक्षा अवशिष्ट पदार्थ में नाइट्रोजन की मात्रा जैव गैस के उत्पादन हेतु विशिष्ट कारक है। जैविक तौर पर देखें तो, सारे जीवों को प्रोटीन के निर्माण हेतु नाइट्रोजन की आवश्यकता होती है। डाइजेस्टर में जीवाणु होते हैं, जो कार्बनिक अवशिष्ट पदार्थों पर निर्वाह करने से साथ कार्बनिक पदार्थों का विघटन भी करते हैं। कार्बन, कार्बन हाइड्रेट के रूप में एवं नाइट्रोजन प्रोटीन या अमीनों नाइट्रेट के रूप में अवायवीय जीवाणुओं का प्रमुख भोजन है। कार्बन का उपयोग ऊर्जा के रूप में एवं नाइट्रोजन का कोशिका की संरचना के निर्माण में होता हैं। जीवाणु कार्बन को नाइट्रोजन की अपेक्षा 30 गुना तेजी से उपयोग करते हैं। पाचन को अनुकूल दर पर कार्यान्वित करने के लिए कार्बन और नाइट्रोजन का अनुपात 30 होना चाहिए। यदि अवशिष्ट सामग्री में अत्यधिक कार्बन की उपस्थिति होती है, तो सर्वप्रथम नाइट्रोजन का उपयोग होता है और कार्बन बचा रह जाता है, जिसके फलस्वरूप डाइजेस्टर की क्रिया गति धीमी होकर रूक जाती है। यदि नाइट्रोजन की मात्रा अधिक होती है, तो शीघ्र ही कार्बन उपयोग हो जाता है और किण्वन रुक जाता है। इसके पश्चात बचा हुआ नाइट्रोजन, हाइड्रोजन के साथ मिलकर अमोनिया का निर्माण करता हैं।

पोषक तत्व

डाइजेस्टर में उपस्थित जीवाणुओं के लिए अपेक्षित प्रमुख पोषक तत्व कार्बन, हाइड्रोजन, ऑक्सीजन, नाइट्रोजन, फॉस्फोरस और सल्फर है। हालांकि इन पोषक तत्वों में से नाइट्रोजन एवं फॉस्फोरस की हमेशा कमी बनी रहती है, इसलिए अतिरिक्त सामग्री जो नाइट्रोजन एवं फॉस्फोरस से परिपूर्ण हो, उसे गाय के गोबर में मिलाकर डाइजेस्टर में डाला जाता है ताकि अधिक अनुपात में गैस का उत्पादन हो सके।

डाइजेस्टर में उपस्थित अंतर्वस्तु अंश को हिलाना, मिश्रण बनाना एवं उत्तेजना पैदा करना

डाइजेस्टर में जीवाणुओं के लिए खाद्य पदार्थ निश्चित मात्रा में होता है, इसलिए यह आवश्यक है कि सामग्री को अच्छी तरह से हिलाना और मिश्रण करना चाहिए ताकि जीवाणुओं को अपना भोजन प्राप्त हो सके। यह देखा गया है, कि हल्के से मिश्रण को हिलाने के कारण किण्वन में वृद्धि होती है, वहीं दूसरी ओर यदि मिश्रण को प्रबलता से हिलाया जाए तो पाचन क्रिया की प्रगति में अवरोध उत्पन्न हो जाता है।

अवरोधन समय या संभरण की दर

जैवगैस की उत्पत्ति में सामग्री द्वारा अवरोधन की अवधि को अवरोधन समय कहते हैं। यह अवरोधन समय अनिर्मित सामग्री के प्रकार एवं तापमान पर निर्भर करता है। अवरोधन समय का सामान्य मान 30 से 45 दिन है, जो कुछ प्रकरण में 60 दिनों का भी हो जाता है। रोज़ाना संभरण के प्रसार को नियंत्रित करने से अवरोधन समय का संचालन किया जा सकता है।

पूर्ण रूप से किण्वन की प्रक्रिया का समय विभिन्न सामग्रियों के लिए

गायों एवं भैंसों का गोबर	50 दिन
सूअर द्वारा उत्पादित अवशिष्ट पदार्थ	20 दिन
मुर्गियों द्वारा उत्पादित अवशिष्ट पदार्थ	20 दिन
नाइट मृदा	30 दिन

मीथेन की उत्पत्ति में सहयोग करने वाले जीवाणु 2 से 4 दिनों में दुगने हो जाते हैं इसलिए अवरोधन समय कम से कम 2 से 4 दिनों का होना अत्यावश्यक है, अन्यथा ये जीवाणु डाइजेस्टर में उपस्थित सामग्री से बाहर आकर जैव गैस उत्पादन की सारी प्रक्रिया को प्रभावित कर देंगे। रोजाना एक समान संभरण से अत्यधिक गैस का उत्पादन होता है।

अनिर्मित सामग्री के प्रकार

सभी प्रकार के पौधे एवं पशुओं के अवशिष्ट पदार्थ डाइजेस्टर में अनिर्मित सामग्री के रूप में उपयोगी होते हैं। जब अनिर्मित सामग्री काष्ठीय हो, या उनमें अधिक मात्रा में लिग्निन हो तो जैव पाचन क्रिया अधिक कठिन होती है। गाय, भैंस, मानव, मुर्गी, सूअर आदि के अवशिष्ट पदार्थ एवं पौधों के अवशिष्ट पदार्थों का भी अनिर्मित सामग्री के रूप में उपयोग किया जाता है। प्रभावशाली विधि से जैव पाचन की क्रिया को संभव कराने के लिए उचित अनुपात में अनिर्मित सामग्री को मिलाना चाहिए। पशु अवशिष्ट पदार्थों को पूर्व पाचित करना

होता है, जबकि पौधों के अवशिष्ट पदार्थों को पूर्व पाचित करना आवश्यक नहीं है। अत्यधिक मात्रा में पौधे की सामग्री डाइजेस्टर में अवरोध उत्पन्न कर सकते हैं।

अंतिम उत्पाद की विषाक्तता (Toxicity)

पाचन क्रिया के पश्चात यदि घोल डाइजेस्टर में लंबे समय तक पड़ा रह जाय तो, ये सूक्ष्म जीवाणुओं के लिए विषाक्त हो जाएगा एवं किण्वन की दर में भी कम लाएगा। जैविक प्रणाली में कुछ सूक्ष्म मात्रिक तत्व जैसे कैल्शियम, मैग्नीशियम, पोटेशियम आदि की आवश्यकता होती है, परन्तु इन सूक्ष्म मात्रिक तत्वों की उच्च सान्द्रता जैव गैस उत्पादन को कम करती है। कृत्रिम पदार्थ मिथेनोजेनिक जीवाणुओं के लिए विषाक्त होते हैं एवं कीटनाशक जीवाणुओं को नष्ट कर देते हैं।

दाब

राष्ट्रीय पर्यावरण अभियांत्रिकी अनुसंधान संस्थान (National Environment Engineering Research Institute [NEERI]) नागपुर द्वारा कुछ शोध कार्य हुए, जिसके अन्तर्गत यह पता चला कि घोल की सतह पर दाब, किण्वन पर प्रभाव डालता है, इसलिए उचित क्रिया के लिए कम दाब होना आवश्यक है।

डाइजेस्टर के अंदर अम्ल का संचयन (Acid Accumulation)

जैव पाचन प्रक्रियां के दौरान मध्यवर्ती उत्पाद जैसे; एसिटिक, प्रोपियोनिक, ब्युटाइरिक अम्लों का उत्पादन होता हैं, इस कारण से पी.एच. में भी कम आता है। जब ताजी संभरण सामग्री अत्यधिक मात्रा में डाली जाती है, तब डाइजेस्टर में पाचन क्रिया के दौरान नीम के उपलों को मिलाने से मध्यवर्ती अम्ल मीथेन में परिवर्तित हो जाते हैं। सामान्य तौर पर अम्लों का संचयन बैच पाचन प्रणाली में होता है।

जैवगैस प्लांट का वर्गीकरण (Classification of Biogas plant)

जैव गैस प्लांट मुख्यतः तीन भागों में वर्गीकृत किए गए हैं, जो निम्नलिखित हैः

1. सतत एवं बैच प्रकार के जैव गैस प्लांट।
2. डोम एवं ड्रम प्रकार के जैव गैस प्लांट।
3. ड्रम जैव गैस प्लांट के विभिन्न प्रकार।

क्रमशः सतत एवं बैच प्रकार के जैवगैस प्लांट

निस्तर प्लांट

इसमें केवल एक डाइजेस्टर होता है, जिसमें कच्ची सामग्री निरंतर रूप से अवशोषित होती है और सुधार एवं सफाई के अलावा प्रक्रिया चलती रहती हैं। इस प्रकरण में कच्ची सामग्री स्वतः आघात भंजित (Self buffered) हो जाती है या पाचित सामग्री के साथ अच्छी तरह से मिला दिया जाता है। सतत प्रक्रिया एक स्तरीय या स्तरीय में पूर्ण रूप से संपूर्ण हो सकती है।

एक स्तरीय प्रक्रिया

जटिल कार्बनिक यौगिकों का जैव गैस में परिवर्तन हेतु सम्पूर्ण प्रक्रिया एक कक्ष में ही पूर्ण हो जाती है। इस कक्ष का निरंतर रूप से कच्ची सामग्री द्वारा संभरण (Feed) होता है और क्रिया के पश्चात् बचे हुए अवशिष्ट का कक्ष से निकास हो जाता है। एक स्तरीय सतत प्रक्रियां में कृषि अवशेष के किण्वन करने में गंभीर समस्याएँ उत्पन्न होती हैं।

द्वि–स्तरीय प्रक्रिया

इस प्रक्रिया में अम्लीय एवं मिथेनोजनिक क्रिया अलग–अलग कक्ष में सम्पन्न होती है। अर्थात् प्रथम स्तर में अम्ल का उत्पादन अलग कक्ष में होता है और केवल तनु अम्ल (Dilute acid) ही दूसरे कक्ष में जाता है, जहाँ पर जैविक–मिथेनीकरण (Bio-methanation) की प्रक्रिया होती है। जहाँ तक कृषि अवशेष के किण्वन की समस्या है, वो इस स्तर में दूर हो जाती है। द्वि–स्तरीय प्रक्रियां पर आधारित ग्रामीण भारत के लिए एक यथोचित तकनीक के विकास की आवश्यकता है। इस प्लांट की प्रमुख विशेषताएँ निम्न है

1. यह प्लांट निरंतर रूप से गैस का उत्पादन करता है।
2. इसमें छोटे आकार के पाचन कक्ष की आवश्यकता होती है।
3. इसमें पाचन प्रक्रिया हेतु कम समय लगता है।
4. बैच की अपेक्षा इसमें कम समस्याएँ होती है।

बैच प्लांट

इसमें पाचन क्रिया के सम्पूर्ण होने पर डाइजेस्टर को पूर्ण रूप से खाली किया जाता है। इस प्रकार के प्लांट में डाइजेस्टर की बैट्री को युरिया, कैल्शियम हाइड्रोऑक्साइड आदि द्वारा आवेशित करके 40–50 दिन तक गैस के उत्पादन में उपयोग किया जाता है।

कभी–कभी कुछ दिनों के लिए नवीन आवेशित डाइजेस्टर को वातयुक्त (Aerated) किया जाता है, जिन्हें कुछ समय बाद बंद कर दिया जाता है। जैव गैस का उत्पादन 8–10 दिनों के बाद होता है। इसलिए इस प्लांट की स्थापना बड़े स्तर में न हुई तो यह महंगें होने के साथ सार्थक सिद्ध नहीं हो पाएगा। सामान्यतः इस तरह की प्रणाली यूरोपियन देशों में होती है। यह पूर्ण रूप से भारतीय अवस्थाओं के लिए उपयुक्त नहीं है। इस प्लांट की मुख्य विशेषताऐं निम्न हैं:

1. डाइजेस्टर की सफाई के आधार पर गैस की उत्पत्ति आंतरामिक (Intermittent) है।
2. निरन्तर रूप से गैस के उत्पादन हेतु अधिक डाइजेस्टर की आवश्यकता पड़ेगी।
3. लंबे रेशेदार सामग्री के लिए बैच प्लांट उत्तम साबित हुए हैं।
4. पाचन क्रिया को शुरू करने हेतु, इस प्लांट को किण्वित घोल (Fermented slurry) की आवश्यकता होती है, क्योंकि किण्वित घोल की अनुपस्थिति में अम्लीय स्तर के लिए प्रत्यक्ष रूप से परिवर्तन उत्पन्न होगा जो मीथेन के निर्माण में प्रभाव डालेगा।
5. यह प्लांट सतत प्लांट की अपेक्षा काफी महंगा है, साथ ही इसमें अधिक समस्याओं का भी सामना करना पड़ सकता है।

डोम एवं ड्रम प्रकार के जैव गैस प्लांट

इस तरह के प्लांट अनगिनत हैं, परन्तु दो सामान्य तरह से उपयोग होने वाले मुख्य प्रकार निम्न हैं:

1. फ्लोटिंग गैस होल्डर प्लांट
2. फिक्सड डोम डाइजेस्टर

भारत में उपयोग होने वाला फ्लोटिंग गैस होल्डर डाइजेस्टर को हम के.वी.आई.सी. (KVIC) प्लांट के नाम से एवं फिक्सड डोम डाइजेस्टर को चीनी प्लांट के नाम से जानते हैं। दोनों प्रकार के प्लांट के डाइजेस्टर विभिन्न आकार जैसे; बेलनाकार, गोलीय आदि एवं ऊर्ध्वाधर (Vertically) और क्षैतिज (Horizontally) होते हैं। इनका निर्माण भूमि के अंदर या बाहर दोनों तरह से कर सकते हैं। भारत में फ्लोटिंग गैस होल्डर डाइजेस्टर कारीगरों द्वारा निर्माण कराया जाता है, जिसमें गैस होल्डर एम. एस. प्लेट की बनी होती है जो डाइजेस्टर से अलग कर दी जाती है। गैस होल्डर की कीमत एवं इसमें जंग लगना, इस प्रणाली के दो प्रमुख हानियां है। फिक्सड डोम डाइजेस्टर में गैस होल्डर और डाइजेस्टर संयुक्त होते हैं। थोड़ी–थोड़ी मात्रा में रोजाना संभरण के लिए फिक्सड डोम वाला डाइजेस्टर बैच प्रक्रिया के लिए अधिक उचित है। सामान्यतः फिक्सड डोम डाइजेस्टर का निर्माण भूमि के नीचे होता है। गैस के एकत्रित होने पर दाब में परिवर्तन होना शुरू हो जाता है।

ड्रम जैवगैस प्लांट के विभिन्न प्रकार

फ्लोटिंग ड्रम संरचना में दो मुख्य भिन्नतायें हैं, एक जल से सील और दूसरा उसके बिना होता है। जल से सील करने से प्लांट में पूर्ण रूप से अवायवीय अवस्था हो जाती है एवं जंग की समस्या भी कम उत्पन्न होती है। दूसरी भिन्नता गैस होल्डर एवं डाइजेस्टर के निर्माण में उपयोग होने वाली सामग्री से है। निर्माण कार्य हेतु ईंट एवं पत्थर सामान्य सामग्री है। फेरो सीमेंट का उपयोग भी डाइजेस्टर के निर्माण में कर सकते हैं, जो रेणुकीय (Sandy tracks) एवं चिकनी मृदा के लिए उत्तम है। गैस होल्डर का भी निर्माण फेरो सीमेंट से किया जाता है क्योंकि एम.एस. सीट संक्षारित हो जाते हैं। गैस होल्डर के निर्माण के लिए पॉली एथिलीन का भी उपयोग किया जाता है। उच्च भूजल स्तर एवं चट्टानी क्षेत्र के लिए क्षैतिज संयंन अधिक उपयुक्त है। बेलनाकार आकार के डाइजेस्टर मुख्य हैं, क्योंकि इसमें कोई किनारा नहीं होता है इसलिए क्षेत्र की कोई समस्या नहीं होगी।

फ्लोटिंग ड्रम प्लांटः लाभ एवं हानि

लाभ

1. इसमें फेन की समस्या कम होती है, क्योंकि ठोस पदार्थ जलमग्न होते हैं।
2. नवीन अवशेष के डालते समय या पाचित घोल को निकालते समय दाब को संतुलित करने के लिए किसी भी यंत्र की आवश्यकता नहीं होती है।
3. ऑक्सीजन का गैस के साथ मिलने से, विस्फोटन मिश्रण से होने वाले खतरे में कम होता है।
4. उच्च मात्रा में गैस का उत्पादन होता है।
5. फ्लोटिंग ड्रम में ब्रस होते हैं, जो घूर्णी द्वारा मलफेन को तोड़ते हैं।
6. गैस च्यवन (Gas leakage) की समस्या नहीं होती है।
7. गैस का दाब स्थिर होता है।

हानि

1. इसकी कीमत अधिक होती है क्योंकि ये स्टील एवं सीमेंट पर आधारित होती है।
2. धातु से बने गैस होल्डर से ऊष्मा लुप्त होती है, जिसके फलस्वरूप ठंडे क्षेत्र में समस्या होती है।
3. गैस होल्डर की हर एक या दो वर्ष में पेंट से पुताई करना आवश्यक होता है।
4. नम्य पाइप (Flexible pipe) जो गैस होल्डर को मुख्य पाइप से जोड़ता है, उसकी

मरम्मत करवाना अत्यावश्यक है, क्योंकि वह सूर्य की परा–बैंगनी किरणों (Ultraviolet-rays) द्वारा क्षतिग्रस्त हो जाते हैं।

फिक्सड डोम प्रकार के प्लांटः लाभ एवं हानि

लाभ

1. इसकी कीमत फ्लोटिंग ड्रम प्रकार के प्लांट की अपेक्षा कम होती है, क्योंकि इसमें सिर्फ सीमेंट का उपयोग होता है।
2. इसमें संक्षारण (Corrosion) की समस्या नहीं होती है।
3. भूमि के नीचे निर्माण के कारणवश सूर्य से निकलने वाली आपतित विकरण से क्षतिग्रस्त की समस्या नहीं होती है और तापमान भी स्थिर रहता है।
4. इसमें गाय, भैस, मानव के अवशिष्ट एवं लंबे रेशेदार वृत का संभरण हो सकता है।
5. किसी भी प्रकार की मरम्मत की आवश्यकता नहीं होती है।

हानि

1. इस तरह के प्लांट के लिए कुशल कारीगरों की आवश्यकता होती है, जो ग्रामीण क्षेत्रों में मिलना कठिन है।
2. गैस उत्पादन की मात्रा अपेक्षाकृत कम होती है।
3. इसमें घुमाने की व्यवस्था न होने के कारण फेन (Scum) की समस्या होती है।
4. इसमें गैस दाब परिवर्तनशील होता है।

जैव गैस प्लांट के प्रकार

यह पहले भी बताया गया है, कि जैव गैस प्लांट के अनगिनत मॉडल (Model) हैं, जिसमें दो प्रमुखः फ्लोटिंग गैस होल्डर एवं फिक्सड डोम डाइजेस्टर है। फ्लोटिंग गैस होल्डर में गैस होल्डर डाइजेस्टर से अलग होता है और फिक्सड डोम में गैस होल्डर डाइजेस्टर के साथ संयुक्त होता है। भारत में विस्तृत रूप से दो प्रमुख प्रकार के जैवगैस प्लांट उपलब्ध है; खादी ग्राम उद्योग आयोग मॉडल एवं जनता मॉडल।

के.वी.आई.सी प्लांट स्टील ड्रम प्रकार या फ्लोटिंग गैस होल्डर आकृति की तरह है जिसमें पाचन क्रिया कुएँ में होती है और जैसे ही गैस एकत्रित होती है, ड्रम सतह पर तैरने लगते हैं। जनता मॉडल या फिक्सड डोम डाइजेस्टर जिसे चीनी प्लांट भी कहते हैं, उसमें ड्रम के अलावा सारी बनावट के.वी.आई.सी की तरह होती है और फिक्सड डोन से ड्रम का

प्रतिस्थापन कर दिया जाता है। जनता मॉडल में डोम की तरह छत के निर्माण हेतु विशिष्ट आकृति एवं कुशल कारीगरों की आवश्यकता होगी, क्योंकि यदि छत ठीक से नहीं बनी तो गैस का च्यवन (Gas leakage) होगा और उत्पादन में घटाव होगा। डाइजेस्टर प्लास्टिक के सामग्री से बनाया जाता है और सूर्य की पराबैंगनी किरणों (Ultraviolet radiation) के प्रभाव के फलस्वरूप सामग्री की छोटी समय अवधि इसकी प्रमुख हानि है। हमारे देश में विभिन्न प्रकार के जैव गैस प्लांट उपलब्ध हैः

1. के.वी.आई.सी (खादी और ग्राम उद्योग आयोग) अभिकल्पना (Design)
2. मुरुगप्पा चेतियार अनुसंधान केन्द्र अभिकल्पना।
3. तमिलनाडु कृषि विश्वविद्यालय डोम प्रकार का अभिकल्पना।
4. हिमाचल प्रदेश केप्सुल अभिकल्पना।
5. पंजाब कृषि विश्वविद्यालय का कच्चा–पक्का अभिकल्पना लुधियाना।
6. प्लग फ्लो अभिकल्पना।
7. रुड़की अभिकल्पना।
8. दीन बंधु अभिकल्पना।
9. फाइबर ग्लास फिक्सड डोम अभिकल्पना।
10. मोबाइल जैव गैस प्लांट।
11. गणेश अभिकल्पना।

उपयुक्त निम्नलिखित जैव गैस अभिकल्प के कुछ लाभ और हानियाँ है। ये आवश्यकता अनुसार विभिन्न क्षेत्रों में प्रसिद्ध अभिकल्पना है। फिक्सड डोम जैव गैस प्लांट के उदाहरण जनता जैव गैस प्लांट, दीन बंधु जैव गैस प्लांट एवं फ्लोटिंग गैस होल्डर प्लांट के उदाहरण खादी एवं ग्राम उद्योग जैव गैस प्लांट, प्रगति अभिकल्पना जैव गैस प्लांट, गणेश जैव गैस प्लांट, फेरो–सीमेंट डाइजेस्टर जैव गैस प्लांट आदि हैं।

जनता जैव गैस प्लांट

यह प्लांट चीनी फिक्सड डोम जैव गैस प्लांट का विकसित रूप है। इसमें डाइजेस्टर की आकृति बेलनाकार है, जिसका निर्माण ईंट एवं सीमेंट से हुआ है। अवरोधन समय (Retention time) के दौरान गाय, भैसों के अवशिष्ट से निर्मित घोल को रोक दिया जाता है ताकि डाइजेस्टर से जैवगैस का उत्पादन किया जा सके। डाइजेस्टर के व्यास और ऊँचाई का अनुपात 1:75:1 है। प्लांट के आंतरिक भाग में गैस एकत्रित होती है, जो डोम और डाइजेस्टर के बीच में होता है, जो निकास एवं प्रवेश द्वारा से ऊपर स्थित है। डोम का

निर्माण बहुत अधिक ध्यान से करना चाहिए ताकि उत्पादित गैस का च्यवन न हो। प्रवेश एवं निकास का निर्माण नवीन घोल को डाइजेस्टर में डालने एवं पाचन के पश्चात् घोल को निकालने के लिए होता है। अविशिष्ट पदार्थ को डाइजेस्टर में डालने के लिए बड़े आकार का प्रवेश द्वार होता हैं। प्लांट से पाचित घोल (Slurry) का निकास उत्पादित गैस के दाब की वजह से होता है। प्रवेश के भाग के ऊपर एक प्रवेश मिश्रण टैंक होता है, जिससे अवशिष्ट एवं जल का अच्छी तरह से मिश्रण हो जाए।

दीन बंधु जैव गैस प्लांट

यह भी कम कीमत वाला फिक्सड डोम प्लांट है। इसकी कार्य प्रणाली जनता जैव गैस प्लांट के समान है। प्लांट की बुनियाद गोलाकार वाले भाग में निर्मित होती है। इस धरातल के बाह्य परिधि में समान व्यास एवं डोम आकार के डाइजेस्टर का निर्माण किया जाता है और इस वजह से डाइजेस्टर गैस वाला भाग, डोम देखने से एक इकाई की तरह प्रतीत होते हैं। ईंट एवं सीमेंट मिश्रण की उच्च संपीडक (Compression) शक्ति प्लांट के संरचना को अधिक सुरक्षित बनाता है, क्योंकि प्लांट में हमेशा गैस की उत्पत्ति के कारण से दबाव बना रहता है। प्लांट की संरचना में सबसे ऊपर एक निकास द्वार है जहाँ से पाचित घोल बाहर की ओर निकलता है। डाइजेस्टर के दीवार में एक निर्धारित स्थान पर पाइप सन्निहित (Embedded) होता है, जो निकास छिद्र के सामने स्थित होता है, ताकि नवीन सामग्री एवं पाचित घोल का आपस में मिश्रण न बने।

फ्लोटिंग गैस होल्डर प्लांट

फ्लोटिंग गैस होल्डर प्लांट में जैव गैस ड्रम में एकत्रित होती है, जो गैस को मात्रा के आधार पर ऊपर से नीचे घूमती रहती है। गैस होल्डर गाइड फ्रेम के ऊपर रखा होता है, जो डाइजेस्टर के दीवार पर स्थित रहता है। ड्रम स्टील, फेरो सीमेंट एच.डी.पी.सी या फाइबर ग्लास का बना होता है। फ्लोटिंग ड्रम टाइप जैव गैस प्लांट में गैस का दाब स्थिर होता है जो गैस होल्डर के भार के बराबर होता है। गैस होल्डर पर अतिरिक्त भार डाल कर बढ़ाया भी जा सकता है। गैस होल्डर की किनारे घोल में डूबे रहते हैं, ताकि गैस के च्यवन (Leakage) को रोका जा सके। गैस होल्डर की बढ़ी कीमत प्लांट के कोमत को बढ़ाती है।

खादी और ग्राम उद्योग प्रकार का जैव गैस प्लांट

के. वी. आई. सी प्रकार का प्लांट फ्लोटिंग गैस होल्डर या ड्रम प्रकार का जैव गैस प्लांट है, जो भारत में अन्य प्रकार के जैव गैस प्लांट के पहले से ही उपयोग हो रहा था। इस प्लांट का उपयोग भारत में सन् 1954 में शुरू हुआ। सन् 1962 में इसका गाँव में प्रचार

के लिए इसे खादी और ग्राम उद्योग आयोग, बोम्बे द्वारा लाया गया, इसलिए इसे के.वी. आई.सी अभिकल्पना कहते हैं। अभिकल्पना से 1 क्युबिक मीटर से 140 क्युबिक मीटर गैस/दिन में उपलब्ध होता है। इस प्लांट में गैस का संभरण स्टील के ड्रम में होता है, जिसकी क्षमता प्लांट के आकार के अनुसार 30–40 प्रतिशत और दाब लगभग 10 सें. मी. होता है।

प्रगति अभिकल्पना जैव गैस प्लांट (Pragati Design Biogas Plant)

इस प्लांट का विकास पूर्ण रूप से हुआ, ताकि सस्ते तरह का फ्लोटिंग ड्रम जैवगैस प्लांट बन सकें। इस प्रकार के प्लांट के कक्ष की गहराई के.वी.आई.सी. प्लांट से कम होता है, इसलिए इसका निर्माण पहाड़ी क्षेत्रों में किया जाता है और के. वी. आई. सी की अपेक्षा, इस प्लांट की लागत 20 प्रतिशत कम होती है। इस प्लांट की नींव शांकव आकार की होती है, जिसमें आंतरिक एवं बाह्य परिधि एक दूसरे से 1 फीट की दूरी पर स्थित होते हैं। इसमें कक्ष का निर्माण सीमेंट, रेत और सीमेंट मिश्रण द्वारा किया जाता है, ताकि ये डाइजेस्टर में डालने वाले घोल के भार को सह सकें। इस प्लांट में डाइजेस्टर नींव से ही डोम के आकार का बना होता है, जिससे लागत में कमी आती है। डाइजेस्टर की दीवार की चौड़ाई 75 एम. एम. होती है। डोम आकार का निर्माण उसके ऊपर या गले तक होता है, जहाँ केन्द्रीय गाइड फ्रेम उपलब्ध रहता है। गाइड फ्रेम के ऊपर डाइजेस्टर की दीवार बेलनाकार की होती है। डाइजेस्टर में 4 क्युबिक मीटर (cu.m) की विभाजन दीवार का निर्माण किया गया है, ताकि डाइजेस्टर के अंदर घोल के प्रवाह का नियंत्रण किया जा सके और यह दीवार डाइजेस्टर को दो भिन्न भागोंः निवेश एवं प्रवेश भाग में बाँट देती है। दीवार के निर्माण के दौरान ही प्रवेश एवं निवेश भाग में पाइप का भी निर्माण होता है, जो कि 100 एम. एम. व्यास का होता है। प्रवेश एवं निवेश भाग के लिए एस्बेस्टोस (Asbestos) सीमेंट पाइप का भी इस्तेमाल कर सकते हैं। डाइजेस्टर की दीवार में सबसे ऊपरी भाग जो गोलीय आकार का होता है, उसमें गाइड फ्रेम धंसा होता है, जो लोहे या स्टील पाइप का बना हुआ होता है। गाइड पाइप के बीच में गैस होल्डर होता है जो एम. एस. शीट और लोहे का बना हुआ होता है। ड्रम में गैस की मात्रा के अनुसार यह ऊपर नीचे तैरता रहता है।

गणेश जैव गैस प्लांट

यह भी के. वी. आई. सी प्रकार का प्लांट है, जिसका निर्माण बांस एवं पॉलीथीन शीट से हुआ था। इस प्लांट का विकास उत्तर प्रदेश राज्य के रामपुर जिले में हुआ था। यह प्लांट केवल लोहे के फ्रेम, बांस और पॉलीथीन शीट का बना होता है। के. वी. आई. सी गैस होल्डर और गाइड फ्रेम इस अभिकल्प में प्लांट की तरह भी उपयोग होता है। इस प्लांट की लागत के. वी. आई. सी प्लांट की अपेक्षा 70 प्रतिशत है।

फेरो–सीमेंट डाइजेस्टर जैव गैस प्लांट

फेरो सीमेंट एक प्रकार की प्रबलित सीमेंट मिश्रण है, जो जालीनुमा तार, रेत, जल एवं सीमेंट से मिलकर बना होता है। इस सामग्री की परत पर पतले जालीनुमा तार प्लांट के भाग पर अच्छी तरह से फैले हुए होते हैं, जिसके ऊपर सीमेंट की एक मोटी परत होती है। इस सीमेंट मिश्रण में दरार और पारगम्यता के लिए अधिक प्रतिरोधक क्षमता होती है। फेरो–सीमेंट डाइजेस्टर की परिधि चार या छः खंडों में विभाजित है, जो डाइजेस्टर के बीच में स्थित है। ईंट वाले डाइजेस्टर की जगह पर इस तरह के डाइजेस्टर उपयोग किए जा सकते हैं, जहाँ अच्छे प्रकार के ईंट का मिलना संभव न हो। इस डाइजेस्टर की सारी प्रणाली के. वी. आई. सी. अभिकल्पना के समान है।

पौधों के अवशिष्ट सामग्री से जैव गैस का उत्पादन

पौधों के अवशिष्ट सामग्री से जैव गैस का उत्पादन कोई नई बात नहीं है। रसोईघर में उपयोग होने वाला बंद चूल्हा, चूज़ों के अंडज्योत्पत्ति, कपड़े धोने की मशीनें, वाहन और अन्य आई. सी. इंजनों आदि में जैव गैस का उपयोग होता है। जैव पाचन की प्रक्रिया सामान्यतः दो प्रणाली द्वारा होती हैः 1. बैच किण्वन 2. कंटीन्युयस किण्वन (निरंतर रूप से किण्वन होना)। बैच किण्वन में एक निश्चित अंतराल पर डाइजेस्टर को सामग्री से संभारण किया जाता है और प्रत्येक समय पूर्ण पाचन क्रिया के पश्चात प्लांट को खाली किया जाता हैं, वहीं दूसरी ओर निरन्तर (कंटीन्युयस) किण्वन की प्रक्रिया में प्रतिदिन घोल डालना होता है और पाचित घोल को प्लांट से बाहर निकाल दिया जाता है।

निरन्तर (कंटीन्युयस) प्रक्रिया एक चरण एवं दो विभिन्न चरणों में पूर्ण हो सकती है। एकल चरण प्रक्रियाः जटिल कार्बनिक यौगिकों का जैव गैस में परिवर्तन की प्रक्रिया एक ही कक्ष में संपूर्ण होती है। इस कक्ष में निरंतर रूप से कच्ची सामग्री डाली जाती है और साथ ही दूसरी तरफ से पाचित सामग्री कक्ष से बाहर निष्कासित होती रहती है। परन्तु एकल चरण वाले निरन्तर प्रक्रिया में कुछ विशेष प्रकार की समस्या देखी गई है। द्वि चरण प्रक्रिया में अम्लीय एवं मिथेनोजनिक चरण दो अलग–अलग कक्ष में सम्पन्न होते हैं एक कक्ष में अम्ल का उत्पादन होता है और केवल इस कक्ष से तनु अम्ल ही दूसरे कक्ष में जाता है, जहाँ जैव–मिथेनीकरण होता है और जैव गैस दूसरे कक्ष से एकत्रित किया जाता है। रेशेदार पौधों के अवशेष के किण्वन के लिए द्वि चरण वाली प्रक्रिया ही अधिक उपयुक्त है।

नम एवं शुष्क किण्वन (Wet and Dry Fermentation)

नम किण्वन

नम किण्वन प्रक्रिया में डाइजेस्टर अधिकांश मात्रा में जल से भरा होता है, ताकि शुष्क पदार्थ 10 प्रतिशत से कम हो। जो सामग्री गाय के अवशिष्ट पदार्थ के जैसी है, उसका

किण्वन बहुत आसान विधि से होता है, जबकि स्वस्थ पौधे की अवशिष्ट सामग्री हल्की होने के कारण फेन के साथ ऊपर तैरती रहती हैं। इस प्रक्रिया को निरंतर रूप से चलाने हेतु, हर एक घण्टे में फेन को हिला के तैरते हुए ताजे पौधों के अवशिष्ट पदार्थ को डुबा दिया जाता है, यह एक प्रमुख समस्या है।

शुष्क किण्वन

डाइजेस्टर में जल की मात्रा कम होती है, ताकि पौधे के अवशिष्ट पदार्थ का जल में तैरने की समस्या को रोका जा सके। क्रियात्मक किण्वन (Active fermentation) के लिए सामग्री का गीला होना ही पर्याप्त है। इसमें कुल ठोस पदार्थ 25–30 प्रतिशत होता है और इस प्रक्रिया को शुष्क किण्वन कहते हैं। इस तरह की प्रक्रिया में पौधों के अवशिष्ट पदार्थों का तैरना एवं फेन की समस्या नहीं आती है। डाइजेस्टर के अंदर पौधों की अवशिष्ट सामग्री ऊपर नहीं तैरती है।

भूसे के किण्वन प्रक्रिया की समस्याऐं

1. फेन का बनना

जब गाय के गोबर में बराबर मात्रा में जल मिलाया जाता है, तो एक अच्छा घोल तैयार होता है, जिनका आसानी से प्रवेश द्वार से निकास द्वार तक प्रवाह हो जाता है और इस तरह की सामग्री का किण्वन किसी भी सामान्य डाइजेस्टर में हो जाता है। भूसे से संबंधित सामग्री डाइजेस्टर में जल के कारण से तैरती रहती हैं। जल किण्वन की प्रक्रिया के लिए आवश्यक होने के साथ ही फेन के निर्माण में भी सहयोगी होता हैं। भूसे का डाइजेस्टर में अंतःजलीय होने के पश्चात् भी गैस के बुलबुले उठते हैं, जो भूसे की उत्प्लावकता को बढ़ाते हैं, जिसकी वजह से ये सतह पर तैरते हैं। जैसे–जैसे अवधि बढ़ती है, वैसे–वैसे फेन की घनत्वता भी बढ़ती जाती है और कुछ सीमा तक ठोस भी हो जाती है। छोटे आकार वाले प्लांट में जब डाइजेस्टर पूरी तरह से भूसे की सामग्री से भर दिया जाता है, तब गर्मी के महीनों के दौरान एक घण्टे के अंदर ही फेन का निर्माण हो जाता है। निरन्तर किण्वन प्रणाली के द्वारा भूसे के किण्वन में इसके कारण अधिक सीमा तक समस्या होती है। अतः डाइजेस्टर में डाले हुए घोल को घुमाने के लिए एक घुमाने वाले यंत्र (Stirring device) की आवश्यकता होती है।

2. डाइजेस्टर में सामग्री की गतिविधि

डाइजेस्टर के अंदर प्रवेश द्वार से निकास द्वार तक आवेशित सामग्री की गतिविधि, घनत्व दलान के आधार पर होती है। गाय के गोबर का घोल डाइजेस्टर में आसानी से

गतिमान रहता है, जिसमें से गैस के बुलबुल निकलते हैं और भूसे की सानग्री सतह पर तैरती रहती है, जो गैस का प्रग्रहण करती है। क्योंकि घोल को हिलाना आवश्यक है, इसलिए यह संभव है कि अकिण्वित सामग्री निकास द्वार से बाहर भी निकल सकती है यदि निकास द्वार डाइजेस्टर के ऊपरी हिस्से के पास हो। किण्वन की प्रक्रिया के दौरान भूसे की सामग्री की घनत्वता घटती है। यह कम से कम प्लवन (Floatation) के लिए उन्मुख होते हैं ओर जल में भी डूबे रहते हैं परंतु ये डाइजेस्टर के निचले भाग में स्थिर नहीं रहते हैं।

पौधों के अवशेषों द्वारा निर्मित जैव गैस प्लांट

चावल का भूसा, गेहूँ का भूसा, जलकुंभी (Water-hyacinth) आदि भी अवशिष्ट है, जिनसे जैव गैस की उत्पत्ति की जा सकती है। ज्योति सोलर एनर्जी इंस्ट्टीटयूट, वल्लम विद्यानगर (गुजरात) में एक ऐसा जैव गैस प्लांट का विकास हुआ है, जिसे रसोईघर में रखा जा सकता है और 50 प्रतिशत तक एल.पी.जी. बचायी जा सकती है। इस प्लांट में जलकुंभी का उपयोग होता है, जो भारत के कई भागों में आसानी से उपलब्ध हो जाते हैं एवं यह बड़ी ही तेजी से वृद्धि करते हैं। इसकी वार्षिक उत्पादकता 1050 टन/हेक्टेयर है और यह जैवगैस जनरेटर में उपयोग हो कर जैव गैस की उत्पत्ति करते हैं।

तालिका 6.2 जलकुंभी की भौतिक–रासायनिक विशेषताएँ

भौतिक विशेषताएँ	**प्रतिशत**
नमी	92.87
कुल ठोस अवशेष	7.13
वाष्पशील ठोस	5.82
अवशेष	1.31
रासायनिक विशेषताएँ	
कार्बन	32.51
हाइड्रोजन	4.22
नाइट्रोजन	1.78
सेल्युलोज	25.00
लिग्निन	10.99
कार्बन एवं नाइट्रोजन की दर	18.26
विशिष्ट गुरुत्वाकर्षण	0.25

नमी और कुल ठोस अवशेष का अध्ययन गीले भार के आधार पर हुआ है, जबकि अन्य अध्ययन शुष्क भार के आधार पर हुए हैं। ऊपर दर्शाए गये तालिका से ये पता चलता है,

कि जलकुम्भी में काफी अधिक नमी और कुल ठोस अवशेष का 85 प्रतिशत भाग वाष्पशील होता है। अध्ययन द्वारा ये ज्ञात हुआ है, कि 1 कि. ग्रा. गीले जलकुंभी से 53.5 लीटर जैव गैस का उत्पादन हो सकता है, जिसमें 78 प्रतिशत अंश मीथेन होता है और अवरोध अवधि 30 दिनों की होती है। जैविक निम्नीकरण के अंतर्गत जलकुंभी का स्वभाव गाय के अवशिष्ट पदार्थ से अलग होता है। गाय के अवशिष्ट पदार्थ का जल के बराबर विशिष्ट गुरुत्वाकर्षण के कारण से यह जल में आसानी से मिला हुआ रहता है, जबकि जलकुंभी जब डाइजेस्टर में डाला जाता है, तो वह घोल की ऊपरी सतह पर तैरता रहता है और पाचन क्रिया के पश्चात् निचली सतह पर बैठ जाता है। इस कारण, इस प्रकार के प्लांट जो गाय के अवशिष्ट पदार्थ के आधार पर बने हो जलकुंभी के लिए उपयुक्त नहीं है। इस कारण से सूक्ष्म जीवों का मिश्रण ताजे घोल या प्लवित सामग्री के साथ करना आवश्यक है, ताकि उनका अपघटन हो सके। अंतिम अपघटित सामग्री भूरा के रूप में होता है। जैव गैस प्लांट जो गाय के अवशिष्ट पर कार्य करते हैं, उसके मुख्य अभिकल्पना का रूपातंरण निम्न हैः

1. डाइजेस्टर के ऊपरी भाग के नज़दीक ही प्रवेश द्वार उपलब्ध होता है।
2. घोल के लिए निकास द्वार डाइजेस्टर के निचली सतह पर स्थित होता है।
3. इसमें घोल को हिलाने की सुविधा भी होती है, ताकि सूक्ष्म जीव घोल के साथ अच्छी तरह से मिल सकें।
4. इस प्लांट में रोज़ाना 550 ग्रा. बारीक कटे शुष्क जलकुंभी और 20 लीटर जल डाला जाता है, जिसके फलस्वरूप 400 लीटर जैवगैस (78 प्रतिशत मीथेन का अंश) की उत्पत्ति होती है।

निरंतर रूप से चलायमान गोबर गैस प्लांट में कटे हुए गीले जलकुंभी को पाचित घोल में मिलाया जाता है अर्थात् घरेलू प्रकार के जैव गैस प्लांट जो शुष्क जलकुंभी पर आधारित होते हैं, वो खाना बनाने में उपयोग होने वाली पारंपरिक ईंधन का अच्छी तरह से प्रतिस्थापन कर सकता है।

कचड़ा गैस प्लांट

यह एक छोटे आकार का जैव गैस प्लांट है, जो सतत किण्वन प्रक्रिया पर आधारित है एवं इसका अभिकल्पना और शोध गुजरात कृषि विश्वविद्यालय, आनंद में हुआ था ।

भारण

जब जल वाले पौधे ताज़े हों, तब भारण सामग्री बारीक कटे हुए होने चाहिए। गाय के अवशिष्ट को डालने से पहले उन्हें हाथों से मसल देना चाहिए। भारण सामग्री को किसी

भी समय आवेशित किया जा सकता है। इस प्लांट में सामान्यतः एक प्रकार की सामग्री जैसे चावल का भूसा या गेहूँ का भूसा या भूसा या जलकुंभी आदि के द्वारा ही प्रचालन होता है। गेहूँ एवं चावल के भूसे को डाइजेस्टर में सुखाया जाता है, जिसके परिणामस्वरूप घोल बनाने की प्रक्रिया में किसी भी प्रकार की समस्या उत्पन्न नहीं होती है।

सामग्री को हिलाना

डाइजेस्टर में सामग्री सतह पर तैरती है, इस कारण वश घोल को हिलाने का कार्य भी अत्यंत आवश्यक है, क्योंकि सतह पर तैरती हुई परत लगभग 30–40 सें.मी. मोटो हो जाती है।

प्लांट का प्रचालन

प्लांट गाय के अवशिष्ट पदार्थ या गंदे नाले का जल या सड़ा हुआ वानस्पतिक खाद से भरा होता है। ताज़े रेशेदार पौधे की सामग्री को चैफ कटर द्वारा छोटे–छोटे बारीक टुकड़ों में काटा जाता है और लगभग 10 कि.ग्रा. बारीक कटी हुई सामग्री को प्लांट के भूमि में फैलाया जाता है। इसके पश्चात् इसमें जल का छिड़काव होता है, जो सामग्री को नम रखता है। डाइजेस्टर में 10 दिनों के अपघटन के पश्चात सामग्री आवेशित हो जाती है। डाइजेस्टर में लगभग 1 कि. ग्रा. युरिया भी डाला जाता है। इसके पश्चात् निरंतर रूप से भारण और सामग्री को हिलाने के कार्य चलता रहता है। जो गैस बनती है, उसे डाइजेस्टर के निकास द्वार से लगभग एक सप्ताह तक एकत्रित नहीं किया जाता है। इस अवधि के दौरान उत्पादित गैस को कभी भी जलाने में उपयोग नहीं करना चाहिए, क्योंकि इसके उपयोग से विस्फोटन या दुर्घटना की संभावना अधिक होती है।

समुदायिक जैव गैस प्लांट (Community Biogas Plant)

व्यक्तिगत पारिवारिक आकार वाले जैव गैस प्लांट के अलावा समुदायिक जैव गैस प्लांट की प्रोन्नति भी, ऊर्जा संबंधित समस्याओं को दूर करने में मददगार साबित होती हैं। व्यक्तिगत जैव गैस के निर्माण में जो निवेश होता है, वो गरीब देशों के किसानों के लिए अधिक महंगा है। भारत में लगभग 75 प्रतिशत लागत अपारंपरिक ऊर्जा स्रोत के विभाग द्वारा किया गया है, फिर भी ऐसे कई अनगिनत किसान हैं, जिनकी क्षमता व्यक्तिगत जैव गैस प्लांट के लिए नहीं है। अधिकतर यह तकनीक केवल उन्हीं किसानों के लिए महत्त्वपूर्ण है, जिनके पास 3–4 से भी अधिक मवेशियों के झुंड हों। विकासशील देशों में इस तरह के किसानों की संख्या बहुत कम है। समुदायिक प्लांट के पक्ष में अन्य बात यह है कि छोटे व्यक्तिगत संयंत्र अनुरक्षण की लागत को पूरा नहीं कर पाते हैं, जिसके बिना कार्यक्रम की सफलता संभव नहीं है। समुदायिक प्लांट व्यक्तिगत प्लांट के बजाए अधिकांश तौर पर अर्थशास्त्रीय है। समुदायिक प्लांट प्रणाली में अधिक गैस बनती है और अतिरिक्त गैस का

उपयोग बिजली की उत्पत्ति में किया जाता है, जिसके पश्चात इसका उपयोग गाँव एवं रास्ते में बल्ब जलाने, जल निकालने भूसे को काटने हेतु कटर को चलाने, आटे चक्की को चलाने और अन्य उद्योग में भी होता है। इसके परिणामस्वरूप कम मात्रा में जीवाश्म ईंधन का उपयोग होता है। यह देखा गया है कि गैस द्वारा उत्पादित बिजली से पाँच लैम्पों को जलाया जा सकता है।

अवायवीय डाइजेस्टर अनुकूलित तापमान की अपेक्षा 35°C तापमान में एक तिहाई पाचन क्रिया द्वारा 33.3 प्रतिशत से भी अधिक गैस की उत्पत्ति करते हैं। समुदायिक प्लांट के सफलतापूर्वक प्रचालन हेतु कुछ समस्याओं का निवारण करना अत्यंत आवश्यक है। तीव्रता से ऐसे तकनीकों का ससूंचन करने की आवश्यकता है, जिसके द्वारा मिट्टी का गाय, भैसों के अवशिष्ट एवं कुल ठोस पदार्थों के साथ मिश्रण की मात्रा का अभिज्ञान हो सके। सभी प्रकार के अवशिष्ट सामग्रियों को एकत्रित करने एवं उनके स्थानान्तरण हेतु सुव्यवस्थित प्रबंधन का होना अनिवार्य है। कृषि अवशेषों एवं पशु के अवशिष्ट पदार्थों का पूर्व–प्रशोधन द्वारा उनसे मिट्टी के कंकड़, पत्थर इत्यादि को अलग करना चाहिए, जिससे वे पाचन क्रिया के दौरान किसी भी प्रकार का अवरोध उत्पन्न न कर सकें। लगभग सभी ग्रामीण क्षेत्रों में काष्ठ अवशिष्ट उपलब्ध होते हैं, जिनका गैसीकरण प्रक्रिया द्वारा ऊर्जा के स्रोत के रूप में उपयोग किया जा सकता है। गैस नली द्वारा गैसों के वितरण में अधिक लागत लगती है एवं इसका प्रबंध करना भी अत्यंत कठिन कार्य है। संयंत्र की निर्माण सामग्री एवं भूमि की लागत उसकी क्षमता के व्युत्क्रम होती है, इस कारणवश बड़े आकार वाले प्लांट अधिक सस्ते होते हैं। इन प्लांटों को दक्षतापूर्वक व्यवसायिक स्तर पर विकसित किया जा सकता है। कार्बनिक अवशेषों जैसे कि कृषि अवशेष, कागज़, पत्तियों इत्यादि का पाचन करके अधिक मात्रा में ईंधन गैस एवं कार्बनिक उर्वरक का उत्पादन किया जा सकता है। ग्रामीण क्षेत्रों में समुदायिक जैव गैस प्लांट के निर्माण से वहाँ का वातावरण अत्यधिक सीमा तक स्वच्छ एवं धुएँ, कीड़े–मकोड़े आदि से मुक्त हो जाता है। ग्रामीणवासी खेतों के अवशेषों, काष्ठ अवशिष्ट आदि को घरेलू ईंधन के रूप में उपयोग कर सकते हैं, समुदायिक प्लांट को बेच सकते हैं अथवा उसके बदले में गैस भी ले सकते हैं।

जैव गैस उत्पादन हेतु उपयोगी सामग्रियाँ

1. **पशुओं के अवशिष्ट पदार्थ** : पशु मल, बकरियों एवं कुक्कुट के अवशिष्ट, मछलियों के अवशिष्ट, सुअरों के अविशष्ट, बूचड़ खाना (laughter house) से निकलने वाले अवशिष्ट, हाथियों के अवशिष्ट आदि।
2. **मानव उत्सर्जित अवशिष्ट पदार्थ** : मल, मूत्र, मानव द्वारा प्रसर्जित अन्य अवशिष्ट।
3. **कृषि अवशिष्ट** : स्थलीय एवं जलीय खरपतवारों के अवशिष्ट, फसलों के अवशेष, भूसा, खोई, कपास, गन्ने के कारखानों से निकलने वाला अवशिष्ट, सब्जियों, फलों अनाजों के प्रक्रम के दौरान निकलने वाले अवशेष, चाय, कॉफी, तम्बाकू के अवशेष।

4. **जलीय उत्पत्ति वाले पदार्थों के अवशेष** : जलीय पादप, शैवाल, जलीय खरपतवार, टहनियाँ, जलकुंभी।

5. **औद्योगिक अपशिष्ट** : चीनी, चमड़े, कागज़ के कारखाने आदि।

जैव गैस उत्पादन प्रणाली

1. **गैस प्लांट का आवरण** : डाइजेस्टर से ऊष्मा की हानि को रोकने के लिए, डाइजेस्टर के बाहरी भाग को विभिन्न सामग्री जैसे एल्युमीनियम परिनिधान अधिपट्टन (Aluminium cladding), काँच के रेशे, खनिज ऊर्ण, भूसा आदि के उपयोग से आवर्णित किया जाता है। इसी कारण की वजह से जनता प्रकार के प्लांटों में डाइजेस्टर का निर्माण भूमि के नीचे किया जाता है। फ्लोटिंग डोम आकार वाले प्लांट में लगभग 54 प्रतिशत कुल ऊष्मा की हानि गैस होल्डर के ऊपरी भाग से होता है और इसको रोकने के लिए सामान्य प्रकार के आवरण जैसे उपलब्ध शुष्क कृषि अवशेष (चावल के भूसे से बनी चटाई) से ही गैस होल्डर के ऊपरी भाग से होने वाली हानि को कम कर सकते हैं।

2. **वानस्पतिक खाद के निर्माण की प्रक्रिया** : कृषि अवशेषों के वायुजीवी वानस्पतिक खाद के निर्माण के दौरान ऊष्मा का डाइजेस्टर के ऊपरी भाग से निष्कासन होता है, जिसका उपयोग डाइजेस्टर के प्रचलन तापमान में वृद्धि के लिए किया जा सकता है। नमी के अनुकूल अवस्था के अन्तर्गत वानस्पतिक खाद का निर्माण कार्य 3–4 हफ्तों में ही पूरा हो जाता है और विभिन्न अवधि पर ऊष्मा का निष्कासन भी होता है। कम मात्रा में भूसे में जल होने से भी तापमान में घटाव होता है। इस प्रक्रिया में डाइजेस्टर का सारा घोल वानस्पतिक खाद की अभिक्रिया द्वारा गर्म होता है और डाइजेस्टर के ऊपरी भाग से ऊष्मा के विकिरण के निष्कासन को रोकने हेतु गैस के होल्डर के ऊपरी भाग पर मोटा चावल के भूसे से बनी चटाई को लगाया जाता है। इस प्लांट में डाइजेस्टर के चारों ओर गढ्ढे की खुदाई होती है और इसमें 13 सें.मी. मोटी दीवार बनाई जाती है। इसके पश्चात उसमें एक परत चावल के भूसे और एक परत पशुओं के अवशिष्ट पदार्थ से भरा जाता है। चावल के भूसे की परत की मोटाई 15 सें. मी. है। दोनों परतों को नम रखने के लिए जल का छिड़काव किया जाता है। 2 से 3 दिनों के अंदर ही कार्बनिक पदार्थ एवं चावल के भूसे का विघटन आरंभ हो जाता है और पर्याप्त मात्रा में ऊष्मा उत्पन्न होती है, जो कि पाचन घोल के तापमान को बढ़ाती है।

3. **गर्म जल का परिसंचारण (Hot Water Circulation)** : गर्म जल के परिसंचरण द्वारा किण्वित घोल के तापमान को दक्षतापूर्वक वांछनीय स्तर पर अनुरक्षित किया जाता है।

4. **रासायनिक पदार्थों का उपयोग** : रासायनिक पदार्थों जैसे; यूरिया एवं मूत्र का उपयोग डाइजेस्टर के तापमान को बढ़ाने हेतु किया जाता है।
5. **सौर ऊर्जा प्रणाली** : जैव गैस डाइजेस्टर में सौर ऊर्जा का उपयोग दो विभिन्न तरीकों द्वारा किया जाता है: 1. प्रत्यक्ष 2. अप्रत्यक्ष।

प्रत्यक्ष प्रणाली में दिन के समय सौर ऊर्जा का उपयोग डाइजेस्टर में डालने वाले भारण को गर्म करने के लिए किया जाता है और जब वह वांछनीय तापमान पर आ जाता है, तब उसे डाइजेस्टर के डाल दिया जाता है। अप्रत्यक्ष प्रणाली में डाइजेस्टर के चारों तरफ सौर ऊर्जा को संग्रहित करने हेतु ग्रीनहाऊस का निर्माण किया जाता है। प्रयोग के अनुसार यह पाया गया है कि भूमिगत डाइजेस्टर के ऊपर निर्मित अप्रत्यक्ष ग्रीनहाऊस डाइजेस्टर के तापमान को 10^oC तक बढ़ा देता है।

जैवगैस प्लांट संबंधित समस्याएँ

1. यदि घोल को सुखाने हेतु पर्याप्त मात्रा में खुला स्थान अथवा वानस्पतिक खाद के गढ्ढे नहीं उपलब्ध होते हैं, तो उत्प्रवाही घोल का हस्तन एक मुख्य समस्या है प्रेस निस्पदंक का उपयोग एवं घोल के स्थानांतरण में अधिक लागत लगती है।
2. गैस को उत्पादित करने वाले मिथेनोजनिक जीवाणु तापमान के प्रति अधिक संवेदनशील होते हैं।
3. जैव गैस प्लांट के प्रचालन हेतु निपुण एवं कुशल कारीगरों की आवश्यकता होती है, अन्यथा अनेक प्रकार की समस्याएँ जैसे; भारण दर का बढ़ना, पशु अवशिष्ट का जल के साथ उचित मात्रा में मिश्रण न होना, घोल का प्रवेश द्वार तक निरंतर रूप से प्रवाह न होना आदि उत्पन्न हो सकती है।
4. यदि भारी मात्रा में यूरिया उर्वरक को घोल में मिला दिया जाए तो अमोनिया–नाइट्रोजन के विषालुता (Toxicity) के परिणामस्वरूप गैस का उत्पादन कम होता है।
5. अवायवीय पाचन प्रक्रिया में पी.एच. और वाष्पशील फैटी अम्ल मुख्य भूमिका निभाते हैं। ये हमेशा अनुकूल दायरे में ही रहने चाहिए अन्यथा डाइजेस्टर में होने वाली प्रक्रियाओं में अवरोध उत्पन्न हो जाता है और कभी–कभी इनके समाप्त होने की संभावना भी उत्पन्न हो जाती है।

जैवगैस की ईंधन रूपी विशेषताएँ

कार्बनिक पदार्थों के अवायवीय किण्वन द्वारा जैव गैस की उत्पत्ति होती है, जिसमें मीथेन एवं कार्बन डाइ ऑक्साइड की अत्यधिक मात्रा के साथ कुछ सूक्ष्म मात्रिक अन्य गैसों के भी पाए जाते हैं।

तालिका 6.3 जैव गैस ईंधन की प्रमुख विषेशताएँ

संघटन	आयतन (प्रतिशत)
मीथेन	50–60
कार्बन डाइ ऑक्साइड	30–45
हाइड्रोजन	5–10
नाइट्रोजन	0.5–0.7
हाइड्रोजन सल्फाइड एवं ऑक्सीजन	सूक्ष्म मात्रिक
ऊष्मीय मान	
60 प्रतिशन मीथेन	22.350 से 24.22 MJ/m^3
कार्बनिक डाइऑक्साइड के बिना	33.525 से 35.390 MJ/m^3
ऑक्टेन अनुमतांक (CO_2) के बिना	130
ऑक्टेन अनुमतांक (CO_2) के साथ	110
प्रज्वलन तापमान	650^oC
पूर्ण दहन के लिए वायु एवं मीथेन का अनुपात	10 से 1
वायु का विस्फोटन दायरा	5 से 15

जैवगैस की उपयोगिता

जैवगैस संयंत्र का मुख्य उत्पाद ईंधन गैस और कार्बनिक खाद है। जैव गैस ज्वलनशील गैस है, जिसमें मीथेन ही केवल जैव गैस दहनशील वाला भाग है, इसलिए लगभग 60 प्रतिशत इसका उपयोग दहन के लिए होता है। जैव गैस दक्षता पूर्वक खाना बनाने, बल्ब जलाने, छोटे इंजन के प्रचालन हेतु जल निकालने के लिए ऊर्जा का उपयोग, गेहूँ से आटा बनाने आदि कार्यों में उपयोग होता है। आज लगभग लाखों घरों में जैव गैस का उपयोग खाने बनाने में हो रहा है। पशु मल को जलाने से कार्बनिक खाद का राष्ट्रीय स्तर पर नुकसान होने के साथ–साथ ये विभिन्न प्रकार के स्वास्थ्य संबंधित समस्याओं को भी जन्म देता है। यह अनुमान लगाया गया है, कि लगभग 30 लाख से भी अधिक चूल्हा जिसमें लगभग 133 लाख टन एवं महिलाओं के आँखों से संबंधी समस्याओं का मुख्य कारण है। महिलाओं को इन समस्याओं से मुक्त कराने हेतु जैव गैस का उपयोग सबसे उत्तम तकनीक है। एक अश्व–शक्ति वाला इंजन एक क्युबिक मीटर गैस से लगभग 2 घण्टे कार्य कर सकता है। गैस की इस मात्रा द्वारा पाँच लोगों वाले परिवार के लिए तीन समय का खाना बनाया जा सकता है। गोबर गैस को एल.पी.जी. की तरह किसी में भरकर रखा नहीं जा सकता है। जहाँ जैव गैस की उत्पत्ति होती है, वहाँ पर शक्ति घर का निर्माण करना बहुत लाभान्वित होगा। जैव–रासायनिक फ्युल सेल में जैव कार्बनिक पदार्थों का उपयोग

करके विद्युत ऊर्जा का उत्पादन किया जा सकता है। फ्युल सेल में निद्वार (Cathode) पर वायु को उपचायक के रूप में और जैव कार्बनिक पदार्थ को ईंधन के रूप में उद्द्वार (Anode) पर अतः क्षेपण किया जाता हैं। विद्युत–अपघट्य सामान्यतः एक कार्बनिक घोल या जलीय माध्यम जैसे पोटेशियम हाइड्रोऑक्साइड होता है। जीवाणु द्वारा लगभग आधे ईंधन के उपभोग से कुछ अन्य समस्याएँ उत्पन्न होती हैं। हालांकि जीवाणु अपने शरीर के पोषक तत्वों की पूर्ति करता है जो कि अनिवार्य है। जैव रासायनिक फ्युल सेल का विद्युत शक्ति निवेश, जीवाणुओं के उपापचय अनुपात के समानुपात है। जैव गैस के उपयोग से दोनों सी. आई (डीज़ल) और एस. आई (पेट्रोल) इंजन का प्रचालन हो सकता है। सी. आई इंजन दोनों ईंधन (जैव गैस + डीज़ल) द्वारा चलायमान होता है, परन्तु शुरुआत में डीज़ल की थोड़ी सी मात्रा अतः क्षेपण करनी पड़ती है, ताकि वायु और जैव गैस के मिश्रण को जलाया जा सके। हालांकि शुरुआत में इंजन को शुरू करने हेतु शुद्ध डीजल की आवश्यकता होती है। स्पार्क इग्निशन इंजन को पेट्रोल से शुरू करने के पश्चात् उसका जैव गैस द्वारा प्रचालन किया जा सकता है। रोजाना उपयोग में आने वाले डीजल इंजन का थोड़ा–सा रूपांतरण करने के पश्चात् जैव गैस द्वारा इसका प्रचालन किया जा सकता है, जिसके परिणामस्वरूप लगभग 80 प्रतिशत डीजल तेल को बचाया जा सकता है। जैव गैस एस. आई. इंजन में अकेले उपयोग हो सकता है।

एस.आई. इंजन का रूपातंरण

एस. आई इंजन पूर्ण रूप से जैव गैस द्वारा चलाया जाता है, परन्तु शुरुआत में इंजन को शुरू करने हेतु पेट्रोल की आवश्यकता होती है। एस. आई. इंजन को पूर्ण रूप से जैवगैस द्वारा प्रचालित करने हेतु कुछ रूपांतरण करने की आवश्यकता है। उदाहरणार्थ जैवगैस का प्रवेश, प्रवेश करने वाले वायु में अवरोध, ज्वलन अवधि में वृद्धि आदि।

सी.आई. इंजन का रूपांतरण

सी. आई. इंजन दोनों प्रकार के ईंधन द्वारा प्रचालित किए जा सकते हैं। इस इंजन में भी कुछ रूपांतरण की आवश्यकताएँ हैं, जैसे प्रवेश होने वाली वायु के साथ जैव गैस का आगमन, ज्वलन अवधि में वृद्धि, ऐसी प्रणाली का रूपांतरण जिसके उपयोग से डीजल के उपयोग में घटाव आए। जैवगैस का प्रवेश और आंतरिक वायु एंव गैस के सम्मिश्रण के लिए एक मिश्रण कक्ष की आवश्यकता है, जो वायु शोधिन के नीचे स्थित हो ताकि वायु एवं गैस सिलिन्डर में प्रवेश होने से पूर्व ही आपस में अच्छी तरह से मिल जाए। अतः यह निष्कर्ष सामने आया है कि

1. सी. आई एवं एस. आई. इंजन के थोड़े रूपांतरण के साथ पारम्पारिक ईंधनों के स्थान पर जैव गैस का प्रतिस्थापन किया गया है। जैवगैस के उपयोग से पेट्रोल का 100 प्रतिशत और डीजल का 80 प्रतिशत तक प्रतिस्थापन किया जा सकता है।

2. जैवगैस में कार्बन डाइऑक्साइड के अंश को कम करने से इंजन के निष्पादन में उन्नति हुई है।
3. जैवगैस को एस.आई. इंजन में ईंधन के रूप में उपयोग करने से ज्वलन की अवधि 4 से 5 डिग्री तक बढ़ सकती है, जो इंजन के निष्पादन को अधिक उत्तम बनाती है।
4. सी.आई. इंजन के उचित निष्पादन हेतु अतः क्षेपण की अवधि 31 से 33 डिग्री के बीच में होना चाहिए।
5. पारम्पारिक ईंधनों के बढ़ते हुए मूल्य एवं उनकी कमी को देखते हुए जैव गैस का उपयोग आर्थिक रूप से अधिक उत्तम होगा।

नाली से बहने वाले गंदे जल के शोधन हेतु प्लांट में भी गैस का ईंधन के रूप में उपयोग होता है। इस ईंधन द्वारा बोयलर को गर्म किया जाता है, ताकि इसमें उपस्थित जल अच्छी तरह से गर्म हो सके क्योंकि इस गर्म जल का उपयोग डाइजेस्टर के गर्म करने के लिए होता है, जिसके फलस्वरूप गैस इंजन चलायमान होता है। यदि जैव गैस में 0. 25 से 1.0 प्रतिशत से अधिक हाइड्रोजन सल्फाइड उपस्थित होता है तो गैस इंजन में गैस के जलने से पूर्व गैस का घिसाव किया जाता है क्योंकि हाइड्रोजन सल्फाइड जैवगैस को संक्षारक कर देते हैं। गैस को घिसने हेतु फेरिक ऑक्साइड Likat (Sponge) से भरे हुए कक्ष से गुजारते हैं।

जैवगैस संयंत्र का अन्य मुख्य उत्पाद कार्बनिक खाद है, जो डाइजेस्टर के निकास द्वार से निकलता है और ये नाइट्रोजन एवं ह्युमस से परिपूर्ण रहता है। सिंचाई के जल के साथ ही ये खेत में डाले जा सकते हैं। ये मिट्टी के लिए अधिक लाभदायक है, क्योंकि ताज़े घोल में नाइट्रोजन का अंश अधिक होता है और यह मिट्टी में अच्छी तरह से मिल जाता है। सब्जियों के अवशेष जैसे घास, पत्ते, मक्के का डंठल और सभी प्रकार के अवशिष्ट पदार्थों को एक गढ्ढे में डालकर उसके ऊपर इस घोल को फैला दिया जाता है। इसी तरह से उसके ऊपर फिर एक परत अवशिष्ट पदार्थ और एक परत घोल का डाला जाता है और यह तब तक किया जाता है, जब तक गढ्ढा भर न जाए। घोल में उपस्थित अत्यधिक मात्रा में जीवाणु एवं पोषक पदार्थ वानस्पतिक खाद के निर्माण की प्रक्रिया का संचालन करते हैं।

निष्कर्ष

प्रकाश–जैविकीय प्रभाव ईंधन के स्रोत के रूप में इस्तेमाल किए जा सकते हैं, जैसे; सौर ऊर्जा द्वारा मीथेन गैस का उत्पादन। इसमें सर्वप्रथम पौधे सौर ऊर्जा को प्रकाश संश्लेषण प्रक्रिया द्वारा संग्रहित करके जैवगैस जैनेरेटर में और अंत में मीथेन के उत्पादन हेतु उपयोग करते हैं। इस सौर ऊर्जा के रोपण या ऊर्जा की खेती में पौधे का उत्पादन अधिक होना अनिवार्य है, क्योंकि इसका विशिष्ट उद्देश्य मीथेन का जैविक–परिवर्तन है।

घास, शैवाल, जल कुंभी आदि इस तरह के पेड़–पौधे के उदाहरण हैं। शैवाल की वृद्धि पोषक तत्वों से परिपूर्ण नगरीय नाले के गंदे जल से होना चाहिए ताकि ये किण्वन के परिणाम स्वरूप मीथेन का उत्पादन कर सकें। विद्युत ऊर्जा का उत्पादन बड़े स्तर पर कम लागत में हो सकता है। इस तरीके द्वारा बड़े नगरों के गंदे जल के शोधन की समस्या का भी समाधन हो सकता है। शैवालों की वृद्धि के पश्चात उनको संग्रहित करके लगभग 5 प्रतिशत ठोस पदार्थ के उत्पाद का शोधन किया जाता है। इस ठोस पदार्थ का अवायवीय किण्वन होता है और लगभग तीन सप्ताहों के पश्चात कार्बनिक सामग्री का परिवर्तन मीथेन में हो जाता है। यह मीथेन ऊष्मीय ऊर्जा एवं विद्युत ऊर्जा के उत्पादन हेतु ईंधन के रूप में उपयोगी होती है। विभिन्न प्रक्रियाओं द्वारा जैवभार से ठोस (काष्ठ, चारकोल), द्रव्य (तेल, एल्कोहल), गैस (मीथेन, हाइड्रोजन) या विद्युत ऊर्जा का उत्पादन किया सकता है। विभिन्न प्रक्रिया जिससे जैवभार उपयोगी ईंधन में परिवर्तित होते हैं, वे प्रत्यक्ष दहन, अवायवीय पाचन, जलीय अपघटन, ताप अपघटन, हाइड्रोगैसीकरण, हाइड्रोजनीकरण आदि हैं। जैव भार का उपयोगी ईंधनों में परिवर्तन के दौरान लगभग एक–तिहाई या दो–तिहाई ऊर्जा की क्षति होती है। मिथेनॉल और इथेनॉल दो उपयोगी जैवभार ईंधन हैं, जिनका गैसोलीन के साथ सम्मिश्रण किया जा सकता है। जैवभार ऊर्जा की लागत वर्तमान में कोयला आधारित प्लांट की अपेक्षा अधिक है। जैवभार वर्षभर और कम प्रदूषण फैलाने वाली ऊर्जा है। जैव गैस दक्षतापूर्वक जीवश्म ईंधन का प्रतिस्थापन कर सकते हैं। जैव गैस उत्पादन के पश्चात् घोल पोषक तत्वों से परिपूर्ण होता है, जो उर्वरक के रूप में इस्तेमाल होता है। गाय के गोबर से बने कंडे को जलाने हेतु रोक लगाना चाहिए क्योंकि इससे कई प्रकार की समस्या उत्पन्न होती है। इस तरह के दक्षतापूर्वक ऊर्जा के स्रोत के होने से, भारत जीवश्म ईंधनों की कमी के बावजूद भी परेशान नहीं रहेगा। यदि इन स्रोतों को अच्छी तरह से संग्रहित करके उपयोग किया जाए।

❏❏❏

अध्याय 7

सूक्ष्म शैवाल से जैवईंधन : 21वीं शताब्दी का ईंधन

विभिन्न स्रोतों जैसे वानिकी, कृषि और जलीय आदि से अनेक प्रकार के जैवभारों की उत्पत्ति होती है, जो कि विविध जैव ईंधनों उदाहरणतः जैव डीज़ल, जैव इथेनॉल, जैव हाइड्रोजन, जैव तेल और जैव गैस के लिए अनिर्मित सामग्री के रूप में अन्वेषित किए गए हैं। तकनीकी-आर्थिक आकलन द्वारा यह स्पष्ट हुआ है, कि जैव ईंधन के उत्पादन की लागत प्रभावित विधि से कार्यान्वित होने के योग्य है, परन्तु प्रचलित जैवभार से व्युत्पन्न ईंधनों को जलाने से पर्यावरण पर ठीक वैसा ही प्रभाव पड़ता है, जो जीवश्म ईंधनों को जलाने से होता है, स्थिर कार्बन का कार्बन डाइ ऑक्साइड में परिवर्तन। इसके साथ ही कुछ निश्चित जैवभारों (जैसे लकड़ी) का अत्यधिक उपभोग बिना उपयुक्त प्रतिकारिता के (जैसे वृक्षों का पुनः रोपण) (Afforestation) अनेक प्रकार की पर्यावरण संबंधी समस्याओं (जैसे वनोन्मूलन) (Deforestation) का कारण उत्पन्न करती है। पारंपारिक स्थलीय वृक्ष सौर ऊर्जा को प्रग्रहण करने में अधिक सक्षम नहीं होते हैं। यह पाया गया है, कि स्विच ग्रास (Switch grass) जो कि तीव्रता से बढ़ने वाली स्थलीय फसल है, सौर ऊर्जा को जैवभार ऊर्जा में परिवर्तित करती है जो प्रतिवर्ष $1w/m^2$ के दर से अधिक नहीं है और मध्य अक्षांश क्षेत्रों 200–300 w/m^2 में प्राप्त की गई सौर ऊर्जा के 0.5 प्रतिशत से भी कम है। दूसरी तरफ अध्ययनों द्वारा यह पाया गया है कि सूक्ष्म शैवालों की प्रकाश संश्लेषण क्षमता 10–20 प्रतिशत और उससे अधिक के कार्यक्षेत्र में है। विभिन्न अध्ययन द्वारा यह पता चला है कि नाइट्रोजन उर्वरक का जैवईंधन फसलों के खेती हेतु उपयोग से वायुमंडल में अत्यधिक नाइट्रस ऑक्साइड (N_2O) प्रवेश कर रहा है और नाइट्रस ऑक्साइड के उत्सर्जन से कुछ हद तक इसका योगदान भूमण्डलीय तापक्रम (Global warming) में बढ़ोत्तरी के लिए भी है। इन समस्याओं का निवारण करने के लिए जैवईंधनों की उत्पत्ति हेतु तीव्रता से बढ़ने वाले सूक्ष्म शैवालों की प्रजातियों में वृद्धि करनी चाहिए। सूक्ष्म शैवाल एक–कोशिकीय एवं बहु–कोशिकीय, प्रोकैरियोटिक (Prokaryotic) अथवा यूकैरेयोटिक (Eukaryotic) प्रकाश संश्लेषी (Photosynthetic) सूक्ष्मजीव होते हैं। उनकी साधारण संरचना के कारण वृद्धि दर तथा प्रकाश संश्लेषी क्षमता अधिक होती है। यह अनुमान लगाया गया है, कि सूक्ष्म शैवालों द्वारा जैवभार की उत्पादकता स्विच ग्रास जो कि तीव्रता से बढ़ने वाला स्थलीय पौधा है, की तुलना में 50 गुना अधिक होता है। सूक्ष्म शैवाल के प्रयोग से जैव ईंधन का उत्पादन करने के अनेक लाभ होते हैं:

1. जैव ईंधनों की भारी माँग तीव्र वृद्धि दर वाले सूक्ष्म शैवालों द्वारा संभव हुई है। इस कार्य में नियमित भूमि संसाधनों का बिना किसी जैवभार के घटाव के उपयोग हुआ है।
2. सूक्ष्म शैवालों की खेती में भूमि के फसलों की अपेक्षा कम जल की आवश्यकता होती है।
3. सूक्ष्म शैवाल की उच्च कार्बन डाइ ऑक्साइड अंश के लिए सहनशीलता कार्बन डाइ ऑक्साइड के घटाव संबंधी कार्य को बढ़ाता है।
4. सूक्ष्म शैवाल का जैव ईंधन उत्पादन संबंधी कार्य में उपयोग से नाइट्रस ऑक्साइड (N_2O) के उत्सर्जन में भी कमी आती है।
5. परम्परागत खेती की अपेक्षा सूक्ष्म शैवाल की खेती अधिक लागत–प्रभावित है।

सूक्ष्म शैवाल में सीमित प्रकाश भेदन (Penetration) से जैवभार की सांर्द्रता में कमी होती है और यह सूक्ष्म शैवाल से जैवईंधन उत्पादन हेतु मुख्य हानि का कारण है। सूक्ष्म शैवाल फसलों में जल के अधिक अंश के वजह से उसको सुखाना एक ऊर्जा–उपभोगी प्रक्रिया है। परम्परागत खेती की अपेक्षा सूक्ष्म शैवाल की खेती में अधिक लागत, अत्यंत रख–रखाव एवं अनेकों सुसाध्यों की आवश्यकता होती है, जिसके कारणवश व्यवसायिक स्तर पर सूक्ष्म शैवालों द्वारा जैव ईंधनों का उत्पादन दक्षतापूर्वक संभव नहीं हो पा रहा है।

जैवडीजल (Biodiesel) और लिपिड (Lipid)

जैवडीजल एकल–अल्कोहोलिक ट्रांसएस्टरीकरण प्रक्रिया द्वारा उत्पन्न होते हैं जिसमें क्षारक, अम्ल अथवा किण्वक के उत्प्रेरण के साथ ट्राइग्लिस्राइड (Triglyceridè) एकल एल्कोहल के साथ अभिक्रिया करते हैं। जैवडीजल की ज्वलनशील विशेषताएँ डीज़ल के समान्तर ही होती है और ये व्यवसायिक स्तर पर वाहनों में ईंधन के रूप में उपयोग किया जा सकता है। ट्रांसएस्टरीकरण प्रक्रिया को अनुकूल बनाने की सार्थक तकनीक कार्यान्वित हो चुकी है, उदाहरणतः ओटावा (Ottwa) युनिवर्सिटी के रासायनिक इंजीनियरिंग विभाग के कनेडियन शोधकर्ताओं ने एक द्वि–चरण झिल्ली रियेक्टर (Two-phase membrane Reactor) विकसित किया है, जिसमें उन्होंने मिथेनॉल में केनोला तेल (Canola-oil) के अमिश्रणीय गुण (Immiscibility) का उपयोग करके केनोला तेल के अवशेष से अभिकृत उत्पादों (जैव डीजल / ग्लिसरोल) का पृथक्करण किया है। उत्पाद से अनअभिकृत केनोला तेल को निष्कासित करने में तथा उच्च शुद्धता वाले जैवडीजल का उत्पादन करने में द्वि–चरण झिल्ली रिएक्टर उपयोगी होते हैं। जैवडीजल उत्पादन करने में मुख्य चुनौती अनिर्मित सामग्रियों की लागत है। वर्तमान में जैवडीजल का उत्पादन पशु वसा एवं पौधों के तेल पर निर्भर है। भूमि संसाधन के लिए खाद्य उद्योगों और कृषि उपगमन की

स्पर्धा चल रही है उदाहरणतः 2003 में 5.54 Mtoe (मिलियन टन ऑफ ओइल इक्वीवेलेन्ट) जैवडीजल के उत्पादन के लिए 9.3 डीं भूमि केनोला और सूरजमुखी की खेती हेतु आवश्यक है। वहीं दूसरी ओर कुछ सूक्ष्म शैवाल की प्रजातियाँ अपने जैवभार के लिपिड को संचित करती है, जिसको जैवडीजल उत्पादन के विकल्प के रूप में प्रयोग किया जा सकता है। लिपिड सूक्ष्म शैवाल का एक मुख्य घटक है और ये इनकी प्रजातियों तथा वृद्धि परिस्थितियों पर निर्भर होता है। ये झिल्ली के घटक, संचयित उत्पाद, उपापचयज (Metabolite) और ऊर्जा के संचयन में उपलब्ध होता है। ये लिपिड इंजनों में द्रव्य ईंधन ''स्ट्रेट वेजिटेबल ऑयल'' (Straight Vegetable Oil) के समान उपयोग किए जाते हैं। कुल लिपिड अंश का ट्राइग्लिसराइड एवं फ्री फैटी अम्ल (Free fatty acid) भाग जैवडीजल में परिवर्तित हो जाता है। शैवाल द्वारा उत्पादित सभी ऊर्जा वाहकों में से डीजल ने सबसे अधिक अपनी ओर ध्यान आकर्षित किया हैं। यद्यपि दो मुख्य योजनाओं जो कि यू.एस. (US) और जापान (Japan) की सरकार द्वारा प्रायोजित हुई हैं, उनमें यह पाया गया है कि शैवाल द्वारा तेल की उत्पत्ति आर्थिक रूप से संभाव्य नहीं है, परन्तु निजी क्षेत्रों ने व्यवसायिक स्तर पर शैवाल तेल से जैव डीजल का उत्पादन करने हेतु संसाधनों को विकसित करने का निरंतर प्रयास किया हैं।

कार्बोहाइड्रेट (Carbohydrate) और इथेनॉल (Ethanol)

जैविक इथेनॉल का जैवईंधन के रूप में उपयोग किया जा सकता है, जो कि जीवाश्म द्वारा व्युत्पन्न पेट्रोल को व्यवस्थापित कर सकता है। वर्तमान में जैविक इथेनॉल शर्करा के किण्वन द्वारा एवं मक्का से स्ट्रार्च के जलीय अपघटन द्वारा उत्पन्न किया जाता है। अभी तक शैवाल की प्रजातियों में 50 प्रतिशत से अधिक स्ट्रार्च का अंश पाया गया है। नई प्रौद्योगिकियों के विकसित होने से सेल्युलोज (Cellulose) एवं हेमी सेल्युलोज (Hemicellulose) को जलीय अपघटन द्वारा शर्करा में रूपांतरित किया जा सकता है, यह शैवाल के शुष्क पदार्थ के अधिकतर भाग को इथेनॉल में परिवर्तित करने की संभावनाओं का सृजन करता है। काष्ठीय जैवभार की अपेक्षा शैवालों के कुछ लाभकारी विशेषताएँ हैं, जिसमें से सबसे अधिक विशिष्ट विशेषता शैवालों में लिग्निन की अनुपस्थिति है। शैवालों में विशेष प्रकार्यात्मक भाग जैसे कि जड़े एवं पत्तियाँ नहीं पाई जाती हैं। शैवाल की कोशिका भित्ती मुख्यतः बहुशर्कराइड से निर्मित होती है, जिसको जल अपघटन द्वारा शर्करा में परिवर्तित किया जा सकता है। इथेनॉल उत्पादन के लिए अन्य शैवाल विशिष्ट तकनीक विकसित की गई है, जिसमें हरे शैवाल को आनुवंशिक रूप से संशोधित किया गया है, जिससे वे सूर्य के प्रकाश एवं कार्बन डाइ ऑक्साइड के द्वारा इथेनॉल का उत्पादन करते हैं। शैवाल से इथेनॉल की उत्पत्ति अत्यधिक आकर्षित पद्धति है, परन्तु वर्तमान में इससे संबंधित शोध कार्य अभी प्रारंभिक स्तर पर है।

हाइड्रोकार्बन (Hydrocarbon)

बोट्रियोकोकस ब्राऊनी (*Botryococcus brauni*) शैवाल की एक सुप्रसिद्ध प्रजाति है, जो हाइड्रोकार्बन के उत्पत्ति हेतु जानी जाती है। पेट्रोलियम के समान ही इन हाइड्रोकार्बन को भी गैसोलीन (Gasoline), भित्ती का तेल और डीज़ल में परिवर्तित किया जा सकता है। *बोट्रियोकोकस ब्राऊनी* के शुष्क पदार्थ का औसतन 20–60 प्रतिशत भाग हाइड्रोकार्बन होता है, जबकि दूसरी शैवाल प्रजातियों में सामान्यतः 1 प्रतिशत से भी कम हाइड्रोकार्बन पाया जाता है। प्रजाति के आधार पर ये हाइड्रोकार्बन या तो सी–30 से सी–37 एल्कीन (Alkenes) अथवा सी–23 से सी–33 विषम संख्याकिक एल्कीन होते हैं। ये हाइड्रोकार्बन मुख्यतः कोशिका के बाह्य भाग पर संचित होते हैं और कार्बनिक पदार्थों के कोशिका भित्ती से कोशिका के भीतर जाने के दौरान निष्कर्षण (Extraction) को सरल बनाते हैं। *बोट्रियोकोकस ब्राऊनी* मीठे जल में निर्वाह करते हैं, परन्तु ये लवणीय जल में भी अनुकूल होते हैं। नाइट्रोजन और फॉस्फेट की उपलब्धता, प्रकाश की प्रबलता और पी.एच. कुछ अन्य कारक हैं, जो *बोट्रियोकोकस ब्राऊनी* की वृद्धि तथा हाइड्रोकार्बन की उत्पत्ति के लिए उत्तरदायी है। धीमी गति से *बोट्रियोकोकस ब्राऊनी* की वृद्धि हाइड्रोकार्बन की उत्पत्ति में एक जटिल समस्या है। विश्व में अनेक ऐसे स्थान पाये जाते हैं, जहाँ लवणीय भौम जल एवं खारा जल, भूमि को कृषि के लिए अनुपयोगी बनाते हैं। ऐसे स्थानों में बड़े स्तर पर *बोट्रियोकोकस ब्राऊनी* के संवर्धन को विकसित किया जाना चाहिए। इस क्षेत्र में अत्यधिक शोध की आवश्यकता है।

हाइड्रोजन (Hydrogen)

भविष्य के लिए ऊर्जा वाहक के रूप में हाइड्रोजन एक सक्षम ईंधन है और ये सरलता से किसी भी गतिशील वाहनों में प्रयोग किये जा सकते हैं, इसमें सिर्फ जल ही निकास उत्पाद होता है। हाइड्रोजन का ईंधन सेल में प्रयोग किसी भी प्रकार के नाइट्रोजन के ऑक्साइड का उत्सर्जन नहीं करता है। व्यवसायिक स्तर पर, हाइड्रोजन उत्पादन की प्रौद्योगिकी का उच्च स्तर पर विकास न होने कि वजह से, इसे ईंधन के रूप में कार्यान्वित नहीं किया जा पा रहा है। वर्तमान में हाइड्रोजन गैस का उत्पादन जीवाश्म ईंधनों के वाष्प शोधन प्रक्रिया द्वारा होता है। बड़े पैमाने पर जल के विद्युत अपघटन (Electrolysis) से भी इसकी उत्पत्ति की जा सकती है, परन्तु इस प्रक्रिया को पूर्ण करने हेतु अधिक विद्युत ऊर्जा का उपयोग इसकी लागत को बढ़ा देता है। बैक्टीरिया द्वारा भी जैविक हाइड्रोजन का उत्पादन संभव है और प्रकाशहीन परिस्थितियों में कुछ बैक्टीरिया कार्बोहाइड्रेट से हाइड्रोजन का अवतरण करते हैं। पर्पल नॉन सल्फर बैक्टीरिया (Purple non sulfur bacteria) प्रकाश से मिलने वाली ऊर्जा का प्रयोग करके हाइड्रोजन गैस का उत्पादन करते हैं जबकि ग्रीन सल्फर बैक्टीरिया (Green sulfur bacteria) H_2S अथवा S_2O_3

से हाइड्रोजन गैस उत्पादित करते हैं, परन्तु ये सारे विकल्प तभी उपयोगी हैं जब अपशिष्ट जल में ये संयुक्त पदार्थ उपलब्ध हों। अन्य शैवाल जल एवं सूर्य के प्रकाश से सीधे ही ऑक्सीजन की अनुपस्थिति में हाइड्रोजन का उत्पादन कर सकते हैं। व्यवहारिक रूप से हाइड्रोजन गैस के उत्पादन के अंतर्गत निम्न परिस्थितियों का होना आवश्यक हैः अधिक मात्रा में ऊर्जा, ऊर्जा के संग्रहण पर निषेध और अवरोधक (Closed) संवर्धन (Cultivation) व्यवस्था। हाइड्रोजन का अधिकतम सैद्धांतिक (Theoretical) उत्पाद 20g $H_2/m^2/d$ है और सभी तकनीकों के उपयोग के पश्चात् भी अभी तक इसका एक अंश ही उत्पन्न करने में सक्षम हो पाए हैं। भविष्य में हाइड्रोजन को एक सक्षम ईंधन के रूप में कार्यान्वयन करने के लिए निम्न तथ्यों पर ध्यान देने की आवश्यकता है:

1. ऐसे जीवों के बारे में अधिक से अधिक ज्ञान अर्जित करना, जो हाइड्रोजन उत्पन्न करने में समर्थ हों।
2. हाइड्रोजन के उत्पादन हेतु आवश्यक परिस्थितियों के बारे में जानकारी संग्रहण करना।
3. आनुवंशिकी संशोधनों से जैविक माध्यम द्वारा सौर ऊर्जा को हाइड्रोजन में रूपांतरित करने की प्रक्रिया का इष्टतयीकरण। यदि ये सारे सुधार संभव हो पाए, तो हाइड्रोजन एक लाभकारी एवं नवीनीकरणीय ऊर्जा का स्रोत संस्थापित हो सकता है।

जैव–तेल (Bio-oil) और जैव–सिनगैस (Bio-syngas)

उच्च तापमान पर ऑक्सीजन की अनुपस्थिति में जैवभार का परिष्करण तीन अवस्थाओं में उत्पादों को उत्पन्न करता हैः वाष्पीय, द्रवीय और ठोस अवस्था। द्रव्यीय अवस्था एक जटिल मिश्रण होता है, जिसे जैव तेल कहते हैं। जैव तेल की संरचना अनिर्मित सामग्रियों के प्रकार और प्रक्रम परिस्थितियों पर निर्भर करती है, उदाहरणतः काष्ठ जैवभार से उत्पन्न हुए जैव तेल में मुख्यतः फिनोल (Phenol), एल्कोहल (Alcohol) और कार्बोनिल (Carbonyl) पाया जाता है, जिसकी मात्रा ताप–अपघटन की परिस्थितियों के साथ बदलती रहती है। चावल के छिलके के ताप अपघटन से उत्पन्न हुए जैव तेल में फोरमिक अम्ल (Formic acid), टोलीन (Toulene), बेन्जोइक अम्ल (Benzoic acid), α–हाइड्रोक्सी ब्युटाइरिक अम्ल (α-hydroxy butyric acid), 1, 2–बेनजीन डाइ कार्बोक्सिलिक अम्ल (1,2-benzene dicarboxylic acid) और अन्य कार्बनिक पदार्थों का समावेश होता है। जैवभार के समपरिवर्तन पर विस्तृत अध्ययन किया जा चुका है एवं विभिन्न तकनीकों जैसे; एनट्रेण्ड फ्लो रिएक्टर (Entrained flow reactor), सरकुलेटिंग फ्लयुड बैड गैसिफायर (Circulating fluid bed gasifier), वैक्युम ताप अपघटन (Vaccum pyrolysis), वोरटेक्स रिएक्टर (Vortex reactor) इत्यादि ने प्रमाणित

प्रभाव दिखाए हैं। पूर्णरूप से नियंत्रित ताप–अपघटन प्रक्रिया का कुल ऊर्जा और जैवभार का अनुपात 95.5 प्रतिशत तक उच्च होता है। इन तकनीकों को दो वर्गों में विभाजित किया जा सकता है।

1. ताप अपघटनः इसका मुख्य उत्पाद जैव तेल है।
2. गैसीकरण (Gasification): इसका मुख्य उत्पाद सिनगेस है। बाहरी दहन {(वाष्प चक्रण (Steam cycle), जैविक रेनकिन साइकिल (Organic Rankine cycle), स्टर्लिंग इंजन (Sterling engine)} और आंतरिक दहन (डीजल इंजन और गैस टर्बाइन इंजन (Gas turbine engine) अथवा प्राकृतिक गैस या जीवाश्म डीज़ल का सह–ज्वलन (Co-firing), इन सभी के द्वारा ऊर्जा उत्पादन के लिए जैव तेल उपयुक्त है। तथापि इनकी कुछ अवांछनीय, विशेषताएँ हैं, जैसे कि उच्च ऑक्सीजन की मात्रा, कम ऊष्मा का तापमान पर उच्च श्यानता (Viscoscity) और रासायनिक अस्थिरता जो कि इसे एक उच्च गुणवत्ता वाला परिवहन ईंधन बनने में बाधा उत्पन्न करते हैं। इन अवरोधों को दूर करने के लिए अध्ययन किए जा रहे हैं जिससे कि उच्च कोटि का जैव तेल प्राप्त हो सके। एक अनुमान के अनुसार वर्ष 2000 में जैवभार ऊर्जा मुख्यतः काष्ठ और काष्ठीय अवशेषों (64 प्रतिशत) से उत्पन्न किया गया है। शहरी ठोस अवशिष्ट (24 प्रतिशत), कृषि अवशेष (5 प्रतिशत) से भी जैवभार ऊर्जा उत्पन्न किया गया है। हाल ही में जैव तेल उत्पादन के लिए सूक्ष्म शैवाल जैवभार की उपयुक्तता का भी अध्ययन किया गया है, जो कि यह दर्शाता है कि काष्ठ की अपेक्षा सूक्ष्म शैवाल द्वारा अर्जित किया गया जैव तेल अधिक उत्तम है।

शैवाल के संवर्धन में निवेश (Algae Cultivation Inputs)

शैवाल से विभिन्न प्रकार की ऊर्जा जैसे जैव इथेनॉल, जैवडीज़ल, जैव हाइड्रोजन, जैव तेल इत्यादि प्राप्त होते हैं (आकृति 7.1)। ऊर्जा के उद्देश्य की पूर्ति हेतु शैवाल वृद्धि के लिए जिन निवेशकों की आवश्यकता है, वे निम्न हैं :

1. कार्बन डाइ ऑक्साइड प्रग्रहण : सभी प्रकाश संश्लेषी जीवों की भांति शैवाल भी कार्बन डाइ ऑक्साइड को कार्बन के स्रोत के रूप में प्रयोग करते हैं। कार्बन डाइ ऑक्साइड की अनुपस्थिति में शैवाल में किसी भी प्रकार की वृद्धि संभव नहीं है और पर्याप्त मात्रा में कार्बन डाइ ऑक्साइड की आपूर्ति नहीं होना, अकसर शैवालों की उत्पादकता में एक प्रतिबंधक कारक होता है। शैवाल जैवभार के औसतन रासायनिक संरचना के आधार पर, यह अनुमान लगाया गया है कि एक टन जैवभार की वृद्धि के लिए लगभग 1.8 टन कार्बन डाइ ऑक्साइड की आवश्यकता होती है। कार्बन डाइ ऑक्साइड का वायु से जल में प्राकृतिक रूप से विघटन यथेष्ट नहीं है, परन्तु इसे जल में से वायु के बुदबुदाने से उत्तमतर किया जा सकता है। वायु में लगभग

0.0383 प्रतिशत कार्बन डाइ ऑक्साइड होती है, एक टन शुष्क शैवाल के लिए 37000 m^3 वायु में उपस्थित सारी कार्बन डाइ ऑक्साइड की आवश्यकता होती है।

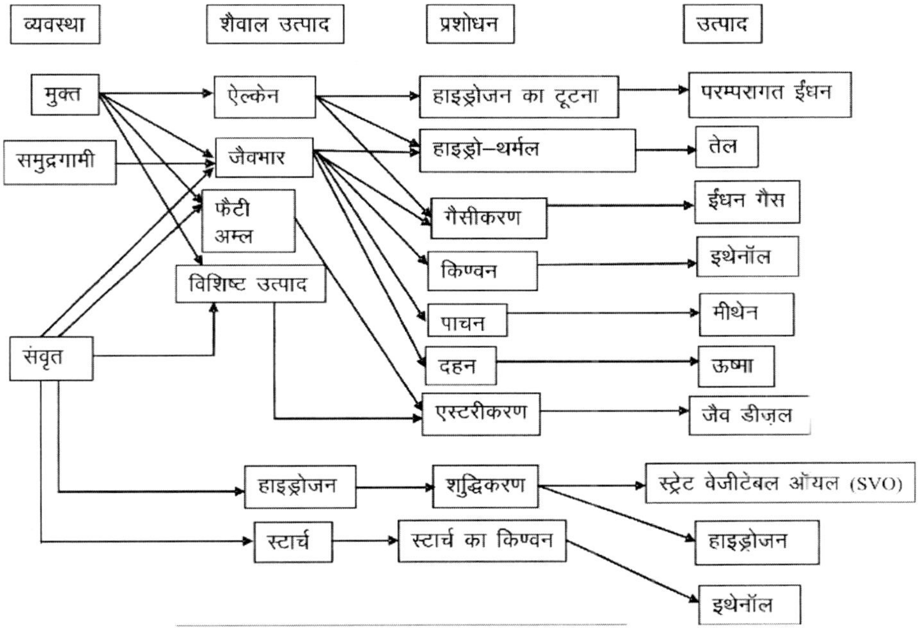

आकृति 7.1 शैवाल से ऊर्जा उत्पादन

2. अन्य विकल्पों में शुद्ध कार्बन डाइ ऑक्साइड का भी प्रयोग किया जा सकता है, परन्तु इसमें अपेक्षाकृत अधिक लागत की आवश्यकता होती है। वाष्प से उत्सर्जित हुई धूम वाहिका (Fuel gas) कार्बन डाइ ऑक्साइड का स्रोत है। इसमें लगभग 4–15 प्रतिशत कार्बन डाइ ऑक्साइड होती है। हाल ही में शोधकर्ताओं ने सुनिश्चित किया है कि धूम वाहिका का शैवाल की वृद्धि के लिए प्रयोग किया जा सकता है एवं इसका कोई हानिकारक प्रभाव भी नहीं होता है। इसके फलस्वरूप पर्यावरण में कार्बन डाइ ऑक्साइड के कारण होने वाली जलवायु परिवर्तन की समस्याओं में घटाव भी होगा।

प्रकाश (Light)

शैवाल प्रकाश संश्लेषण के लिए सूर्य की रोशनी पर निर्भर होता है। विभिन्न भौगोलिक स्थानों पर अलग–अलग मात्रा में सूर्य का प्रकाश उपलब्ध होता है। प्रकाश के कुल तरंगों

में से सिर्फ 45 प्रतिशत विकरण ही प्रकाश संश्लेषण को क्रियाशील बनाते हैं। इसका उपयोग शैवाल कार्बन डाइ ऑक्साइड का प्रग्रहण करने में करते हैं और रात्रि के समय प्रकाश संश्लेषण की प्रक्रिया संभव नहीं होने के कारण शैवाल श्वास के लिए संग्रहित की गई ऊर्जा का उपभोग करते हैं। तापमान और अन्य परिस्थितियों के आधार पर, दिन में उत्पन्न हुए जैवभार का 25 प्रतिशत तक रात्रि में नष्ट हो जाता है।

पोषक तत्वों का निष्कासन (Nutrient Removal)

कार्बन डाइ ऑक्साइड और प्रकाश के अलावा शैवाल की वृद्धि के लिए नाइट्रोजन और फॉस्फोरस की भी आवश्यकता होती है। इनकी पूर्ति कृषि उर्वरकों के रूप में की जा सकती है, ये सरलता से तो उपलब्ध हो जाते हैं, परन्तु इनकी लागत अधिक आती है। इन पोषक तत्वों के अन्य सस्ते स्रोत भी उपलब्ध हैं, जैसे कि मछली पालन से निष्कासित हुआ अवशिष्ट जल। सूअर पालन अवशिष्ट जल के वातनिर्पेक्ष उत्प्रवाही (Effluent) में 84–96 प्रतिशत नाइट्रोजन एवं 72–87 प्रतिशत फॉस्फोरस की मात्रा होती है, जिसे शैवाल की वृद्धि द्वारा निष्कासित किया जाता है और जिसके फलस्वरूप पर्यावरण में युट्रोफिकेशन (Eutrophication) की समस्या का निवारण होता है। चुनी हुई प्रशोधन प्रौद्योगिकी के आधार पर प्रक्रिया के अंतर्गत पोषण का पुनःचक्रण भी एक अन्य विकल्प है, उदाहरणतः गैसीकरण अथवा वातनिर्पेक्ष पाचन (Anaerobic digestion) के पश्चात पोषण का पुनःचक्रण।

तापमान (Temperature)

समशीतोष्ण (Temperate) और उपोष्णकटिबंधीय (Sub-tropical) क्षेत्रों में शैवाल की वृद्धि संबंधी विभिन्न अवधियाँ होती हैं, जैसे नीदरलैण्ड (Netherland) में अप्रैल से नवम्बर तक। सर्द ऋतु में बाहरी तापमान निम्न होता है और शैवाल की अच्छी वृद्धि दर के लिए ग्रीष्म ऋतु जैसे तापमान की आवश्यकता होती है। कई औद्योगिक प्रक्रियाओं में इनकी वृद्धि के लिए ऊष्मा उत्पन्न की जाती है। कई बार इस ऊष्मा का उपयोग किसी अन्य प्रक्रिया में, आसपास के उद्योगों को बेचने में अथवा आस–पास के घरों एवं अन्य संस्थानों को गर्म करने के लिए किया जाता है। परन्तु अक्सर इस अतिरिक्त ऊष्मा का और अधिक उपयोग नहीं होता है। इस ऊष्मा को नियोजित करके शैवाल की वृद्धि हेतु माध्यम के तापमान को अनुकूलतम बनाने में इसका उपयोग किया जा सकता है।

जैवभार दोहन (Biomass Harvesting)

समुद्री शैवाल के संवर्धन के पश्चात् प्रत्येक प्रणाली को जैवभार के दोहन के लिए विशेष तरीकों की आवश्यकता होती है। सामान्यतः एक विशेष प्रकार का दोहन पात्र का

प्रयोग किया जाता है जो, समुद्री शैवाल को काटने के पश्चात प्राप्त वस्तु को भीतर रखता है। सूक्ष्म शैवाल की घनत्वता हमेशा वृद्धि के समय काफी कम होती है, औसतन टयुबलर रिएक्टर में 0.1 से 0.5 प्रतिशत शुष्क पदार्थ है। शैवाल का आकार केवल कुछ माइक्रोमीटर ही होता है। ये दोनों पहलु दोहन एवं शैवाल की सघनता को और अधिक कठिन बनाते हैं, इसलिए इनकी लागत अधिक होती हैं। उत्पादित हुए जैवभार की कुल लागत का 20–30 प्रतिशत भाग दोहन के लिए होता है। आर्थिक रूप से शैवाल से ऊर्जा उत्पन्न करने का सस्ता तरीका शैवाल जैवभार को जल के अंश तक सघन करता है, जिसका यथेष्ट रूप से तेल के दबाव हेतु निम्नीकरण होना महत्वपूर्ण है। तकनीकी रूप से परिशोधन तालाबों का प्रयोग सबसे सरल विकल्प है। जल में से शैवाल के पृथक्कीरण की अन्य विधि निस्पंदनीयकरण (Filtration) है। उच्च कोटि के शैवालों की सघनता के लिए अपकेन्द्रीकरण को प्रयुक्त किया जाता है, जो विद्युत ऊर्जा का उपभोग करता है और जिससे इसकी लागत पर भी असर पड़ता है। शैवाल के दोहन हेतु अन्य विकल्पों में ऊर्णन और पराध्वनि (Ultrasonic) से कोशिकाओं को नष्ट करना भी समाविष्ट है, परन्तु इसमें भारी मात्रा में रासायनिकों और ऊर्जा का उपभोग होता है जो कि अवांछनीय है।

सूक्ष्म शैवालों द्वारा जैव ईंधन की उत्पत्ति और प्रदूषण नियंत्रण का समांकलन (Interated Pollution Control and Biofuel Production using Micro Algae)

1. **सूक्ष्म शैवाल की खेती और कार्बन डाइ ऑक्साइड का घटाव** : जैवईंधन उत्पादन के लिए सूक्ष्म शैवाल का प्रयोग करने का एक महत्वपूर्ण लाभ यह है, कि सूक्ष्म शैवाल की कुछ प्रजातियों में उच्च कार्बन डाइ ऑक्साइड की मात्रा को सहने की क्षमता होती है। ये धूम वाहिका (Flue gas) और फ्लेरिंग (Flaring) गैसों से कार्बन डाइ ऑक्साइड को दक्षतापूर्वक प्रग्रहित कर लेते हैं। कार्बन डाइ ऑक्साइड के घटाव के संबंध में सूक्ष्म शैवालों का लाभ स्पष्ट रूप से देखा जा सकता है। यह प्रतिवेदित किया गया है कि 55 m^2 फोटोबायोरिएक्टर के संवर्धन क्षेत्र में क्लोरेला (Chlorella) प्रजाति के बाह्य पैदावार से धूम वाहिका में उपस्थित कार्बन डाइ ऑक्साइड (6–8 प्रतिशत आयतन के अनुसार) में 10–50 प्रतिशत तक घटाव सार्थक हो पाया है।
2. **अवशिष्ट जल द्वारा सूक्ष्म शैवाल की खेती** : अवशिष्ट जल को प्रशोधित करके उसका शैवाल की खेती के लिए उपयोग अत्यंत लाभकारी है। इससे कम से कम मात्रा में स्वच्छ जल का प्रयोग शैवाल की वृद्धि के लिए होगा। इस योजना को संभाव्य बनाने के लिए विस्तृत शोध किए जा रहे हैं। अपशिष्ट जल में शैवाल की वृद्धि होने से यूट्रोफिकेशन की समस्या का भी निवारण होता है। शैवाल की पैदावार से संदूषित भारी धातुओं के स्तर में भी कमी पाई गई हैं।

3. **समुद्रीय सूक्ष्म शैवालों का उपयोग करके सूक्ष्म शैवालों की खेती** : भूमि संसाधन के बाद स्वच्छ जल ऐसा दूसरा प्राकृतिक संसाधन है जो कि जैव ईंधन उत्पादन के लिए आवश्यक है। विभिन्न देशों जैसे कि चीन, भारत और शुष्क समुद्रीय देशों ने इस संदर्भ पर ध्यान दिया है। समुद्रीय सूक्ष्म शैवालों का प्रयोग कार्बन डाइ ऑक्साइड के घटाव और जैव ईंधन उत्पादन के लिए करना, एक नवीन सुझाव है। विभिन्न संवर्धन प्रणालियों जैसे कि खुले तालाब, संवृत फोटो बायोरिएक्टर (Photobioreactor) इत्यादि का प्रयोग करके विभिन्न समुद्रीय सूक्ष्म शैवालों की प्रजातियों के संवर्धन के लिए व्यापक शोध किए जा रहे हैं, उदाहरणत : *पोरफाइरीडियम* (Porphyridium), नाइट्रोजन फिक्सिंग साइनोबैक्टीरीया *एनेबेना* (*Anabaena*), मेक्रोफाइटिक (Macrophytic) समुद्रीय लाल शैवाल *अगरधीला* (*Agradhiella*), समुद्रीय हरे शैवाल *दुनालियला* (*Dunaliella*) इत्यादि कुछ समुद्रीय सूक्ष्म शैवाल है जिनका उपयोग सूक्ष्म शैवालों की वृद्धि के लिए होता है। यह अपेक्षित किया गया है कि उपयुक्त समुद्रीय सूक्ष्म शैवाल प्रजाति के चुनने से समुद्रीय जल के माध्यम द्वारा लागत प्रभावी रूप से विभिन्न जैव ईंधनों का उत्पादन साध्य है।

शैवाल आधारित जैव ईंधन विशिष्ट संवहनीय मुद्दे (Algae Based Biofuel Specific Sustainability Issues)

शैवाल आधारित जैव ईंधन के कुछ विशिष्ट भविष्य व्यूह (Feature) है, जो स्थलीय जैव ईंधन फसलों की संवहनीय समस्याओं में अच्छी तरह से कमी ला सकते हैं। उदाहरण के तौर पर कृषि भूमि के लिए कम प्रतिद्वन्दता या सकारात्मक प्रभाव जैसे उपभोग की अपेक्षा उर्वरक का उत्पादन इन सुविधाओं के पूर्ण सामर्थ्य का एकीकरण शैवाल आधारित जैव ईंधन सिद्धांत के अन्य विकल्पों को प्रभावित करता है। अत्यधिक आर्थिक, सामाजिक और पर्यावरण परिस्थितियों के अनुकूल संवहनीय सिद्धांत का चुनाव बहुत ही जटिल है। ये विभिन्न कारकों पर निर्भर होता है और परिक्षण के आधार पर एक–एक करके कार्य किया जाता है। जिन प्रमुख चुनौतियों एवं अवसरों के बारे में चर्चा की गई, वे निम्न हैं:

भूमि का उपयोगः अवसर एवं चुनौतियाँ

प्रत्यक्ष भूमि.उपयोग परिवर्तन तब होता है जब नये क्षेत्रों (जैसे; वन भूमि, निम्नीकृत भूमि) का उपयोग अनिर्मित सामग्रियों की माँग को पूरा करने के लिए अत्यधिक किया जाता है एंव अप्रत्यक्ष भूमि.उपयोग परिवर्तन [Indirect Land- use change (ILUC)] तब होता है, जब कृषि भूमि का उपयोग अतिरिक्त जैव ईंधन की माँग को पूरा करने हेतु अनिर्मित सामग्री के उत्पादन के लिए हो। ये अप्रत्यक्ष रूप से नये क्षेत्रों में जैव ईंधन के उत्पादन हेतु भूमि के उपयोग में बढ़ोत्तरी लाते हैं, जब पुराने अनिर्मित सामग्री के उपभोक्ताओं की

अनिर्मित सामग्री के लिए माँग में कमी नहीं होगी। विभिन्न स्थिति जैसे; जैव विविधता (Biodiversity), कार्बन के भण्डार (Carbon-stocks), जीविका के आधार पर प्रत्यक्ष भूमि उपयोग परिवर्तन और अप्रत्यक्ष भूमि उपयोग परिवर्तन दोनों के ही नकारात्मक एवं सकारात्मक प्रभाव होते हैं।

भूमि आधारित शैवाल द्वारा जैव ईंधन उत्पादन हेतु अवसर एवं चुनौतियाँ (Land based ABB production)

शैवाल जल में निर्वाह करते हैं, इसलिए इनके खेती संसाधन हेतु कृषि की तुलना में निम्न गुणों वाली भूमि की ही आवश्यकता होती है। इसमें मिट्टी की उर्वरता का कोई काम नहीं है। विश्व के मरूस्थल के भाग जो समुद्रीय क्षेत्र से दूर हैं, वहाँ पाये जाने वाले लवणीय भौम जल का उपयोग भी शैवाल वृद्धि के लिए किया जा सकता है। शैवाल आधारित जैव ईंधनों के उत्पादन के लिए विपुल मात्रा में उपयुक्त भूमि उपलब्ध है, जो कृषि योग्य भूमि के साथ प्रतिस्पर्धा भी नहीं करती और अधिक कार्बन के भंडार के कारण होने वाले भूमि में परिवर्तन को भी रोकती है। भूमि पर उत्पादन की एक मुख्य संभावित समस्या उल्लिखित शैवाल आधारित जैव ईंधन उत्पादन प्रणाली का विशाल आकार है। कम आर्थिक एवं पारिस्थितिक महत्व इस आकार के भूखण्ड के लिए अपर्याप्त होते हैं। बड़े स्तर पर, मुक्त प्रबंध स्थानीय जलवायु परिवर्तन करते हैं। भारी वर्षा के समय संवृत प्रबंध नें जल निष्कासन संबंधी समस्या उत्पन्न होती है और मुक्त प्रबंध में इसके कारण भारी मात्रा में पोषकों की हानि होती है। भविष्य में उपयुक्त विकसित प्रोद्यौगिकी के प्रयोग से छोटे स्तर पर प्रबंध करना संभव हो सकता है।

ग्रीनहाऊस गैसें (Green House Gases): अवसर एवं चुनौतियाँ

शैवाल और पौधों के लिए प्रकाश संश्लेषण की प्रक्रिया में कार्बन डाइ ऑक्साइड, कार्बन का स्रोत होता है। सामान्यतः एक टन शैवाल जैवभार में लगभग 1.8 टन कार्बन डाइ ऑक्साइड संमाकलित होती है। ग्रीनहाऊस गैस कार्बन डाइ ऑक्साइड को शैवाल जैव. रासायनिक परिवर्तन विधि के द्वारा शैवाल आधारित जैवईंधन के लिए कार्बन उपलब्ध कराते हैं। कार्बन डाइ ऑक्साइड प्रग्रहण में पौधों की तुलना में शैवाल के कुछ लाभ हैं:

1. पौधे पर्यावरण से कार्बन डाइ ऑक्साइड का उपभोग करते हैं, जबकि शैवाल दहन द्वारा उत्पादित हुई कार्बन डाइ ऑक्साइड गैस का उपयोग करते हैं ।
2. जैवईंधन हेतु वांछनीय उत्पाद शैवाल में समाविष्ट होते हैं, जबकि पौधों में ये अक्सर बीजों में केन्द्रित होते हैं, जैसे; मक्का, सोयबीन और तोरई आदि।
3. उच्चतर पौधों की अपेक्षा शैवाल एक समान होते हैं। शैवालों में जड़ें और पत्तियाँ नहीं होती है, इसलिए इनके पूरे जैवभार को परिवर्तित किया जा सकता है। जबकि पौधों के कुछ भाग ही जैसे बीज अथवा जड़ को संसाधित किया जा सकता है।

4. शैवाल अपनी वृद्धि के लिए जलवायु संबंधी परिस्थितियों पर निर्भर करते हैं, परन्तु इनमें वार्षिक वृद्धि चक्र नहीं होता है जो पौधों में उपस्थित होता है। दहन के द्वारा उत्पन्न गैस में कार्बन डाइ ऑक्साइड के अलावा अन्य गैसें जैसे कि नाइट्रोजन के ऑक्साइड, सल्फर डाइ ऑक्साइड भी उपस्थित होते हैं। दोनों अप्रत्यक्ष रूप से ग्रीनहाऊस प्रभाव डालते हैं। अध्ययनों द्वारा यह प्रतिवेदित किया गया है कि शैवाल इन संदूषकों को पोषक तत्वों के रूप में उपयोग करते हैं और इनकी निष्कासन क्षमता उच्च होती है। यद्यपि शैवालों की कार्बन डाइ ऑक्साइड प्रग्रहण क्षमता अधिक है, परन्तु कार्बन डाइ ऑक्साइड का संपूर्ण सकारात्मक संतुलन को सार्थक कर पाना एक मुख्य चुनौती है। यदि नियंत्रित न किया जाए तो, समुद्र में कार्बन डाइ ऑक्साइड का प्रवेश उसके पी. एच. को कम कर देता है, जो कि आवंछनीय है। तथापि शैवाल के द्वारा कार्बन डाइ ऑक्साइड के उपभोग से पी.एच. में वृद्धि होती है।

पोषक तत्व : अवसर एवं चुनौतियाँ

शैवाल की वृद्धि के लिए आवश्यक पोषक तत्वों की मात्रा उनकी प्रजातियों पर निर्भर करती है। शैवाल के शुष्क पदार्थ में लगभग 5 प्रतिशत नाइट्रोजन और 1 प्रतिशत फॉस्फोरस पाया जाता है। रासायनिक उर्वरकों द्वारा पोषक तत्वों की आपूर्ति शैवाल को पोषक तत्व उपलब्ध कराने की सबसे सरल विधि है, परन्तु संवहनीयता (Sustainability) की दृष्टि से नाइट्रेट उत्पादकता में अधिक ऊर्जा का निवेश और खदानों से फॉस्फोरस को निकालना जो कि खनिज संसाधनों का ह्रास का कारण बनता है, इन सबके कारण से ये अनुपयुक्त नहीं है। अन्य विकल्प जो कृषि में सामान्यतः उपयोग किया जाता है वह है खाद का प्रयोग करना, जिससे शैवाल को पोषक तत्वों की प्राप्ति होती है। शैवाल के संवर्धन द्वारा अपशिष्ट जल को जो कि अक्सर अत्यधिक तनु और रोगाणु युक्त होते हैं, उसे कृषि के अनुकूल बनाया जा सकता है। शैवाल के संवर्धन की प्रणाली जलीय प्रणाली है जो कि सूर्य के प्रकाश में ऑक्सीजन का उत्पादन करती है। भूमि प्रयोज्यता की अपेक्षा जलीय प्रणाली से अमोनिया, नाइट्रस ऑक्साइड और मीथेन के उत्सर्जित होने की कम संभावना है। प्रति टन खाद के उपयोग से, कृषि की तुलना में शैवाल प्रणाली कम ग्रीनहाऊस गैसों का उत्सर्जन करती है। अपशिष्ट जल एवं खाद के सभी संघटक जैविक विधियों द्वारा नष्ट नहीं होते हैं इनमें भारी धातुएँ और अन्य सूक्ष्म संदूषक जैसे कि औषधियाँ भी उपस्थित होती हैं। कृषि में इनका उपयोग बैक्टीरिया एवं अन्य जीवों को प्रस्तावित कराते हैं जो कि सौदृश्य शैवालों के साथ प्रतिस्पर्धा करते हैं। खाद एवं अपशिष्ट जल का पोषक तत्वों के स्रोत के रूप में प्रयोग संवर्धन प्रणाली के प्रकार और शैवालों की प्रजाति पर निर्भर करता है। दहन गैसों से उत्सर्जित नाइट्रोजन ऑक्साइड और सल्फर डाइ ऑक्साइड पोषक तत्वों का अन्य स्रोत है। ये गैसें द्रव्यीय अवस्था में विलीन होकर शैवालों के लिए पोषक तत्व उपलब्ध कराती

हैं। रासायनिक उर्वरकों द्वारा पोषक तत्वों की उपलब्धता एक अन्य विधि हैं। खेतो में इनका प्रयोग, पोषक तत्वों को धीरे–धीरे निष्कासित करता है जो कि पौधों की वृद्धि के लिए लाभदायक होता है और इससे कम ग्रीनहाऊस गैसें उत्सर्जित होती हैं। तेल और स्टार्च की प्राप्ति के लिए शैवाल की पैदावार की जाती है, इसके पश्चात् बचा हुआ जैवभार भी सभी पोषक तत्वों से परिपूर्ण होता है। संवहनीय विधियों से इनका प्रशोधन अथवा प्रवण (Disposed) करना अत्यंत आवश्यक है, अन्यथा ये यूट्रोफिकेशन का कारण बनते हैं।

जल का उपयोग

शैवाल संवर्धन का कृषि एवं ईंधन फसलों के ऊपर एक प्रमुख लाभ लवर्णीय जल को सहने की क्षमता है। विश्व के कई भागों में स्वच्छ जल की कमी है और विश्व के स्वच्छ जल का 70 प्रतिशत भाग कृषि द्वारा उपयोग हो जाता है। समुद्रीय जल के अलावा लवणीय भौम जल, जलीय चट्टानी परत, अपशिष्ट जल इत्यादि जल के कुछ अन्य स्रोत हैं। समुद्री शैवाल के लिए जल उपयोग एक मुख्य विषय नहीं है, तथापि, भूमि आधारित संवर्धन प्रणाली में शैवालों की उपज को जलीय माध्यम जिसमें वे पनपते हैं, उससे पृथक करना पड़ता है। त्रुटिपूर्ण पृथक्कीरण के कारण अवशोषित जल में कुछ कार्बनिक अंश पाए जाते हैं। आदर्शतः इस जल की पुनःचक्रण करना चाहिए जिसमें अतिरिक्त ऊर्जा एवं प्रौद्योगिकी की आवश्यकता पड़ती है। पुनःचक्रित जल की दो संभावित समस्याएँ हैं: अनुपयोगी पदार्थों का संचयन तथा इसमे उपस्थित कार्बनिक पदार्थों के कारण सूक्ष्म जीवों में वृद्धि। जिस जल का पुनःचक्रण करना संभव नहीं हो पाता है, उसका सही ढंग से निष्कासन करना अत्यंत आवश्यक है, क्योंकि उनमें लवण की सांर्द्रणता अत्यधिक होती हैं। भूमि आधारित युक्त सवर्धन प्रणाली में वाष्पीकरण के कारण जल की कमी की समस्या उत्पन्न होती है। इस प्रक्रिया में जल का निष्कासन होने के पश्चात् नमक रह जाता है। लवणीय जल द्वारा इस कमी की पूर्ति करने की वजह से शैवालों की वृद्धि दर में कमी आती है, इसलिए वाष्पीकरण द्वारा हुई हानि की पूर्ति के लिए कम लवण युक्त जल का प्रयोग करना चाहिए।

निष्कर्ष

सूक्ष्म शैवाल विविध प्रकार के प्रोकैरियोटिक एवं यूकैरियोटिक, प्रकाश संश्लेषी सूक्ष्म जीवों से समाविष्ट होते हैं, जो कि अपने साधारण संरचना के फलस्वरूप तेजी से वृद्धि कर पाते हैं। विभिन्न प्रकार के जैव ईंधनों जैसे जैवडीजल, जैवतेल, जैवहाइड्रोजन, जैवसिनगैस इत्यादि के उत्पादन हेतु इनका अन्वेषण किया जा रहा है। सूक्ष्म शैवालों द्वारा जैव–ईंधनों की उत्पत्ति एक सक्षम एवं संवहनीय प्रक्रिया है। तेजी से बढ़ती हुई ऊर्जा की माँगों की पूर्ति सूक्ष्म शैवालों से उत्पन्न हुए जैव–ईंधन द्वारा करना संभव है। सूक्ष्म शैवालों की खेती को धूमवाहिका से उत्सर्जित कार्बन डाइ ऑक्साइड को कम करने एवं अपशिष्ट जल के प्रशोधन प्रक्रियाओं के साथ युग्मित किया जा सकता है। सूक्ष्म शैवाल विभिन्न क्षेत्रों

औषधियों, खाद्यान्नों और प्रसाधन उद्योगों में अनुप्रयोग किए जाते हैं एवं बड़ी मात्रा में विविध प्रकार के नवीन जैव–उत्पादों की भी उत्पत्ति करते हैं। व्यवसायिक स्तर पर शैवालों से हाइड्रोजन की उत्पत्ति अभी कार्यान्वित नहीं हो पाई है, यद्यपि उत्पाद को बढ़ाने के विकल्प अन्वेषित किए जा रहे हैं। शैवालों द्वारा इथेनॉल का उत्पादन भी अपने आरम्भिक स्तर पर है। फोटोबायोरियेक्टर के प्रारूप, सूक्ष्म शैवाल के जैवभार के उपज को एकत्रित करना, सुखाना और अन्य संबंधित क्षेत्रों में प्रौद्योगिकयों को विकसित करना आवश्यक हैं, जिससे कि सूक्ष्म शैवालों से जैव–ईंधनों का उत्पादन एक लागत प्रभावी प्रक्रम बन सके एवं व्यवसायिक स्तर पर इनका कार्यान्वयन संभव हो सके।

❐❐❐

अध्याय 8

विद्युत ऊर्जा उत्पादन का अन्य विकल्पः कृषित अवशेषों से ऊर्जा उत्पादन

कृषि अवशेषों से ऊर्जा का उत्पादन अधिकांश एशियन देशों का एक महत्वपूर्ण ऊर्जा का स्रोत है। कृषि अवशेष जैवभार अवशेषों के कुल वार्षिक उत्पादन के अधिकांश भाग को संगठित करता है जो कि आंतरिक और औद्योगिक उद्देश्य के लिए ऊर्जा का सबसे महत्वपूर्ण स्रोत है। कृषित अवशेष से तात्पर्य कृषित स्रोतों द्वारा पौधों की सामग्री जैसे; भूसा, खोई, छिलके आदि से है। कृषित अवशेष भिन्न प्रकार के होते हैं। कृषि अवशेष का मुख्य भाग ईंधन के रूप में उपयोग होता है। भारत स्वयं वार्षिक 500 मिलियन टन से भी अधिक कृषित अवशेष का उत्पादन करता है। कृषि अवशेष का ठोस, द्रव्य या गैसीय प्रकार के ईंधन द्वारा बिजली, ताप, रसायन और ईंधन के उत्पादन हेतु उपयोग होता है। ऊर्जा उत्पादन हेतु नवीकरणीय स्रोतों का उपयोग एक ऐसी नीति है, जो ऐसे सरकारी अनुसंधानों पर संकेन्द्रित है तथा जो राष्ट्रीय ऊर्जा अर्थ नीति का पुनर्गठन करते हैं। कृषि अवशेषों का पर्यावरणीय योग्यता को संतुष्ट करने में सामर्थ्य होने के कारण से इनकी व्यापक रूप से स्वीकृति हुई है। विभिन्न प्रभाव जैसे; नकारात्मक पर्यावरणीय प्रभाव, जैव विविधता में कमी, ऊर्जा वाटिका के विरुद्ध खाद्य फसलों की प्रतिस्पर्धा आदि विवादों के कारणवश जैव–ऊर्जा और जैव ईंधन के विकास संबंधित मामले की चर्चा हुई है। भविष्य में जैव ऊर्जा के विकास से नकारात्मक प्रभाव को रोकने हेतु विभिन्न अंतर्राष्ट्रीय अनुसंधान जैसे; एफ.ए.ओ. (FAO), ई.सी. (EC) और अन्य संस्थानों ने, ऊर्जा के उत्पादन और उसके उपयोग हेतु कृषि अवशेष स्रोतों के लिए संवहनीयता आवश्यकता (Sustainable requirement), संवहनीयता मापदण्ड (Sustainable criteria) के प्रस्ताव को उपलब्ध कराया। ऐसे संवहनीय मानदण्ड में न केवल पर्यावरणीय बल्कि लाक्षिणक, अल्पव्ययी और सामाजिक रूप भी शामिल होते हैं।

कृषि अवशेषों का ऊर्जा के स्रोतों के रूप में प्रयोग, अन्य स्रोतों से अधिक अनुकूलतम है और ये ऊर्जा अवखण्ड के अभिरंज्य (Stainable) विकास को सुनिश्चित करने में भी योगदान देता है। पूर्ण परिवर्तन दक्षता के द्वारा लगभग 1000 GWh/वर्ष तक की बिजली के उत्पादन की सीमा निर्धारित की गई है। साधारण तौर पर, दक्षतापूर्वक विकसित प्रक्रिया से खोई द्वारा विद्युत ऊर्जा का उत्पादन 2000 GWh/वर्ष तक पहुँच सकता है। चावल

का छिलका, द्वितीय महत्वपूर्ण कृषि अवशेष है, जिससे विद्युत ऊर्जा का उत्पादन होता है। भारत में लगभग दस लाख से भी अधिक गाँव में बिजली की समस्या देखी गई है और कुछ लोगों ने चावल के छिलके का उपयोग करके बिजली की समस्या कुछ सीमा तक दूर की है। राइस–स्ट्रॉ–जैनेरेटर (Rice-straw generater) से लगभग 10000 ग्रामीण भारतीयों को बिजली की समस्या से निवारण मिला है। छोटे पावर–प्लांट को विकसित करने से, गाँव में बिजली की समस्या काफी सीमा तक दूर हो सकती है। हस्क पावर सिस्टम (Husk power system) द्वारा भारतीय ग्रामीण क्षेत्रों के 200 से 500 घरों में बिजली की समस्या को दूर किया गया था। राइस–हस्क पावर सिस्टम (Rice husk power system) में चावल के छिलके के जलने से जो गैस बनती है वो विद्युत ऊर्जा के उत्पादन में काम आती है और उसके पश्चात् बची हुई राख सिमेंट के कारखाने में संघटक के रूप में बेची भी जाती हैं। सरसों के अवशेषों का उपयोग भी विद्युत ऊर्जा के उत्पादन में काम आता है। अवशेषों द्वारा विद्युत ऊर्जा की उत्पत्ति, कोयले–गैसें सम्मिश्रण आधारित बिजली के उत्पादन जिससे अधिक नगरीय संदूषक और ग्रीनहाउस गैस बनता है, उसको प्रतिस्थापित करता है। सामाजिक तौर पर अवशेषों को बेचने से किसानों को अतिरिक्त लाभ होता है और ग्रामीण क्षेत्रों में प्लांट लगाने से रोजगार की व्यवस्था भी उपलब्ध होती है, जिसके फलस्वरूप उनकी आर्थिक स्थिति में सुधार भी होता है।

कृषि अवशेषों के लिए परिवर्तन तकनीकियों की सामान्य प्रक्रिया

कृषि अवशेषों से बिजली की उत्पत्ति विभिन्न उपयुक्त परिवर्तन प्रक्रियाओं के विस्तृत कार्यक्षेत्र को सम्मिलित करता है। इस व्यवस्थित क्रमदर्शी आरेख को आकृति 8.1 में दर्शाया गया है।

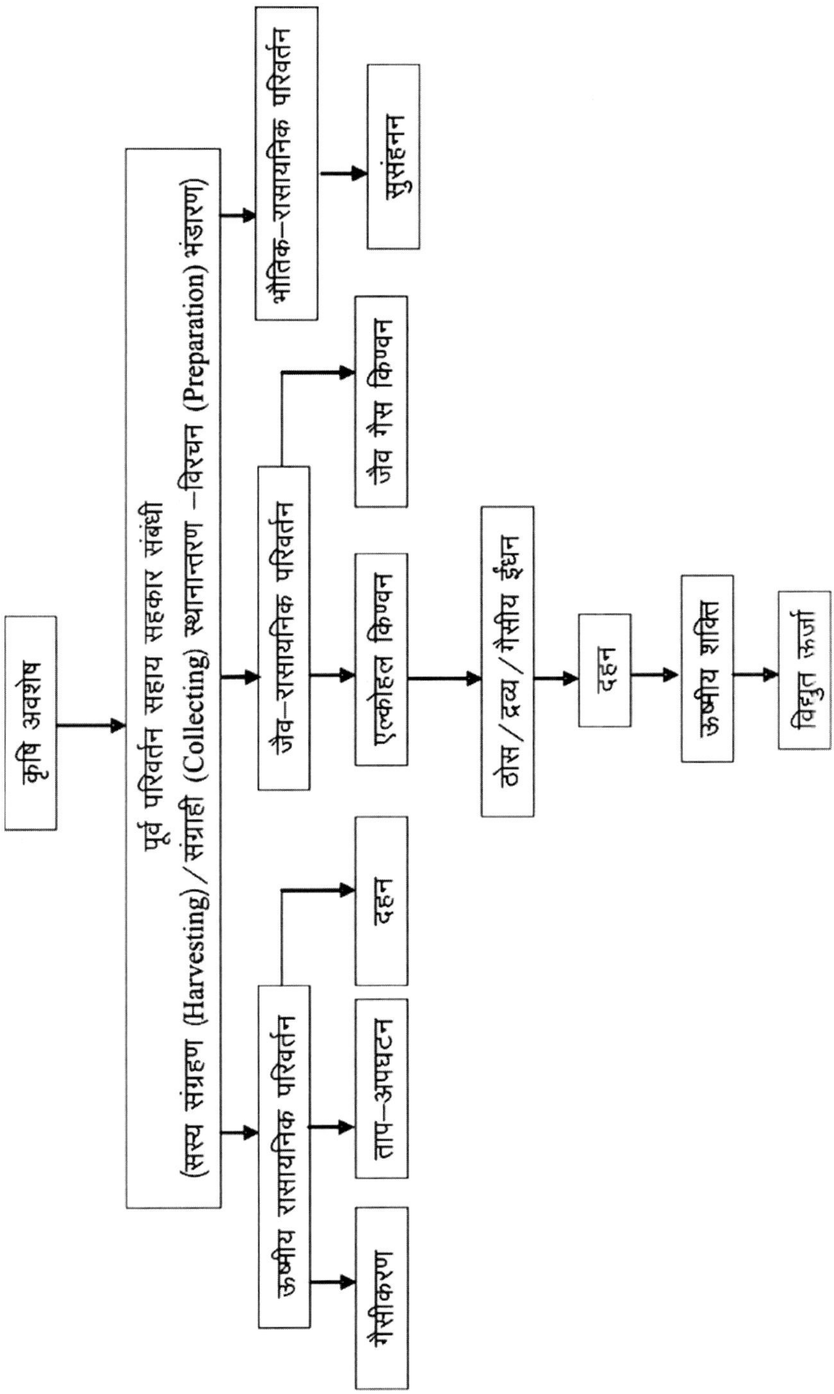

आकृति 8.1. कृषि अवशेष के परिवर्तन मार्ग

भौतिक–रासायनिक परिवर्तन

परिवर्तन प्रक्रियाओं को प्रभुत्व करने वाले अत्यधिक महत्वपूर्ण कारक हैः जैवभार ईंधन के प्रकार और उनकी विशेषताएँ, कृषि अवशेष की उपलब्ध मात्रा, पर्यावरणीय मानदण्ड आर्थिक व्यवस्था, भोजन विशिष्ट घटक। दो मुख्य आच्छाद्य (Applicable) परिवर्तन मार्ग, ऊष्मीय रासायनिक और जैव–रासायनिक जैविक प्रक्रियाएँ हैं।

ऊष्मीय–रासायनिक परिवर्तन

ऊष्मीय रासायनिक परिवर्तन प्रक्रियाओं के लिए उच्च तापीय मान वाले ईंधन और निम्न जल मात्रा वाले जैवभार ईंधन की आवश्यकता होती है। ऊष्मीय ऊर्जा का ईंधन के दहन द्वारा उत्पत्ति एक सामान प्रक्रिया है, जो वाष्प के उत्पादन या वाष्प टर्बाइन्स, वाष्प इंजन ऊर्जा कनवर्टर के उपयोग से विद्युत ऊर्जा के उत्पत्ति में प्रयोग होता है। गैसीकरण (Gasification) और ताप अपघटन (Pyrolysis) अन्य सक्षम ऊष्मीय रासायनिक प्रक्रियाएँ है, जो कृषि अवशेषों को द्वितीय जैव ईंधन में परिवर्तित कर देती है, जैसे; दहनशील गैसें या गैस इंजन और गैस टर्बाइन्स में तेल को ईंधन के रूप में इस्तेमाल करके विद्युत ऊर्जा का उत्पादन आदि। भविष्य के लिए एक आशाजनक अग्रवर्ती बायोमास शक्ति प्रचालन अवधारणा (Biomass power generation concept) का अर्थ गैसीकरण तकनीकियों का अग्रवर्ती गैस टर्बाइन्स के साथ संयुक्त होना है। जैवभार इन्टीग्रेटेड गैसीफीकेशन कम्बाइन्ड साईकिल (Biomass Integrated gasification combined cycle (IGCC) प्लांट से कुल विद्युत परिवर्तन लगभग 35 प्रतिशत प्रक्षेपित है, जबकि पारम्पारिक जैवभार कम्बस्चन प्लांट (Conventional Biomass Combustion Plant) से 20–25 प्रतिशत तक ही संभव हुआ है।

दहन

कार्बनिक पदार्थ ऑक्सीजन की उपस्थिति में ऊष्मीय परिवर्तन से कार्बन डाइ ऑक्साइड (CO_2) और जल उत्पन्न करते हैं।

$$C + O_2 \longrightarrow CO_2$$

$$H_2 + 12O_2 \longrightarrow H_2O$$

$$CH_2 + 2O_2 \longrightarrow CO_2 + 2H_2O$$

एक पारम्पारिक रेनकिन चक्र (Conventional Rankine Cycle) में अवशेषों को उच्च ताप वाले बोयलर (Boiler) में ऑक्सीकृत (Oxidised) करके वाष्प की उत्पत्ति होती है तथा कुल ऊर्जा चक्र 23 से 25 प्रतिशत वाष्प की उत्पत्ति कर सकती है। वाष्प टर्बाइन से निकलने वाली वाष्प पूर्ण रूप से संक्षिप्त होकर ऊर्जा शक्ति की उत्पत्ति में उपयोग होती

है और ये अन्य उपयोगी तापीय क्रियाओं में भी काम आती है। कोल–फायर्ड पावर प्लान्ट (Coal fired power plant) के ईंधन मिश्रण में जैवभार को मिलाने की प्रक्रिया को प्रत्यक्ष सह–ज्वालन (Direct co-firing) कहते हैं। यह 5–10 प्रतिशत अवशेषों को और 50–80 प्रतिशत पूर्व–प्रशोधित अनिर्मित सामग्री को सह–ज्वलित कर सकता है। 10 प्रतिशत से अधिक के लिए, अवशेषों और कोयले को अलग–अलग बोयलर में जलाना पड़ेगा, जिसे समांतर सह–ज्वालन (Parallel co-firing) कहते हैं।

कृषि अवशेषों का दहन एक पुरानी, सीधी और सामान्य ऊर्जा की तकनीक है, जो अवशेषों या जीवाश्म ईंधनों को ऊष्मीय ऊर्जा में परिवर्तित करती हैं, जिसका उपयोग भोजन पकाने से लेकर उच्च दाबीय बोयलर से विद्युत ऊर्जा के उत्पादन में होता है। दहन की तकनीक ऊष्माक्षेपी ऑक्सीकरण अभिप्रक्रिया पर आधारित है। ऑक्सीजन की मात्रा की उपलब्धता और अभिक्रिया की पूर्ति पर, कार्बन मोनो ऑक्साइड की विभिन्न मात्रा में उत्पत्ति निर्भर करती है। बड़े स्तर के दहन बोयलरों में होते हैं, जिससे कम दाबीय वाष्प का ताप के लिए और उच्च दाबीय वाष्प का विद्युत ऊर्जा की उत्पत्ति के लिए उपयोग होता है। कृषि अवशेषों के दहन और विद्युत ऊर्जा की उत्पत्ति हेतु प्रक्रिया क्रमदर्शी आरेख द्वारा आकृति 2 में दर्शायी गयी है।

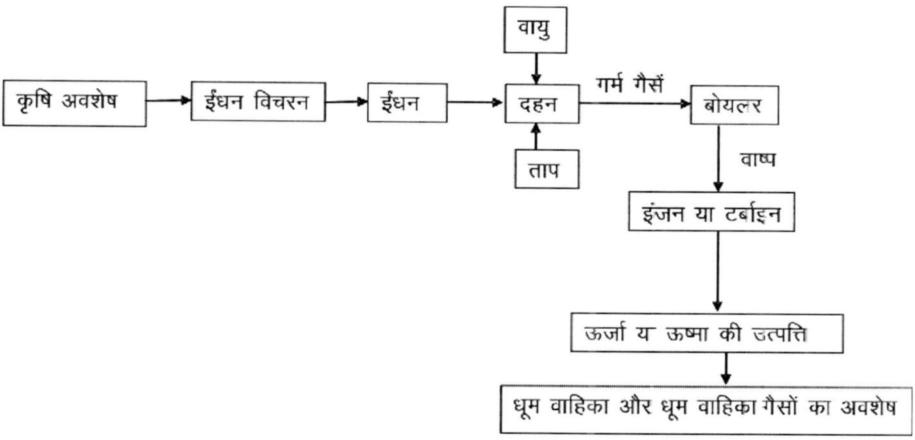

आकृति 8.2 विद्युत ऊर्जा की उत्पत्ति की प्रक्रिया

गैसीकरण (Gasification)

गैसीकरण एक ऊष्मीय तकनीक है, जहाँ कार्बनिक पदार्थों जैसे कृषि का ताप अपघटन, $800^{o}C$ से भी अधिक उच्च ताप पर वाष्प गैसीकरण अभिक्रिया के संयोजन से होता है और ये सिनगैस (Syngas) में परिवर्तन हो जाते हैं। अनिर्मित सामग्री के आधार पर, अधिकांश सिनगैस में कार्बन मोनो ऑक्साइड (CO), कार्बन डाइ ऑक्साइड (CO_2), हाइड्रोजन (H_2), मीथेन (CH_4) और कुछ मात्रा में अशुद्धियाँ जैसे नाइट्रोजन (N_2),

नाइट्रोजन के ऑक्साइड (NO_x), सल्फर (S), सल्फर के ऑक्साइड (SO_x) आदि उपस्थित होते हैं। सिनगैस का विभिन्न प्रक्रियाओं में उपयोग हो सकता है। जिसमें दहन, विद्युत ऊर्जा की उत्पत्ति और द्रव्यीय ईंधनों का उत्पादन अधिक प्रचलित है।

सिनगैस के निम्न उपयोग हैं:

1. ऊष्मा के लिए बोयलर में सिनगैस का दहन।
2. वाष्प टर्बाइन द्वारा विद्युत ऊर्जा की उत्पत्ति।
3. संयुक्त चक्रित पावर प्लांट में दहन द्वारा विद्युत ऊर्जा की उत्पत्ति।

फीशर ट्रोफ्स सिन्थसिस तकनीक (Fischer Tropsch synthesis technology) के उपयोग से सिनगैस का द्रव्यीय ईंधनों में परिवर्तन

कृषि अवशेषों से उत्पादित सिनगैस में तारकोल (Tar) (उच्च आण्विक भार वाले हाइड्रोजन) की उपस्थिति, बड़े स्तर पर जैवभार गैसीकरण संयंत्र के लिए एक उच्च तकनीकी आह्वान है। कृषि अवशेषों के गैसीकरण का अर्थ कृषि अवशेषों का अपूर्ण रूप से दहन जिसके फलस्वरूप दाह्य (Combustible) गैस का उत्पादन है, जिसमें कार्बन मोनो ऑक्साइड (CO), हाइड्रोजन (H_2) और मीथेन (CH_4) का कुछ भाग भी उपस्थित होता है। गैस के इस सममिश्रण को वायु अंगार गैस (Producer gas) कहते हैं। वायु अंगार गैस के निम्न उपयोग हैं:

1. आंतरिक दहन इंजन (Internal combustion engine) में संपीडन (Comperssion) और स्फुलिंग ज्वलन (park ignition) को चलाने हेतु।
2. प्रत्यक्ष ऊष्मीय उपयोग के लिए फर्नेस ऑयल के स्थान पर उपयोग।
3. सामान्य आर्थिक विधि से मिथेनॉल के उत्पादन में उपयोग, जो एक अत्यंत आकर्षक रसायन है, जिसका उपयोग ऊष्मीय इंजन में ईंधन और उद्योगों में रासायनिक अनिर्मित सामग्री के रूप में होता है।

किसी भी प्रकार के कृषि अवशेष पदार्थ का गैसीकरण हो सकता है, इसलिए ये इथेनॉल और जैव गैस उत्पादन हेतु अत्यधिक आकर्षित सामग्री है। गैसीकरण की पूर्ण प्रक्रिया को आकृति 8.1 में दर्शाया गया है।

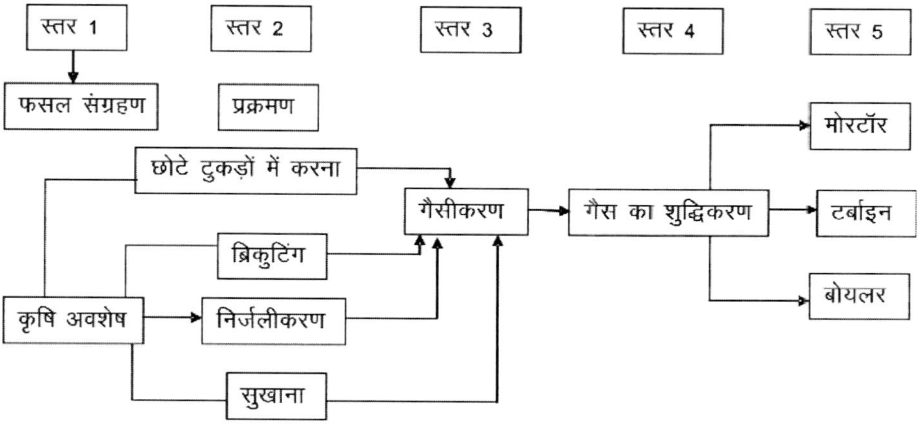

आकृति 8.3 पूर्ण गैसीकरण प्रक्रिया

कृषि अवशेष के पूर्ण दहन से उत्पादित उत्पाद में नाइट्रोजन (N_2), वाष्प, कार्बन डाइ ऑक्साइड (CO_2) और अधिशेष (Surplus) मात्रा में ऑक्सजीन (O_2) पाया जाता है। जबकि गैसीकरण के दौरान जिसमें ठोस ईंधन की अधिशेष मात्रा होती है, उसके अपूर्ण दहन से उत्पादित उत्पाद में कार्बन मोनोऑक्साइड (CO), हाइड्रोजन (H_2), मीथेन के कुछ भाग और अनुपयोगी उत्पाद जैसे तारकोल, कूड़ा–करकट आदि पाया जाता हैं।

गैसीकरण के अनुप्रयोग

1. कृषि अवशेषों का गैसीकरण, कृषित कार्यों के लिए अत्यंत आकर्षक वैकल्पिक ऊर्जा पद्धति है।
2. वायु अंगार गैस से आंतरिक दहन इन्जन (Internal combustion engine), को चलाना जो कृषित और यातायात संबंधित कार्यों में उपयोगी हो।
3. 1 किलो कृषि अवशेष से जो वायु अंगार गैस (Produce gas) बनती है, उससे 0.55–0.77 kWh, ऊर्जा उत्पादित होती है।
4. गैसीकरण पद्धति की मुख्य चुनौती विश्वसनीय, आर्थिक रूप से सस्ते और स्वच्छ ट्रेनों का विकास करना है।

भविष्य में इसका उपयोग मिथेनॉल के उत्पादन, वायु अंगार गैस का फ्युल सेल (Fuel cell) में और विकासशील देशों में छोटे स्तर पर सिंचाई के साधन में हो सकता है।

तालिका 8.1 विभिन्न ईंधनों की गैसीकरण विशेषताएँ

ईंधन	घनत्व, नमी (m.c),	तारकोल g/m^3	राख का अंश %	गैसिफायर
अल्फा–अल्फा का भूसा	298 kg/m^3, m.c = 7.9%	2.33	6	डाउन ड्राफ्ट
सेम का भूसा	440 kg/m^3, m.c = 13%	1.97	10.2	"
जौ का भूसा	299 kg/m^3, m.c = 4%	0	10.3	"
नारियल का कवच	435 kg/m^3, m.c = 11.8%	3	0.8	"
नारियल का भूसा	65 kg/m^3	–	3.4	"
मक्का के कोब्स	304 kg/m^3, m.c = 11%	7.24	1.5	"
मक्का का चारा	390 kg/m^3, m.c = 11.9%	1.43	6.1	"
कपास के डंठल	259 kg/m^3, m.c = 20.6%	5	17.2	"
सतालु के गर्त	474 kg/m^3, m.c = 10.9%	1.1	0.9	"

ताप अपघटन (Pyrolysis)

कृषि अवशेषों का उच्च तापमान (350–600°C) और ऑक्सीजन की अनुपस्थिति में ऊष्मीय निम्नीकरण, ताप अपघटन है। ताप अपघटन के उत्पाद गैस, जैव–तेल और चारकोल (Charcoal) हैं। ताप अपघटन की तीन निम्न तकनीकें है:

1. मंद ताप अपघटन (Slow pyrolysis)
2. निर्वात ताप अपघटन (Vaccum pyrolysis)
3. तीव्रगामी ताप अपघटन (Fast pyrolysis)

मंद ताप अपघटन ऑक्सीजन की कम मात्रा की उपस्थिति में कृषि अवशेषों का ऊष्मीय निम्नीकरण होता है, जिससे चारकोल अत्यधिक संख्या में उत्पन्न होता है। तीव्रगामी ताप अपघटन, ऑक्सीजन की अनुपस्थिति में, उच्च तापमान (450–600°C) पर होता है। निर्वात ताप अपघटन द्वारा कृषि अवशेषों से विद्युत ऊर्जा की उत्पत्ति को क्रमदर्शी आरेख से आकृति 8.4 में दर्शाया गया है।

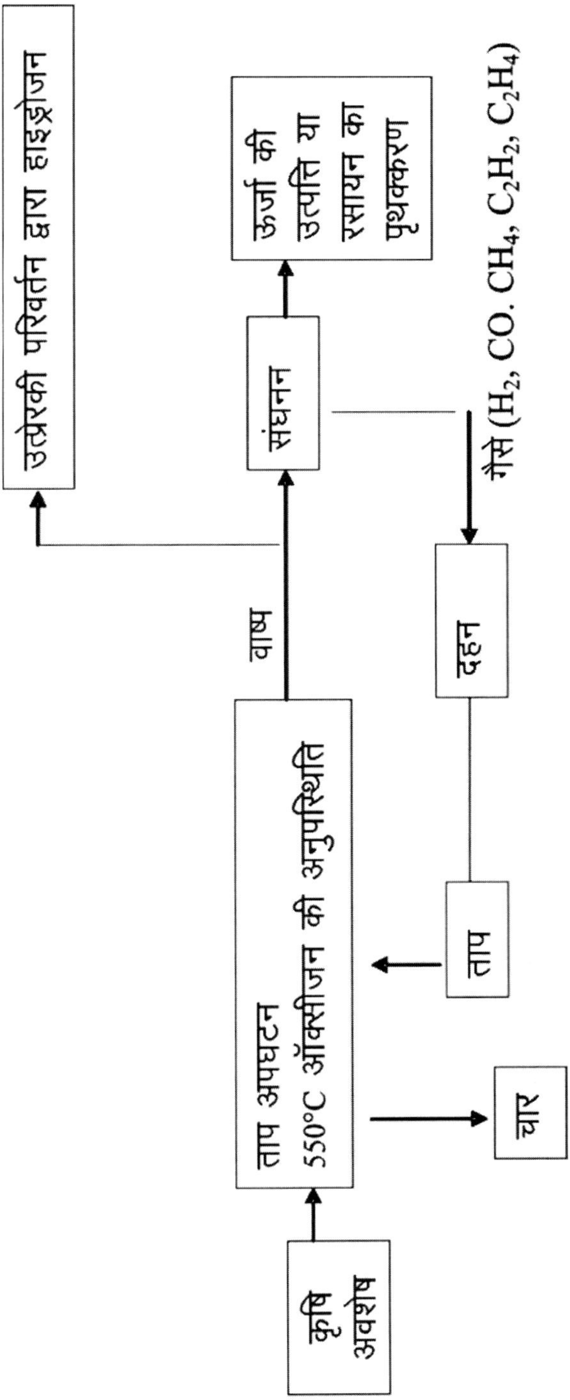

आकृति 8.4 ताप अपघटन द्वारा कृषि अवशेषों का द्रवण में परिवर्तित होना

भौतिक रासायनिक परिवर्तन (Physico-chemical conversion)

भौतिक रासायनिक परिवर्तन तकनीक में, कृषि अवशेषों की भौतिक एवं रासायनिक विशेषताओं का विकास करने हेतु विभिन्न प्रक्रमों का उपयोग करते हैं। अवशेष का दाह्य भाग इस प्रक्रियां में उच्च–ऊर्जा ईंधन में परिवर्तित हो जाते हैं, जो वाष्प की उत्पत्ति में काम आते हैं। इससे पूर्व अवशेष की उच्च नमी को सुखा कर कम किया जाता है। उसके पश्चात् इन अवशेषों को छोटे–छोटे भागों में काट दिया जाता है।

ब्रिकेटिंग (Briquetting)

कृषि अवशेषों का विभिन्न तरीकों द्वारा किसी उपयोगी कार्यों में उपयोग करना ब्रिकेटिंग कहलाता है। कृषि अवशेषों को नष्ट करना एक समस्या है, परन्तु अब अधिकतर स्थानों पर इन अवशेषों का किसी अन्य उपयोगी कार्य में उपयोग किया जा रहा है। **ब्रिकेटिंग के कुछ अनुप्रयोगः** ईंधन उत्पादन, पशुओं के लिए चारा, सामग्री के आयतन का लघुकरण करना ताकि उसके स्थानान्तरण में समस्या उत्पन्न न हो, आदि हैं। कृषि अवशेष जैसे; खरपतवार, पत्ते, भूसा, छिल्के आदि से ईंधन ब्रिकेटस (Briquettes), बनते हैं। ब्रिकेटस जैव कोयला एक प्रकार का ठोस ईंधन है, जो विभिन्न प्रकार के अपशिष्ट सामग्री (जैसे; निम्न घनत्व काष्ठ, कृषि वान्य अवशिष्ट सामग्री, घरेलू ठोस अवशिष्ट) और किसी भी प्रकार के कृषि अवशेष से बनता है। अतः ब्रिकेटिंग एक ऐसी प्रक्रिया है, जो लघु घनत्व वाले कृषि अवशेष को उच्च घनत्व वाले और ऊर्जा सांद्रित ईंधन ब्रिकेटी में परिवर्तित कर देती है। लगभग 4000 कि. कैलोरी/कि.ग्राम ऊष्मीय मान वाले कच्चे माल उच्च कोटी के ब्रिकेटी देते हैं।

ब्रिकेटी के अनुप्रयोग

1. ब्रिकेटी ठोस ईंधन है, जिसे जैव–कोयला भी कहते हैं और इनका औद्योगिक, व्यवसायिक और घरेलू क्षेत्र में उपयोग होता हैं।
2. ब्रिकेटी विभिन्न क्षेत्रों में ऊर्जा की उत्पत्ति के लिए उपयोगी होते हैं।
3. ब्रिकेटी व्यापक रूप से किसी भी प्रकार के ऊष्मीय अनुप्रयोग जहाँ कोयले का उपयोग बोयलर में वाष्प की उत्पत्ति, तापीय कार्य आदि में होता है।
4. ब्रिकेटी ईंट की भट्टी, कागज के कारखानों, रसायनों के प्लांट, आसवक के कार्यों, औषधीय ईकाइयों, घरों के डाइंग, भोजन के प्रक्रमण आदि में ज्वलनशील सामग्री के रूप में उपयोग होता हैं।
5. जैव कोयला, जैविक गैस के उत्पत्ति हेतु ईंधन के रूप में उपयोग होता है और साथ ही इंजनों को चलाने में, कोयले आधरित वायु अंगार गैस एवं फर्नेस में तेल ज्वालन (Oil firing) का प्रतिस्थापन भी करता है।

आर्थिक, पारिस्थितिक एवं अग्रगत पर्यायवर्णीय कंपनी नीति के लिए ब्रिकेटी उच्च विशेषता वाला ईंधन है। यह कोयला, काष्ठ, लिग्नाइट आदि के स्थान पर आदर्श और तैयार ईंधन है। भारत में लगभग 450 से 500 लाख टन जैवभार का प्रतिवर्ष उत्पादन होता है। सरकार इन अवशेषों का प्रयोग उपयोगी कार्यों में करने के लिए विभिन्न प्रकार का सहयोग भी प्रदान करती है। वर्तमान आकड़ों के हिसाब से लगभग कृषि अवशेष से 30 प्रतिशत प्राथमिक ऊर्जा की उत्पत्ति हुई है। ब्रिकेटी की प्रक्रिया को आकृति 8.5 में दर्शाया गया है।

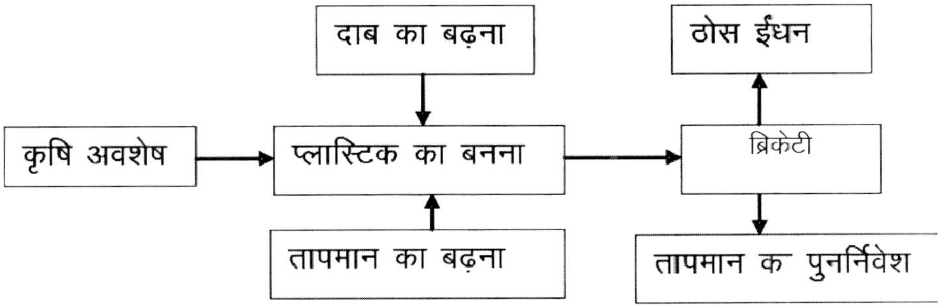

आकृति 8.5 कृषि अवशेषों से ब्रिकेटी बनने की प्रक्रिया

ब्रिकेटी की सबसे अच्छी बात है, कि ये अधिक नमी का स्क्वन (Soak) नहीं करता है और इसके नमी का स्तर 8 प्रतिशत से कम है, जिसके कारण से नमी वाली स्थिति में भी इसका आसानी से स्थानान्तरण हो सकता है।

गैसीफायर (Gasifier)

गैसीफायर में वायु या ऑक्सीजन द्वारा कृषि अवशेष की अन्योन्यक्रिया होती है। गैसीफायर में ऑक्सीजन के प्रवेश हेतु विधि की कारण से इनको तीन प्रकार में विभाजित किया है और वे : डाउन ड्राफ्ट, अपड्राफ्ट और क्रोस ड्राफ्ट हैं। अपड्राफ्ट में कृषि अवशेष द्वारा निकली वायु गैसीफायर के निचले हिस्से और दाह्य गैस ऊपरी हिस्से से निकलती है और इसी तरह से डाउन ड्राफ्ट में ठीक इसका विपरीत है। गैसीफायर को चुनने की प्रक्रिया निम्न बातों पर आधारित हैः ईंधन, ईंधन का अंतिम उपलब्ध प्रकार, आकार, नमी और राख की मात्रा। गैसीफायर में चार भिन्न प्रक्रिया होती हैः

1. ईंधन को सुखाना (Drying of fuel)
2. ताप अपघटन (Pyrolysis)
3. दहन (Combustion)
4. अपचयन (Reduction)

दहन और अपचयन के दौरान कुछ मुख्य अभिक्रियाएँ होती हैः

1. **दहन** : ठोस ईंधन की दाह्य सामग्री कार्बन, हाइड्रोजन और ऑक्सीजन से मिलकर बनी होती है। पूर्ण दहन क्रिया के पश्चात् ईंधन के कार्बन से कार्बन डाइ ऑक्साइड (CO_2) और वाष्प में उपस्थित हाइड्रोजन से पानी बनता है। दहन क्रिया एक ऊष्माक्षेपी (Exothermic) अभिक्रिया है जिसका ऑक्सीकरण तापमान 1450°C है।

$C + O_2 \longrightarrow CO_2$ (+393 MJ/kg मोल)

$2H_2 + O_2 \longrightarrow 2H_2O$ (- 242 MJ/kg मोल)

2. **अपचयन** : आंशिक दहन की प्रक्रिया के उत्पाद जल, कार्बन डाइ ऑक्साइड अदग्ध आंशिक ताप अपघटन द्वारा उत्पाद आदि को लाल गर्म चारकोल के शैय्या के पास से गुजारने से निम्न अभिक्रियाऐं होती है:

$C + CO_2 \longrightarrow 2CO$ (-164.9 MJ/kg मोल)

$C + H_2O \longrightarrow CO + H_2$ (-122.6 MJ/kg मोल)

$CO + H_2O \longrightarrow CO + H_2$ (+42 MJ/kg मोल)

$C + 2H_2 \longrightarrow CH_4$ (+75 MJ/kg मोल)

$CO_2 + H_2 \longrightarrow CO + H_2O$ (-42.3 MJ/kg मोल)

विभिन्न प्रकार के गैसीफायर के लाभ और हानि को तालिका 8.2 में दर्शाया गया है:

तालिका 8.2 गैसीफायर के लाभ और हानि

सी. नम्बर	गैसीफायर के प्रकार	लाभ	हानि
1.	अपड्राफ्ट	लघु दाब पाती (Drop)। उच्च ऊष्मीय क्षमता। स्लेग (Slag) निर्माण की ओर लघु प्रवृत्ति।	तारकोल, नमी और अधेय के लिए अधिक संवेदशील । अपेक्षाकृत आई. सी. (IC) इंजेन को शुरू करने के लिए अधिक समय लगता है। भारी गैस के साथ अभिक्रिया की क्षमता निम्न है।
2.	डाउन ड्राफ्ट	गैस उत्पादन का नम्य अनुकूलन। ईंधन के चारकोल कूड़ा–करकट और तारकोल अंश की संवेदनशीलता ।	इसकी बनावट का लम्बी होना। काफी छोटे आकार के ईंधन के लिए ये उपयुक्त नहीं है।
3.	क्रॉस ड्राफ्ट	बनावट की ऊँचाई कम है, बहुत शीघ्र कार्य करके परिणाम देना और नम्य गैस का उत्पादन।	स्लेग निर्माण के लिए अधिक संवेदनशील ।

विभिन्न अनुपात के आधार पर गैसीफायर ईंधन को उच्च या निम्न गुणों वाला कहा जा सकता है

1. ईंधन का ऊर्जा अंश
2. थोक में घनत्व
3. नमी का अंश
4. कूड़ा करकट का अंश
5. तारकोल का अंश
6. राख और स्लेग की विशेषता

गैसीफायर के तीन मुख्य जैव भार अनुप्रयोग

1. शैफ्ट ऊर्जा पद्धति (Shaft power system)
2. सीधे ऊष्मा का अनुप्रयोग (Direct heat applicant)
3. रसायन का उत्पादन (Chemical production)

शैफ्ट ऊर्जा पद्धति मुख्यतः कृषित अनुप्रयोग जैसे; ट्रैक्टर, हार्वेस्टर आदि में उपयोग होती हैं। छोटे स्तर के विद्युत ऊर्जा उत्पादन प्रणाली में भी ये काम आते हैं। वायु अंगार गैस का एक मुख्य अनुप्रयोग सिंचाई पद्धति है। सीधे ऊष्मा का अनुप्रयोग मुख्यतः कृषित जैसे; दानों को सुखाना, ग्रीनहाउस में ऊष्मा की उपस्थिति, आदि में है। वायु अंगार गैस का मिथेनॉल और फार्मिक अम्ल के उत्पादन तथा फ्युल सेल (Fuel cell) प्लांट में उपयोग होता है।

तालिका 8.3 विभिन्न ईंधनों से वायु अंगार गैस का संयोजन

ईंधन	**गैसीकरण का तरीका**	**आयतन (प्रतिशत)**					**ऊष्मीय मान (Calorific value)**
	डाउन ड्राफ्ट	CO	H_2	CH_4	CO_2	N_2	MJ/m^3
1. चारकोल	"	28.31	5.10	1.2	1.2	55.60	4.60.5.65
2. काष्ठ (नमी अंश 12–20%)	"	17.22	16.20	2.3	10.15	55.50	5.00.5.86
3. गेहूँ का भूसा	"	14.17	17.19	.	11.14	.	4.50
4. नारियल का भूसा	"	16.20	17.19.5 .		10.15	.	5.80

5. नारियल का कवच	"	19.24	10.15	.	11.15	.	7.20
6. संपीडित गन्ना	"	15.18	15.18	.	12.14	.	5.30
7. चारकोल	अप ड्राफ्ट	30	197	.	3.6	46	5.98
8. मक्के का कोष	डाउन ड्राफ्ट	18.6	16.5	6.4	.	.	6.29
9. चावल का समावरक	"	16.1	9.6	0.95	.	.	3.25
10. कपास के डंठल	"	15.7	11.7	3.4	.	.	4.32

सोलर सेल (Solar Cell)

सोलर सेल का कार्यान्वन मूल फोटोवोल्टाइक प्रभाव पर आधारित है। प्रत्यक्ष या अन्य विकरण (Radiation) के प्रतिक्रिया हेतु दो विभिन्न सामग्री के संयोजन पर विभव (Potential) अंतर की उत्पत्ति, फोटोवोल्टाइक प्रभाव कहलाता है। फोटो वोल्टाइक प्रभाव की मूल प्रक्रियाएँ निम्न हैं:

1. दो भिन्न सामग्री के जोड़ पर फोटोन्स (Photons) के अवशोषण (Absorption) के कारण से आवेश वाहक की उत्पत्ति।
2. जोड़ में फोटो–उत्पत्ति वाले आवेश वाहकों का अनुवर्ती (Subsequent) अलगाव।
3. विद्युत चक्र के अंतिम छोर पर फोटो–उत्पत्ति वाले आवेश वाहकों का संग्रह।

सामान्य तौर पर सोलर सेल में अवशोषक (Absorption) सतह होती है, जिसमें आपतित (Incident) विकरण (Radiation) के फोटोन (Photon) दक्षतापूर्वक अवशोषित हो जाते हैं, जिसके फलस्वरूप इलेक्ट्रॉन–होल पैयरों (Electron-hole-pair) का निर्माण होता है। फोटो–उत्पत्ति वाले इलेक्ट्रॉन (electron) और होल (Holes) के पृथक्कीकरण अवशोषक के दोनों तरफ अर्ध–पारगम्य (Semi-permeable) झिल्ली संलग्न होती है। अर्ध–पारगम्य झिल्ली की एक महत्वपूर्ण विशेषता यह है कि वे चयन (Selectively) करने के पश्चात् केवल एक ही प्रकार के आवेश वाहक को गुजरने देती हैं। दक्षतापूर्ण सोलर सेल की रूप–रेखा बनाने का मुख्य कारण यह है कि अवशोषक सतह में जिन इलेक्ट्रॉन और होल्स की उत्पत्ति होती है, वे अर्ध–पारगम्य तक पहुँच सकें। कृषि अवशेष ताप अपघटन या गैसीकरण (Pyrolysis or gasification) से द्रव्यीय उत्पाद जैसे जैव तेल (Bio-oil) का उत्पादन होता है, जिसमें विस्तृत मात्रा में बहुमूल्य रसायन और ईंधन उपस्थित होते हैं। विशिष्ट अध्ययन द्वारा ताप अपघटन का सुधराव और तरलीय उत्प्रेरक का विकास हुआ है।

फ्युल सेल (Fuel Cell)

फ्युल सेल विद्युत रासायनिक यंत्र है, जो बैट्री (Battery) के ही समान होते हैं और वे ईंधन के रासायनिक ऊर्जा को सीधे ही विद्युत ऊर्जा और ऊष्मा में परिवर्तित कर देते हैं। बैट्री से भिन्न वे बाहरी उपलब्ध कराए गए ईंधनों को ऑक्सीकृत करते हैं। प्रत्येक फ्युल सेल (Fuel cell) में एक विद्युत अपघटय (Electrolyte) जो कि ऑयनिक कन्डेक्टर (Conductor) है और दो विद्युत द्वार (Electrodes) (धनात्मक एनोड (Anode) और ऋणात्मक कैथोड (cathode) उपस्थित होते हैं, ये अत्यधिक आवश्यक इलेक्ट्रोनिक चालक हैं। उपयोग किए गए आयन के स्थानान्तरण के लक्षण, विशिष्ट ईंधन ओर सेल के तरण प्रकार पर निर्भर करता है। प्रोटोन एक्सचेंज मेमब्रेन फ्युल सेल (Proton exchange Membrane fuel cell) में सेल के एनोड इलेक्ट्रोड पर फ्यूल का प्रवेश होता है, जहाँ उसका विखंडन उसे दो तत्वों में विभाजित (प्रोटान और इलेक्ट्रॉन) कर देता है। प्रोटोन विद्युत–अपघट्य से गुजरता है और इलेक्ट्रॉन बाहरी सरकिट (Circuit) नें दबाव भार को संचालित करने का कार्य करता है। कैथोड पर प्रोटोन और इलेक्ट्रॉन ऑक्सीजन के साथ मिश्रित होकर शुद्ध जल और कुछ मात्रा में ऊष्मा भी उत्पन्न करते हैं। जैसे की ईंधन फ्युल सेल में जलाए नहीं जाते हैं बल्कि विद्युत–रासायनिक विधि द्वारा ऑक्सीकृत होते हैं, इसलिए वे मूल सिद्धांतों के नियम के अंतर्गत हीट इंजन (Heat engine) के लिए निरुद्ध नहीं है। कृषि अवशेष किसी न किसी प्रकार से फ्युल सेल के लिए उपयोगी होते हैं। कृषि अवशेष विभिन्न प्रक्रिया द्वारा मीथेन या अमोनिया बनाते हैं और फ्युल सेल मीथेन/अमोनिया को ऊष्मा और विद्युत ऊर्जा में बदल देते हैं।

सूर्य में ऊर्जा ⟶ पौधे ⟶ कृषि अवशेष ⟶ जनरेटर $\xrightarrow{\text{उत्प्रेरक}}$ फ्यूल सेल

विभिन्न प्रकार के फ्युल सेल होते हैं:

1. प्रोटोन एक्सचेंज मेमब्रेन फ्युल सेल (FEMFC)
2. डायरेक्ट मिथेनॉल (Direct methanol) फ्युल सेल (DMFC)
3. फॉस्फेरिक एसिड फ्युल सेल (PAFC)
4. मोल्टेन कार्बोनेट फ्युल सेल (MCFC)
5. सॉलिड ऑक्साइड फ्युल सेल (SOFC)
6. एल्कलाइन फ्युल सेल (AFC)

जैवभार आधारित पारम्पारिक प्रत्यक्ष वाष्प चक्र से ऊर्जा की उत्पत्ति (Conventional direct steam cycle based biomass power generation)

दहन के द्वारा ठोस जैविक ईंधनों का पारम्पारिक परिवर्तन तकनीकियों से विद्युत ऊर्जा की उत्पत्ति करने का अधिक महत्व है। अधिकतम जैवभार से ऊर्जा की उत्पत्ति वाले प्लांट सीधे तकनीक से अग्नि प्रज्ज्वलन पद्धति का उपयोग करते हैं। कृषि अवशेष को जलाया जाता है और इससे उत्पन्न ऊष्मीय ऊर्जा का उपयोग वाष्प के उत्पत्ति में काम आता है, जो विद्युत ऊर्जा को बनाने में उपयोगी होता है। इस प्रक्रिया को पारम्पारिक वाष्प चक्र प्रक्रिया कहते हैं। सीधी तकनीक से जैवभार दहन की तकनीकियों और वाष्प जनक (Generator) एवं ऊर्जा उत्पत्ति की सुविधाओं का सम्मिश्रण बाज़ार में उपस्थित है, जो जैवभार के विकेन्द्रित उपयोगिता की आवश्यकता को पूरा करता है। इसमें ईंधन को जलाया जाता है और गर्म दहन के द्वारा उत्पन्न गैसें हीट एक्सचेंजर (Heat exchanger) से गुजरती है, जिससे उच्च दाब और ताप वाली वाष्प बनती है, जो स्टीम टर्बाइन (Steam turbine) को चलाती है। ऊर्जा उत्पत्ति हेतु पारम्पारिक वाष्पीय चक्र को क्रमदर्शी आरेख द्वारा आकृति 8.6 में दर्शाया गया है।

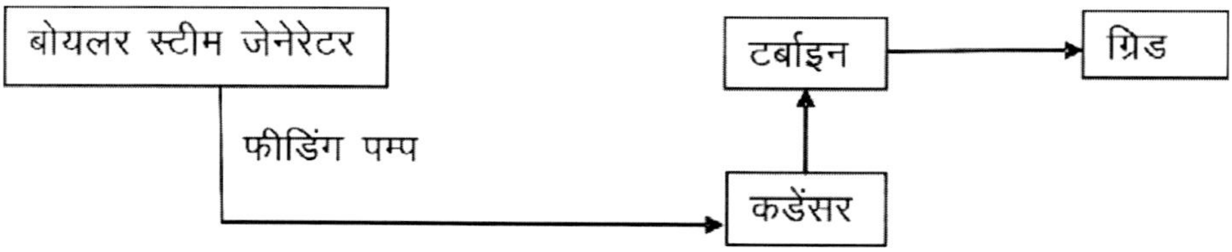

आकृति 8.6 ऊर्जा उत्पत्ति हेतु पारम्पारिक वाष्पीय चक्र

जैवभार समाकलित गैसीकरण संयुक्त चक्र द्वारा ऊर्जा उत्पत्ति (Biomass Integrateal gasification combined cycle (IGCC) Power generation)

ऊर्जा की उत्पत्ति के लिए गैस टर्बाइन को चलाने हेतु जैवभार समाकलित गैसीकरण संयुक्त चक्र प्लांट का विकास किया गया है। प्रथम चरण में विद्युत ऊर्जा के उत्पादन हेतु गैस द्वारा टर्बाइन को गतिमान किया जाता है और द्वितीय चरण में गैस टर्बाइन से उत्सर्जित गर्म धूम वाहिका का उपयोग वाष्प के उत्पादन हेतु किया जाता है, जिससे परंपरागत वाष्प चक्रण प्रक्रिया द्वारा विद्युत ऊर्जा उत्पादित की जाती है। दोनों ऊर्जा उत्पत्ति हेतु प्रक्रियाओं (गैस टर्बाइन + स्टीम टर्बाइन) के सम्मिश्रण से ऊर्जा उत्पादन की क्षमता में वृद्धि और ग्रीनहाऊस गैसों के उत्सर्जन में कमी आती है।

निष्कर्ष

कृषि अवशेष से ऊर्जा का उत्पादन एक बहुत ही महत्वपूर्ण क्रिया है. जो भारी मात्रा में अवशेषों के उपयोग के साथ अन्य पर्यावरणीय समस्याओं का हल भी निकालता है। कृषि अवशेष का मुख्य भाग ईंधन उत्पादन में उपयोग होता है। बहुत से क्षेत्रों में खास तौर पर, ग्रामीण क्षेत्रों में विद्युत ऊर्जा की समस्या देखी गई है। कृषि अवशेष के उपयोग से विद्युत ऊर्जा का उत्पादन करके बहुत से क्षेत्रों की समस्याओं को दूर किया गया है। भारत स्वयं 400 मिलियन टन से भी अधिक कृषि अवशेष का उत्पादन करता है। कृषि अवशेष से छोटे विद्युत ऊर्जा के प्लांट गाँव में लगाए गए हैं। ग्रामीण क्षेत्रों में प्लांट लगाने से लोगों को रोज़गार और अवशेषों को बेचने से किसानों की अतिरिक्त आय भी होगी। कृषि अवशेषों से विभिन्न प्रक्रियाओं जैसे; दहन, गैसीकरण, ताप–अपघटन, ब्रिकेटिंग आदि द्वारा ऊर्जा का उत्पादन होता है। इस ऊर्जा का इस्तेमाल घर से लेकर इंजन को चलाने तक किया जाता है। कृषि अवशेषों के उपयोग से विद्युत ऊर्जा की उत्पत्ति में बहुत सी समस्याओं का निवारण हुआ है और इनके उपयोग से ग्रीनहाऊस गैसों में कमी भी आई हैं, जो कि पर्यावरण की एक मुख्य समस्या है।

❑❑❑

अध्याय 9

जैवईंधनों का जीवन चक्र विश्लेषण

विश्वव्यापी जलवायु परिवर्तन को लघुकृत करने एवं राष्ट्रीय ऊर्जा स्वच्छता हेतु जैवभार से उत्पादित ऊर्जा का एक प्रमुख एवं विस्तृत स्रोत है। तथापि, कुल कार्बन डाइ ऑक्साइड की मात्रा को कम करने में, जैवईंधन की क्षमता का गहन अध्ययन किया जा रहा है। जैवईंधनों की सफलता और संवहनीयता के लिए वनस्पति विज्ञान का ऊर्जा की अधिक खपत वाले उद्योगों के अध्ययन में समाकलन अत्यंत महत्वपूर्ण है। जैवईंधनों के जीवन चक्र का विश्लेषण भावी जैवईंधन आधारित उद्योगों की निरंतरता को ज्ञात करने हेतु उपयोग किए जाने वाला एक अभिकलनात्मक (Computational) साधन है। उत्पाद के सम्पूर्ण जीवन चक्र से संयुक्त विभिन्न अवस्थाओं (जैसे कि कच्चे माल से लेकर, निष्कर्षण, प्रक्रमण के दौरान विन्यास, पुनः चक्रण तक) का पर्यावरण पर पड़ने वाले प्रभावों का मूल्यांकन करने का एक साध्य है। इसके द्वारा किसी भी दो उत्पादों/क्रियाओं का पर्यावरण और ऊर्जा पर पड़ने वाले संघात के संदर्भ में तुलना की जा सकती है। जीवाश्म ईंधनों का जीवन चक्र विश्लेषण यह दर्शाता है कि उत्पादों (वाहन, उद्योग कारखानों, ऊष्मीय विद्युत संयंत्र इत्यादि) से उत्सर्जित कार्बन डाई ऑक्साइड एक ऐसी अवशिष्ट गैस है जो भूमण्डलीय तापक्रम वृद्धि का कारण है, जिसके परिणामस्वरूप जलवायु परिवर्तन की समस्या उत्पन्न होती है। जीवाश्म ईंधनों के प्रयोग से विभिन्न ग्रीनहाऊस गैसों जैसे कार्बन डाइ ऑक्साइड (CO_2), मीथेन (CH_4), नाइट्रस ऑक्साइड इत्यादि का उत्सर्जन होता है। वायुमण्डल में ग्रीनहाऊस गैसों की मात्रा में वृद्धि पृथ्वी के सतही तापमान को बढ़ाता है जिसे हम भूमण्डलीय तापक्रम वृद्धि कहते हैं, जिसके फलस्वरूप विभिन्न जलवायु परिवर्तन की समस्याएँ उदाहरणतः ध्रुवीय हिम का पिघलना, समुद्रीय एवं नदियों के स्तर में वृद्धि, पवनों की दिशाओं, मौसम चक्र, वर्षा में परिवर्तन इत्यादि उत्पन्न होती है। इसलिए हमें जीवश्म ईंधनों का अन्य विकल्प खोजने की आवश्यकता है और जैवईंधन एक उपयुक्त विकल्प अन्वेषित किया गया है। जिसके फलस्वरूप उपरोक्त समस्याओं का निवारण अधिक सीमा तक संभव है।

जीवन चक्र विश्लेषण को एक प्रणाली की सीमा रेखा और जीवन चक्र की विस्तृत सूची जो कि विभिन्न शोध योजनाओं के उद्देश्यों के साथ परिवर्तित होती रहती है, के द्वारा परिभाषित किया जा सकता है। प्रणाली की सीमा रेखा से तात्पर्य है प्रक्रिया की स्थानिक (Spatial), सामयिक (Temporal) एवं उत्पादित (Production) श्रृंखला की सीमाएं।

उदाहरणतः जैवईंधन के लिए उगाई गई फसल का ग्रीनहाऊस गैस संतुलन, कृषि क्षेत्र की स्थिति एवं उसके आकार (स्थानिक सीमा), पैदावार की वृद्धि हेतु अनुकूल मौसम की संख्या (समय सीमा) और उर्वरक निवेश एवं फसलों की कटाई के उपरान्त उसके स्थानातंरण (आरम्भिक एवं अंतिम चरण सीमा) इत्यादि पर निर्भर करता है। जैव ईंधन उत्पादन के प्रत्येक चरण में ऊर्जा एवं ग्रीनहाऊस गैस उद्ग्रहरण (निवेश, उदाहरण: पौधों एवं मिट्टी के द्वारा उद्ग्रहण (Uptake)) के साथ–साथ ऊर्जा का उपयोग एवं ग्रीनहाऊस गैसों का उत्सर्जन शामिल होता है। ग्रीनहाऊस गैसों के आगत में प्रकाश संश्लेषण के प्रक्रिया में कार्बन डाइ ऑक्साइड (CO_2) की आवश्यकता और ग्रीनहाऊस गैसों के निर्गम में स्वपोषित (Autotrophic) और परपोषित जीवों (Heterotrophic) के श्वसन क्रिया द्वारा कार्बन डाइ ऑक्साइड (CO_2) का निष्कासन शामिल है। प्रकारांतरेण, प्रणाली की सीमा रेखा को अत्यधिक विस्तृत किया जा सकता है, जिसमें कृषि क्षेत्रों से यंत्रों के उपयोग द्वारा उत्सर्जन ऊर्ध्वप्रवाह (Upstream) ग्रीनहाऊस गैस अथवा जैवभार के इथेनॉल में रूपातंरण से उत्सर्जित अनुप्रवाह (Downstream) ग्रीनहाऊस गैस निहित है। जीवन चक्र की विस्तृत सूची (Inventory) का अर्थ है विभिन्न संघका की सूची जो कि जीवन चक्र विश्लेषण प्रणाली का एक भाग है।

प्रणाली के सीमा के अंतर्गत, जीवन चक्र की विस्तृत सूची का अभिप्राय जैवईंधन उत्पादन श्रृंखला के प्रत्येक चरण में अपेक्षित निवेश एवं निर्गम से है। कृषि निवेशों के लिए ग्रीनहाऊस गैस के संतुलन की गणना के लिए संघटकों की सूची में शामिल हैं उर्वरक, कीटनाशक दवाइयाँ, तृणनाशक और बीजों का उत्पादन एवं स्थानातंरण आदि। सभी जीवन चक्र की विस्तृत सूचियों में उपरोक्त बताए गए संघटकों के अलावा अन्य कुछ संघटक जैसे; सिंचाई के उपकरण अथवा जुताई संबंधी उपकरण सम्मिलित होते हैं। जीवन चक्र विश्लेषण के निवेश एवं निर्गम की गणना हेतु क्रियात्मक ईकाइयाँ उपलब्ध हैं जो कि विभिन्न शोध उद्देश्यों एवं व्यवस्थाओं के साथ भिन्न होती रहती है। जैवईंधन के जीवन चक्र विश्लेषण की दो मुख्य क्रियात्मक इकाइयाँ हैं: ग्रीनहाऊस गैस एवं ऊर्जा। ग्रीनहाऊस गैस इकाइयों का उपयोग मुख्यतः जीवाश्म ईंधनों की तुलना में जैवईंधनों का पर्यावरणीय लाभों के अध्ययन हेतु किया जाता है। ऊर्जा के निवेश एवं निर्गम के माध्यम से सीधे तौर पर मानवोद्भव ऊर्जा की माँग को ज्ञात किया जा सकता है। जैवईंधन के उत्पादन की श्रृंखला के प्रत्येक चरण सम्मिलित ऊर्जा एवं ग्रीनहाऊस गैस के आगत/निवेश (Input) एवं निर्गत (Output) को आकृति 9.1 में दर्शाया गया है। जीवनचक्र विश्लेषण के दो प्रकार समुच्चय एवं विशिष्ट जीवन चक्र विश्लेषण हैं। समुच्चय जीवन चक्र विश्लेषण में पिछले आँकड़ों के उपयोग से निर्गत की एक इकाई के उत्पादन हेतु ग्रीनहाऊस गैसों अथवा ऊर्जा की मात्रा को ज्ञात करना है। विशिष्ट जीवन चक्र विश्लेषण में निश्चित सुसाध्य के उपयोग द्वारा जैवईंधनों के उत्पादन हेतु ग्रीनहाऊस गैसों की उत्पत्ति। विभिन्न जैवईंधनों के जीवन चक्र के विश्लेषण के अध्ययन द्वारा निम्नलिखित तथ्यों का ज्ञान हुआ है।

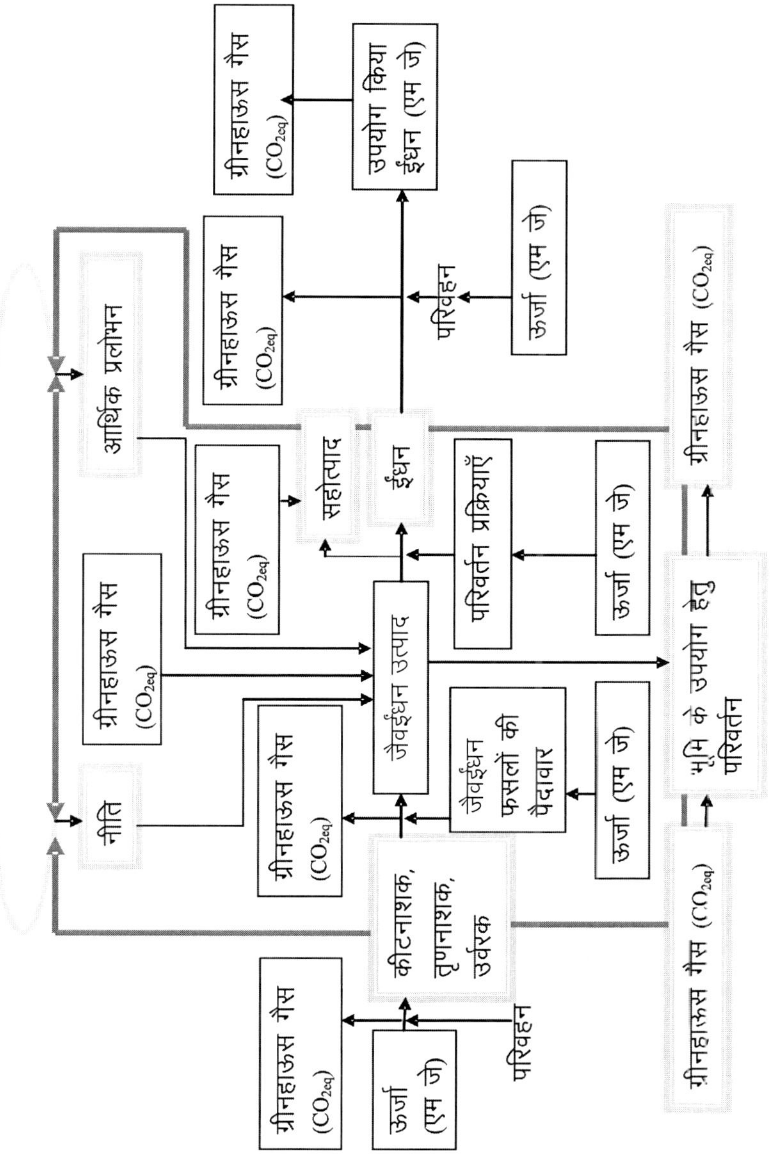

आकृति 9.1 जैवईंधन का जीवन चक्र विश्लेषण

1. कॉर्न स्टोवर तीव्र ताप अपघटन द्वारा जला हुआ कोयला एवं जैविक तेल का उत्पादन करता है। मिट्टी की शुद्धता हेतु जले हुए कोयले (Biochar) का उपयोग किया जाता है, जो कि कार्बन डाइ ऑक्साइड के अधिग्रहण में मुख्य भूमिका निभाता है। जैवभार में संग्रहित कार्बन का इस प्रक्रिया द्वारा मिट्टी में पुनः प्रतिगमन हो जाता है, अन्यथा पौधों के विघटन के उपरान्त ये वातावरण में उपस्थिति ऑक्सीजन के साथ अभिक्रिया करके कार्बन डाइ ऑक्साइड का निर्माण करता है जो कि एक मुख्य ग्रीनहाऊस गैस है। जैविक तेल जीव जनित कार्बन से मिलकर निर्मित होता है और इसके हाइड्रो प्रक्रियाओं के दौरान किसी भी प्रकार की ग्रीनहाऊस गैसों का उत्सर्जन नहीं होता है। अतः ये ग्रीनहाऊस गैसों के उत्सर्जन को कम करते हैं, इसलिए पारम्पारिक ईंधनों के स्थान पर इनका उपयोग किया जाना चाहिए।
2. जैवडीजल एवं गन्ने की खोई से उत्पादित इथेनॉल के जीवन चक्र विश्लेषण के अध्ययनों द्वारा ज्ञात हुआ है, कि जीवाश्म ईंधनों की अपेक्षा इन जैविक ईंधनों से कम मात्रा में विषाक्त गैसों जैसे; कार्बन मोनो ऑक्साइड, सल्फर तथा नाइट्रोजन के ऑक्साइड, विविक्तकर्ण, कार्बन डाइ ऑक्साइड इत्यादि का उत्सर्जन होता है।

जैवईंधनों का जीवन चक्र

जैवभार से विभिन्न प्रकार के जैवईंधनों जैसे; जैव इथेनॉल, जैव डीजल, जैव हाइड्रोजन आदि का उत्पादन होता है। जैवईंधन जैसे कि जैव इथेनॉल विविध प्रकार के वानस्पतिक सामग्रियों से व्युत्पन्न होता है तथा प्रारंभिक अनिर्मित सामग्री के चुनाव पर ही कुल उत्पादन लागत निर्भर करती है। युनाइटेड स्टेटस में अधिकांशतः मक्का से इथेनॉल की उत्पत्ति की जाती है। क्योंकि मक्का एक स्टार्ची पदार्थ है, इसलिए ये एमाइलेज़ किण्वक एवं ऊष्मा की सहायता से सरलतापूर्वक किण्वन प्रक्रिया द्वारा ग्लुकोज का उत्पादन करते है। सेल्युलोज युक्त इथेनॉल विविध प्रकार के पत्तियों, तनों, कृषि अवशेषों एवं अन्य काष्ठीय सामग्रियों द्वारा व्युत्पन्न होते हैं, जिनका लिग्निन की उपस्थिति के कारणवश सरलता से किण्वन करना कठिन होता है। अभी व्यवसायिक स्तर पर सेल्युलोज को पाच्य करने वाले किण्वक आसानी से उपलब्ध नहीं है और सेल्युलोज को वियुक्त करने एवं इसे किण्वन प्रक्रिया हेतु उपयुक्त बनाने की आवश्यकता होती है। कृषित सामग्रियों द्वारा इथेनॉल उत्पादित करने के विभिन्न स्तर निम्न है:

1. पौधे
2. खेती संबंधित कार्य
3. अनिर्मित सामग्रियों का स्थानान्तरण
4. परिष्कर्ण (इससे किण्वन तथा कृषि सामग्रियों का प्रवर्तन करना सम्मिलित है)

5. उत्पादों का स्थानान्तरण

6. विविध प्रकार से ऊर्जा के स्रोत के रूप में इसका प्रयोग करना—वाहनों में, विद्युत ऊर्जा के उत्पादन, उद्योगों में, आदि। इथेनॉल एक दीर्घकालिक, प्रदूषण रहित सस्ती ऊर्जा उत्पन्न करने का स्रोत है।

वानस्पतिक चरण

इस चरण में सौर ऊर्जा, कार्बन डाइ ऑक्साइड (CO_2) एवं जल पदार्थ निविष्ट होते हैं। प्रकाष संश्लेषण प्रक्रिया द्वारा सौर ऊर्जा रासायनिक ऊर्जा में रूपांतरित हो जाती है, जो कि ग्लुकोस, जल में संग्रहित होती है।

किण्वन चरण

इस चरण में यीस्ट एवं अन्य प्रक्रियाओं के लिए ऊष्मा की आवश्यकता होती है। किण्वन द्वारा कृषित अनिर्मित सामग्रियों को इथेनॉल में परिवर्तित किया जाता है। इथेनॉल एवं कार्बन डाइ ऑक्साइड (CO_2) पदार्थ निर्गत होते हैं। व्युत्तित इथेनॉल विभिन्न प्रक्रियाओं में ऊर्जा के स्रोत के रूप में उपयोग में लाया जा सकता है

परिवहन चरण

पौधों में संग्रहित सौर ऊर्जा द्वारा इथेनॉल की उत्पत्ति हुई, जो अप्रत्यक्ष रूप से वाहनों को चलाने हेतु उपयोग में आती है। वाहनों जैसे कि कार में दहन प्रक्रिया द्वारा इथेनॉल में संगठित रासायनिक ऊर्जा, गतिज ऊर्जा एंव ऊष्मा में परिवर्तित हो जाती है तथा कार्बन डाइ ऑक्साइड (CO_2) एवं जल का निष्कासन होता है। ये निष्कासित जल एवं कार्बन डाइ ऑक्साइड (CO_2) पौधों द्वारा पुनः उपयोग में लाए जाते हैं और इसी प्रकार जीवन चक्र निरंतर रूप से कार्यान्वित होता रहता है। किण्वन चरण से उत्सर्जित हुई कार्बन डाइ ऑक्साइड (CO_2) का भी पौधों में प्रत्यानयन हो जाता है। अतः यह आशय स्पष्ट होता है, कि जितनी भी मात्रा में कार्बन डाइ ऑक्साइड (CO_2) प्रकाश सश्लेषण प्रक्रिया में ग्लुकोज का उत्पादन करने में उपयोग होती है, ठीक उतनी ही मात्रा में यह किण्वन एवं दहन प्रक्रिया द्वारा निष्कासित हो जाती हैं। अन्य चरणों जैसे खेती संबंधी कार्यों अनिर्मित सामग्रियों का स्थानान्तरण, कृषि सामग्रियों का प्रवर्तन, उत्पादों के स्थानान्तरण आदि में भी अतिरिक्त ऊर्जा की आवश्यकता होती है और साथ ही विभिन्न मार्गों से कार्बन का इस प्रणाली में आगमन होता है। अन्य चरणों जैसे; उर्वरक उत्पादन, ट्रैक्टरो, ट्रकों एवं अन्य वाहनों को चलाने, परिष्कर्ण में ऊर्जा के लिए आदि में जीवाश्म ईंधनों द्वारा ऊर्जा की आपूर्ति होती है।

गैसोलिन, डीजल, प्राकृतिक गैस और कोयले में उपस्थित हाइड्रोकार्बन के दहन के कारण कार्बन डाइ ऑक्साइड (CO_2) गैस निष्कासित होती है। यह अवशिष्ट कार्बन डाइ ऑक्साइड (CO_2) गैस वातावरण में प्रवेश करती है, जिसके परिणामस्वरूप वायुमण्डल में कार्बन की मात्रा में वृद्धि होती है। इसके निर्वाण हेतु कई विकल्प हैं, जैसे; अधिक से अधिक मात्रा में वृक्षारोपण करना, प्रति हेक्टेयर पौधों की उपज में वृद्धि करना, सदाबहार वृक्षों जो कि कार्बनिक जैवभार को प्रग्रहित कर लेते हैं, का अत्यधिक रोपण करना। सेल्युलोज युक्त इथेनॉल परिष्कर्णों का भी उपयोग किया जा सकता है। ये वानस्पतिक जैवभार को जलाने से उत्पत्ति ऊष्मा का उपयोग किण्वन संयंत्र एवं विद्युत ऊर्जा के उत्पादन हेतु कर सकता है। परिष्कर्ण में उपयोग की जाने वाली विद्युत ऊर्जा का उत्पादन कोयले की अपेक्षा सौर एवं पवन ऊर्जा द्वारा किया जा सकता है, क्योंकि इसमें किसी भी प्रकार से कार्बन का निवेश नहीं होता है। इसलिए यह एक कार्बन निष्प्रभावी प्रणाली है। विभिन्न अध्ययनों द्वारा जैवईंधन उत्पादन प्रणाली की ऊर्जा दक्षता को ज्ञात किया गया है। कुल ऊर्जा मान का तात्पर्य जैवईंधन फसलों से उत्पादित उपयोग में लाई जा सकने वाली ऊर्जा की मात्रा और उपरोक्त ऊर्जा के उत्पादन हेतु ईंधन के लिए उपयोग कि गई ऊर्जा की मात्रा के बीच का अंतर है। नकारात्मक कुल ऊर्जा मान से अभिप्राय है, जितनी मात्रा में ऊर्जा का उत्पादन हुआ, उससे कहीं अधिक मात्रा में जैवईंधन का उत्पादन हेतु ऊर्जा का उपयोग होना। जबकि सकारात्मक कुल ऊर्जा मान का अर्थ है, ईंधन के उत्पादन में उपयोग हुई ऊर्जा की तुलना में ईंधन द्वारा अत्यधिक मात्रा में ऊर्जा का उत्पादन होना। कुछ जैवईंधन फसलों की कुल ऊर्जा मान को तालिका 9.1 में दर्शाया गया है।

तालिका 9.1 जैव फसलों का कुल ऊर्जा मान

जैव ईंधन फसल	**कुल ऊर्जा मान**
कॉर्न स्टोवर	12.85
स्विच घास	6.96
कॉर्न सोए	6.05
रीड केनेरी घास	4.88
सेल्युलोज युक्त फसल की प्रजाति	4.52
प्रेरी	3.00

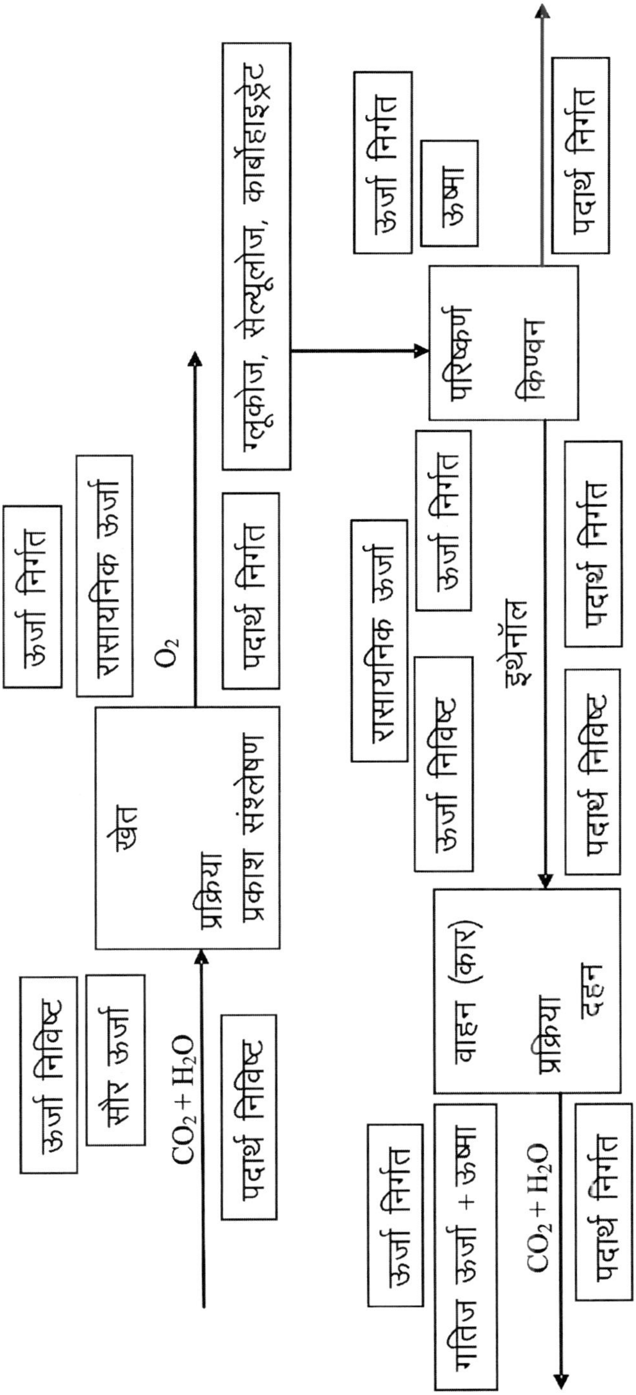

आकृति 9.2 ऊर्जा और पदार्थ का संबंध

निष्कर्ष

जैवईंधन पौधों द्वारा व्युत्पन्न ऊर्जा के स्रोत हैं, जिनसे प्रत्यक्ष रूप से ज्वलन द्वारा ऊष्मा अथवा द्रवीय ईंधनों जैसे इथेनॉल एवं जैव डीजल में परिवर्तित होकर ऊर्जा प्रदान करते हैं। जीवन चक्र विश्लेषण एक अभिकलनात्मक साध्य है, जो उत्पाद के समुच्चय जीवन चक्र अर्थात् आरंभिक कच्चे माल के चरण से लेकर उत्पाद बनने तक के चरण का मूल्यांकन करता है। जीवाश्म ईंधनों एवं जैविक ईंधनों के जीवन चक्र विश्लेषण की तुलना करने पर यह ज्ञात होता है कि, जैविक ईंधनों से जीवाश्म ईंधनों की अपेक्षा कम मात्रा में ग्रीनहाऊस गैसों मुख्यतः कार्बन डाइ ऑक्साइड का उत्सर्जन होता है।

स्पष्ट रूप से निर्धारित स्थानिक एवं सामयिक सीमाओं के संदर्भ में अनुवांशिक रूप से संशोधित जैवईंधन की फसलों की विभिन्न प्रजातियों का उनकी जलवायु, मृदा एवं सूक्ष्म जीवों के साथ अन्योन्या क्रिया का वनस्पति एवं परिस्थिति वैज्ञानिकों द्वारा अध्ययन किए जाने की आवश्यकता है। जैव ईंधन उत्पादन प्रणाली के अन्य दृष्टिकोण पर कार्य करने वाले इंजीनियरों, अर्थशास्त्रियों, नीतिकारों तक भी नई अविष्कृत जैवईंधन फसलों के बारे में संचारित करना चाहिए। जैव भू–रासायनिक प्रक्रियाएं जो जैवईंधन फसलों द्वारा मध्यस्थ होती है, उनका जैवईंधन उत्पादन प्रणाली के लाभ एवं आर्थिक लागत के साथ समाकलन करना अनिवार्य है और इनकी जीवाश्म ईंधन उत्पादन प्रणाली के साथ समग्र रूप से तुलना की जानी चाहिए। द्वितीयक पीढ़ी के जैवईंधन ऊर्जा की आपूर्ति करने में सक्षम है, परन्तु पारदर्शी एवं मानकीकृत जीवन चक्र विश्लेषण पद्धति के अभाव में जैवईंधनों के बढ़ते हुए उपभोग का पर्यावरण एवं परिस्थितिक तंत्र पर पढ़ने वाले प्रभावों को सम्पूर्ण रूप से नहीं समझा जा सकता है।

□□□

अध्याय 10

ऊर्जा संरक्षण एवं ऊर्जा परिक्षण के सिद्धांत

ऊर्जा का आर्थिक संप्रत्यय

भविष्य के लिए आर्थिक प्रवृत्ति का पूर्व अनुमान करना असंभव है। परन्तु एक संदर्भ में इसका अनुमान लगाया जा सकता है, यदि अनवीकरणीय परिसंपत्ति (Non-renewable assests) का अत्यधिक उपभोग करने से इसकी लागत दिन–प्रतिदिन बढ़ती जाएगी। विश्व में अधिकांशतः ऊर्जा अनवीकरणीय तेल, प्राकृतिक गैस एवं कोयले के रूप में विस्तीर्णता से उपयोग में लाए जा रहे हैं। जैसा कि हम सबको ये ज्ञात है, कि लाखों वर्ष पूर्व इन संसाधनों का निर्माण हुआ था और इनकी पुनः प्राप्ति संभव नहीं है। वर्तमान में इन संसाधनों का तेजी से उपभोग किया जा रहा है (एक वर्ष में 0.32 मिलियन पेटाजूल (Petajoules) अथवा 9 मिलियन टन कोयले के समतुल्य)। विकसित देश विश्व की कुल जनसंख्या का 15–75 प्रतिशत है, ये प्रतिवर्ष उत्सर्जित 0.32 मिलियन पेटाजूल (Petajoules) का 54.5 प्रतिशत भाग उपभोग कर लेते हैं। यह अविश्वसनीय है कि विश्व के कम विकसित देश रातोंरात पश्चिमी देशों की भाँति समृद्ध हो जाए। यदि वे ऐसा कर पाते हैं, तो सभी पश्चिमी देशों के जीवन निर्वाह स्तर को स्थिर रखने पर भी विश्व की वार्षिक ऊर्जा की माँग प्रतिवर्ष 1.11 मिलियन पेटाजूल (Petajoules) बढ़ जाएगी। पश्चिमी देशों के नजरीए से देखा जाए, तो परिस्थितियाँ अभी तक हताशापूर्ण नहीं है। जितने भी कोयला एवं तेल के भण्डार वर्तमान में हमें ज्ञात है, उनसे कहीं अत्यधिक मात्रा में ये संसाधन उपलब्ध हो सकते हैं। तीव्र प्रजनक नाभिकीय रिएक्टर (Fast breeder nuclear reactor), एवं संलयन रिएक्टर (Fusion reactor) की धीमी गति से हो रहे विकास को अब त्वरित करने की आवश्यकता है।

यद्यपि कई दशकों तक वास्तविकता में ऊर्जा का अभाव होना संभाव्य नहीं है, परन्तु यह निश्चित है क्योंकि जीवाश्म ईंधन एक अपक्षय परिसंपत्ति है, इसलिए इसकी लागत में वृद्धि होती जाएगी। इस कारण ऊर्जा के प्रयोग के दौरान विभिन्न अनावश्यक गतिविधियों को जो कि पिछले कुछ वर्षों में बढ़ गई हैं, उनका परित्याग करना आवश्यक है। हमें ऊर्जा का संरक्षण हर संभव माध्यम से करना चाहिए ताकि आगे आने वाली पीढ़ियाँ भी इसका लाभ उठा सकें। यद्यपि ऊर्जा के सभी प्रकारों को एक समान इकाई में दर्शाया जा सकता है, जैसे; जूल (Joule), मेगा जूल (Megajoule), गीगा जूल (Giga joule) तथापि ऊर्जा

का आर्थिक मान श्रेणीकर के साथ भिन्न होता है। इसका तात्पर्य है, कि विद्युत एवं यांत्रिक ऊर्जा उच्च श्रेणी के ऊष्मीय ऊर्जा से अधिक महंगी है। तापीय ऊर्जा का कोई भी व्यवसायिक महत्व नहीं है। वे सभी प्रज्वलित विचारधारा, जो कि धरती पर पहुँचने वाली सौर विकरण द्वारा उत्पन्न ऊर्जा को जीवाश्म ईंधन से उत्सर्जित ऊर्जा के समतुल्य रखते हैं, अभी सुदृढ़ नहीं है। आर्थिक कार्य प्रणाली के लिए जितनी हमें उच्च श्रेणी दर की ऊर्जा की आवश्यकता होती है, उससे अधिक श्रेणी के ऊर्जा का उपयोग नहीं करना चाहिए। उदाहरणतः विद्युत ऊर्जा जो ऊर्जा श्रेणी में सबसे ऊपर है, विभिन्न प्रयोजनों जैसे; यांत्रिक ऊर्जा का उत्पादन, विद्युन्यय फर्नेस (Electrical furnace) में प्रकाश, ध्वनि और अत्यधिक उच्च ताप का उत्पादन आदि में उपयोग किया जाना चाहिए। यह इलेक्ट्रानिक के लिए भी उपयुक्त ऊर्जा का स्रोत है। वहीं दूसरी तरफ, विद्युत अग्नि जिसका उपयोग वायुमण्डल के तापमान को 20°C तक बढ़ाने में किया जाता है, जो विद्युत ऊर्जा का एक अनावश्यक उपयोग है। यह दोनों ही घरेलू एवं औद्योगिक प्रकरण में संप्रयोजित है। वर्तमान में, रात्रिकालीन में विद्युत ऊर्जा का अत्यधिक उत्पादन होता है और इसीलिए कुछ संख्या में रात्रिकाल में इस उत्पादित विद्युत ऊर्जा को तापक क्रियाओं के लिए अधिक मूल्यों पर बेचा जाता है, यह एक आंतरिक अपशिष्ट है। ऊर्जा संचयन (Energy storage) के लिए अत्यधिक कार्यक्षम पद्धतियाँ जैसे; फ्लाई वील्स, कम्प्रेस्ड एयर या पंप्ड जल आदि को ज्ञात करना अत्यंत श्रेष्ठतर है।

औद्योगिक व्यवस्थाओं के अन्तगर्त विभिन्न नियुक्त कर्म है जिसमें ऊर्जा की आवश्यकता होती है, परन्तु इनकी विभिन्न श्रेणी होती हैं। इसका तात्पर्य एक प्रक्रिया द्वारा उत्सर्जित अपशिष्ट ऊष्मा का उपयोग, दूसरे प्रक्रिया की आवश्यकताओं की पूर्ति करना है। उदाहरणतः शीशे के कार्य द्वारा 400 से 500°C तक अपशिष्ट ऊष्मा का उत्पादन होता है, यह अपशिष्ट ऊष्मा मध्यवर्ती दाबीय वाष्प की वृद्धि के लिए यथेष्ट है, जो कि टर्बाइन को क्रियाशील बनाती है ताकि विद्युत ऊर्जा का उत्पादन हो सके। इससे उत्पादित कम दाबीय वाष्प का प्रयोग कृषित उत्पादों की नमी को वाष्पित करने में किया जा सकता है। इस तरह की प्रक्रियाओं द्वारा प्राप्य वाष्प संभवतः द्रव्यीकरण होकर गर्म जल उपलब्ध करता है, जिसका ताप 60°C है और इसका उपयोग मछली पालन एवं ग्रीनहाऊस में होता है। शीशे के विभिन्न घटक पिघलते हैं और घनीकरण तापमान से अधिक तापमान पर आयोजित होते हैं। मध्यवर्ती दाबीय वाष्प का उपयोग विद्युत ऊर्जा के उत्पादन हेतु (500°C) होता है। टर्बाइन द्वारा निकासित (120°C) वाष्प का उपयोग फसलों को सुखाने के लिए होता है। द्रव्यीकरण वाष्प जल गर्म करने में सक्षम होता है, जिसका उपयोग स्पेस हीटिंग, मछली पालन या ग्रीनहाऊस (60°C) में होता है। शीशे के उद्योग, उच्चतर ताप निराकरण (Medium Pressure steam) श्रेणी का निरूपण करता है, जिसका तापमान लगभग 500°Cहै। मिट्टी के बर्तन बनाने वाले भट्ठे लगभग (350°C) अपशिष्ट ऊष्मा उपलब्ध कराते हैं। कागज एवं बोर्ड उद्योगों, कृषि खाद्य उद्योगों, कपड़े के उद्योगों आदि में अपशिष्ट

ऊष्मा का उपयोग जल को वाष्पीय करने में किया जाता है। सभी औद्योगिक वाष्पीकरण प्रक्रियाओं के लिए 200°Cतापमान से नीचे ऊष्मा विनिमय माध्यम पूर्णतया यथेष्ट है। इसका यह तात्पर्य है कि बहुमूल्य प्राथमिक ईंधन ऊष्मा के अपेक्षाकृत अपशिष्ट ऊष्मा का पूर्ण कृतार्थता के साथ उपयोग हुआ है। कृषि और उद्यान विज्ञान ऐसे दो उद्योग है, जो बड़ी संख्या में निम्न श्रेणी के ऊष्मा का उपयोग करते हैं जिसके फलस्वरूप अन्य उद्योगों द्वारा उत्पादित अपशिष्ट ऊष्मा अत्यधिक यथोचित है।

कागज़, लुगदी और बोर्ड के उत्पादन संबंधी 30 प्रतिशत ऊर्जा, सुखाने की प्रक्रिया हेतु उपयोग में लाई जाती है। प्रत्येक टन कागज़ के उत्पादन में लगभग 1¹/2 टन जल का वाष्पीकरण होता है। पेट्रो.ऊष्मीय (Petro-thermal) और सामान्य रासायनिक उद्योगों में अस्वीकृत ऊष्मा का तापमान अत्यधिक 200°C है। वर्तमान में पेट्रो रासायनिक उद्योगों ने अपशिष्ट ऊष्मा का प्रयोग कुछ सीमा तक करने की कोशिश भी की है।

ऊर्जा संरक्षण (Energy Conservation) एवं ऊर्जा परीक्षण (Energy Audit) के सिद्वांत

ऊर्जा सरंक्षण से तात्पर्य है उत्पादन की मात्रा और गुणवत्ता के परित्याग के बिना, ऊर्जा के उपभोग दर का कम होना। दूसरे शब्दों में, समान ऊर्जा के उपभोग हेतु उच्च उत्पादन/अन्विति के अंतर्गत ऊर्जा के कुछ मात्रा को सीमा में नियंत्रित करना और केवल दक्षतापूर्वक उपयोग करने में दृढ़ रहने से ऊर्जा के बिल में कमी होगी। जिससे उत्पादन की लागत में भी कमी आएगी अर्थात् ऊर्जा के बचाव से अर्थ आमदनी में वृद्धि, जो कि अन्य उत्पादन हेतु कार्यों में उपयोग होगा, इसलिए ये अत्यावश्यक है कि विद्युत ऊर्जा की कमी के कारण से विद्युत ऊर्जा को दक्षतापूर्वक उपयोग करना चाहिए और जिन क्षेत्रों में ऊर्जा का अपव्ययी ढंग से उपयोग हो रहा है, उन क्षेत्रों को ढूँढ कर दोष निवारक युक्ति को खोज करके अभिग्रहण करना चाहिए और ये ऊर्जा प्लांट के परीक्षण द्वारा ही संभव है। ऊर्जा परीक्षण, प्लांट का एक प्राविधिक सर्वेक्षण (Technical survey) है, जिसमें ऊर्जा संरक्षण की विधियों का संगठन, खण्ड एवं विभाग के नज़रिए द्वारा अध्ययन और कुल ऊर्जा उपभोग का उत्पादन के साथ संतुलन सह संबद्ध (Correlation) करने का प्रयत्न करना है। इससे प्रत्येक तरह के स्वीकृत उपाय जो आसानी से अभिग्रहण को सुसाध्य करता है, उसका आर्थिक रूप से सहभागिता स्पष्ट करना है। पूँजी, मजदूर और सामग्री की तरह ऊर्जा भी एक उत्पादन हेतु घटक है, जो अंतिम माल एवं कार्य को उत्पादित करने में उपयोग होता है। अर्थ नीति के आधार पर ऊर्जा एक माँग आधारित व्युत्पन्न माल है, इसलिए ऊर्जा एक मध्यवर्ती माल है जिसकी माँग अंत में उत्पादित माल एवं कार्यों के माँग पर निर्भर होती है। ऊर्जा संरक्षण का तात्पर्य ऊर्जा का पूँजी, मजदूर, सामग्री और समय के साथ विस्थापन हैं। इस परिभाषा के अनुसार मनुष्य को अपनी आवश्यकतानुसार ऊर्जा का उपयोग करना चाहिए, जैसे जब लोग कार्यालय में न हो तो लाइट को बन्द कर दें।

सिद्धांत

दो सिद्धांत जो ऊर्जा संरक्षण का संचालन करते हैं, वे हैं अत्यधिक ऊष्मागतिक दक्षता एवं ऊर्जा उपभोग में अत्यधिक लागत प्रभावकारिता। प्रथम एवं द्वितीय ऊष्मीय गतिक के नियम, ऊर्जा उपभोग की दक्षता का उपाय एवं उपलब्ध उत्पादन कारकों का विनियोजन, जो संरक्षण की लागत–कार्यसाधकता को निर्धारण करता है। ऊर्जा उपभोग के दौरान अत्यधिक ऊष्मागतिक दक्षता का तात्पर्य प्राथमिक ऊर्जा निवेश की निश्चित मात्रा को उपयोग करके अत्यधिक उत्पादन हेतु कार्य है।

अत्यधिक कार्य = (ऊर्जा निवेश) – (स्थानातंरण के दौरान ऊर्जा की हानि) – (ऊर्जा का उन्मोचन)

कार्य

कार्य एक प्रणाली (जैसे बोयलर) एवं उसके, आसपास के क्षेत्रों (जैसे टर्बाइन) के बीच का आंतरिक सृजन (Inter-creation) है। जब आसपास के क्षेत्रों में बाह्य पारस्पारिक प्रभावों के फलस्वरूप वांछित भार का स्थानातंरण होता है। किया गया कार्य (work done) टर्बाइन की चक्रण–शक्ति और चक्रों की संख्या द्वारा मापा जाता है।

ऊर्जा निवेश

विभिन्न प्रक्रियाओं के अनुरूप ऊर्जा कई रूप में संचित होती है, जैसे; जीवाश्म ईंधनों में रासायनिक ऊर्जा, तरल पदार्थ के प्रवाह हेतु तर्कसंगत पूर्ण ऊष्मा, वाष्प एवं विद्युत ऊर्जा में गुप्त ऊष्मा आदि।

ऊर्जा की हानि

ऊर्जा की हानि भी विविध प्रकार से होती है। विभिन्न प्रक्रियाओं के दौरान संवहनी ऊष्मा का स्थानातंरण व्यापक वायुमंडल में होता है।

ऊर्जा संरक्षण ऊर्जा की माँग हेतु एक प्रबंधक है, जिसका उद्देश्य उपभोग की निपुणता में वृद्धि है। ऊर्जा परीक्षण की मदद से हमें यह ज्ञात हो पाता है, कि किन–किन विधियों से विभिन्न प्रकार के ऊर्जा के स्रोतों का उद्योगों में उपयोग होता है, और साथ ही जिन क्षेत्रों में ऊर्जा की क्षति होती है वहाँ का भी पता चल जाता है ताकि उस अपव्ययी ढंग से ऊर्जा के नुकसान को रोकने का उपाय किया जा सके। ऊर्जा परीक्षण ऊर्जा लागत को लघुकृत करने, अनुरक्षण को निषेध करने गुणवत्ता नियंत्रण संबंधी कार्यक्रम आदि के लिए सकारात्मक अनुस्थापन प्रदान करता है जो कि उत्पादन एवं उपयोगिता संबंधित क्रियाओं के लिए अत्यावश्यक होता है। ऊर्जा परीक्षण कुल ऊर्जा के निवेश को ऊर्जा के उपयोग के साथ

संतुलन कायम रखने का प्रयत्न करता है। ऊर्जा परीक्षण का कार्यक्षेत्र सुसाध्य के अनुसार जैसे; रिफाइनरी, पेट्रो–रासायनिक प्लांट और ऊष्मीय शक्ति प्लांट (जहाँ ऊर्जा का सोपानी (Cascading) एवं जटिल ऊर्जा संतुलन नीहित होता है) आदि में परिवर्तित होता है। ऊर्जा प्रबंध उद्योगों में ऊर्जा परीक्षण एक विषय है, जिसमें उद्योगों में ऊर्जा के उपयोग की प्रक्रियात्मक परीक्षा एवं व्यापक निरीक्षण भी शामिल है। ऊर्जा प्रबंध क्रिया प्रणाली का प्राथमिक चरण ऊर्जा परीक्षण है और ऊर्जा संरक्षण योजना, ऊर्जा परीक्षण का परिणाम है। प्रारम्भिक तौर पर अभी निम्न लागत वाली योजनाओं की जानकारी उपलब्ध हो पाई है। किसी भी योजना में उतना ही पूँजी निवेश करना चाहिए। जिसके परिणामस्वरूप अत्यधिक बचत की प्राप्ति हो सके, उदाहरणतः एक उर्वरक ईकाई में बर्नर के बदलने में दस लाख रुपए की लागत आती है और इससे हमें प्रतिवर्ष 30 लाख रुपए की बचत होती है, साधारण शब्दों में बचत और पूँजी का अनुपात 3 है। इसी मापदंड को ध्यान में रखते हुए हमें योजनाओं का श्रेणीकरण करना चाहिए। इसलिए यह कहा जाता है कि ऊर्जा परीक्षण, ऊर्जा की लागत को कम करने, अनुरक्षण को निषेध करने, गुणवत्ता नियंत्रण संबंधित कार्यक्रम आदि के लिए सकारात्मक अनुस्थापन प्रदान करता है, जो कि उत्पादन एवं उपयोगिता संबंधित क्रियाओं के लिए अत्यावश्यक होता है। इस तरह के परीक्षण कार्यक्रम ऊर्जा की पूर्ति हेतु उसकी लागत, उपलब्धता और विश्वसनीयता में भिन्नता सतत रखते हैं। ऊर्जा की युक्तिता एवं अनुश्रवण ऊर्जा परीक्षण के दो मूल एवं अनिवार्य स्तर हैं। ऊर्जा प्रवाह को मापने के साथ ऊर्जा परिपथ का समय–समय पर अनुश्रवण करना उपयोग करने वालों के लिए लाभदायक सिद्ध होगा। ऊर्जा अनुश्रवण के लिए किसी भी तरह का रिसाव या अनियमितता जैसे; दहन की दक्षता, ऊष्मीय रोधन की कार्य साधकता, प्रवाह के संग्रहण में रोधन आदि को ज्ञात करने के लिए दहन दक्षता प्रबोधन मीटर (Combustion efficiency monitor meter), विकरण हानि सूचक (Radiation loss indicator), पराश्रव्य रोधन अभिज्ञापक (Ultrasonic leakage detector) आदि का उपयोग अधिक प्रभावी है।

ऊर्जा परीक्षण के प्रकार

ऊर्जा परीक्षण का प्रमुख उद्देश्य विभिन्न प्रकार के तरीकों द्वारा उत्पाद निर्गम या निम्न प्रवर्तन लागत की प्रति इकाई के ऊर्जा उपभोग को कम करना है। ऊर्जा परीक्षण के दो प्रकार निम्नलिखित हैः

1. प्रारंभिक परीक्षण
2. विस्तृत परीक्षण

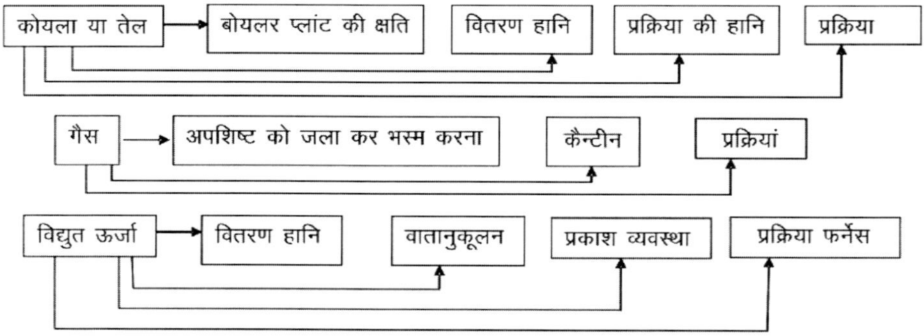

आकृति 10.1 ऊर्जा परीक्षण

प्रारंभिक परीक्षण

प्रारंभिक परीक्षण प्रायः नियमित समय पर लगभग 1 से 10 दिनों के लिए होता है और यह मुख्य प्रक्रियाओं के अनुरूप ऊर्जा का नुकसान एवं लागत को विशिष्टता प्रदान करता है। यह प्रमुख ऊर्जा की पूर्ति और परिकलन की माँग भी प्रदान करता है। प्रश्नावली में ऊर्जा उपभोग की प्रक्रियाओं का औद्योगिकी विवरण, इकाई उत्पाद के लिए आवश्यक ऊर्जा, भार का आँकड़ा आदि संबंधी प्रश्न होते हैं जिनका पूर्व–परीक्षण के दौरे से पहले पूर्व होना अत्यावश्यक होता है। औद्योगिकी परीक्षण के अनुसार आर्थिक विवरण दो सप्ताहों के भीतर बनाया जाता है।

विस्तृत परीक्षण

विस्तृत परीक्षण में अभियांत्रिकी अभिस्थापी (Engineering recommendation) एवं पूर्व परिभाषित योजनाओं को अग्रता के साथ शामिल करना है। इसके अंतगर्त पौधों द्वारा कुल ऊर्जा का उपभोग आता है। इसमें लागत एवं उपभोगता के अनुपात को कम करने हेतु अभियांत्रिकी का विवरण भी उपलब्ध होता है। दौरे का समय 1 से 10 सप्ताह होता है और दौरे से पूर्व विभाग के अध्यक्ष को सूचित किया जाता है, ताकि वे कार्यालय एवं सचिवालय को सुव्यवस्थित कर सकें। परीक्षण के तीन सप्ताहों के भीतर ही अन्तिम विवरण बनाया जाता है।

ऊर्जा परीक्षण के द्वारा ऊर्जा संरक्षण हेतु बनाई गई कार्ययोजना को तीन चरणों में विभाजित किया जा सकता है:

1. अल्पकालिक क्रियाः इस योजना में पूँजी निवेश बिल्कुल नहीं होता या कम होता है ताकि ऊर्जा को व्यर्थ न करें और उत्तमतर अनुरक्षण कार्यक्रम द्वारा सारणी की दक्षता को बढ़ाना है।

2. मध्यकालिक क्रियाः इस योजना में उपस्थित प्रक्रियाओं के रूपांतरण में उन्नति पाने के लिए कम पूँजी का निवेश होता है।

3. दीर्घकालिक क्रियाः इस योजना का उद्देश्य आधुनिक ऊर्जा बचत हेतु तकनीकियों एवं नवप्रवर्तन द्वारा आर्थिक परिस्थिति को सक्षम बनाना है। इस योजना के अंतर्गत दीर्घकालिक कार्य योजना के अंतिम निर्णय के अध्ययन के पश्चात् ही पूँजी का निवेश तय किया जाता है।

ऊर्जा संरक्षण तकनीकियाँ / उपगमन (Energy Conservation Technologies/ Approaches)

ऊर्जा संरक्षण का तात्पर्य ऊर्जा का दक्षतापूर्वक उपयोग करना है। लागत को अनुकूल बनाने के लिए प्रभावकारी कारक; समय, उपयुक्तता, श्रमिक एवं निवेश हैं। आजकल ऊर्जा औद्योगिक उत्पादन, कृषि, रोजगार एवं आर्थिक वृद्धि के लिए आवश्यक संघटक बन गई है। ऊर्जा के उपभोग में प्राकृतिक गैस एवं तेल प्रमुख हैं और इनकी कमी आर्थिक अव्यवस्था का कारण बनती है। भविष्य में ऊर्जा की उपलब्धता के लिए हमें कुछ बातों जैसेः ऊर्जा की दक्षतापूर्वक प्रक्रियाओं का उपयोग, ऊर्जा संरक्षण तकनीकियों का स्वीकरण, ऊर्जा के नवीन तकनीकियों का उपयोग आदि पर ध्यान देना आवश्यक है। ऊर्जा संरक्षण केन्द्रों के संचालन सिद्धांत के अंतर्गत अत्यधिक संरक्षण में दक्षता एवं ऊर्जा के खपत में अधिक लागत प्रभावकारिता है। ऊर्जा की दक्षता से तात्पर्य यह है कि निश्चित निवेश से अधिक से अधिक मात्रा में ऊर्जा को प्राप्त करना। लागत प्रभावकारिता (Cost effectiveness) का अर्थ कम से कम लागत में अत्यधिक लाभ को उपार्जित करना है। ऊर्जा संरक्षण के लिए तीन प्रकार के प्रयासों की आवश्यकता हैः

1. ऊर्जा संरक्षण जानकारी संबंधित कार्यक्रमों का आसान विधियों से कार्यान्वित होना, जो वर्तमानीय ऊर्जा की खपत को 3 से 7 प्रतिशत दक्षतापूर्वक कम कर सके।

2. छोटे वृद्धि संबंधी पूँजी निवेश, जो पुनः सँवारने (Re-equipping), पुनः संयोजन (Retrofitting) और पुनः चक्रण (Recycling) द्वारा 5 से 10 प्रतिशत की बचत कर सके। मध्यवर्ती स्तर संचालक इसमें निर्णय ले सकते हैं।

3. बड़े स्तर पर निवेश के खर्च के कारण प्रमुख उत्पादन प्रक्रिया में परिवर्तन होना, ताकि प्रचालन के प्रवषति (Nature of operation) एवं सुसाध्य के आधार पर बचत में 20 से 90 प्रतिशत की वृद्धि को स्थापित कर सके।

संस्थापन की पद्धति

(क) पुनः चक्रण (ख) पुनः संयोजन (ग) नवीन प्रक्रिया

ऊर्जा के उपभोग की पद्धति

1. अपशिष्ट ऊर्जा की पुनः प्राप्ति
2. अपशिष्ट सामग्री का उपयोग
3. अपशिष्ट ऊर्जा का उपयोग
4. प्रक्रिया की दक्षता को उत्तम करना

पूँजी निवेश की मात्रा

1. जागरूकता का सृजन एवं व्यक्तिगत रूप से ऊर्जा के उपयोग को कम करने हेतु प्राशसनिक और अभियोग प्रक्रिया।
2. अपशिष्ट ऊर्जा की पुनः प्राप्ति, प्रक्रिया के प्रवाह में बदलाव, एवं बेहतर उपभोग के लिए सुसाध्य का पुनः संयोजन आदि के लिए छोटे वृद्धि संबंधी पूँजी निवेश।
3. पुनः अभिकल्पित (Redesign) उत्पादन प्रक्रिया हेतु प्रमुख पूँजी की खपत।

उच्चतम अवमूल्यन (Depreciation) हेतु वांछनीय ऊर्जा बचत योजना

1. विशिष्ट बोयलर एवं फर्नेसः

(क) प्रज्वलन द्रव्य/द्रव्यीय बेड बोयलर

(ख) ज्वलन रहित फर्नेस

(ग) द्रव्यीय बेड की तरह ऊष्मा प्रशोधित फर्नेस

(घ) उच्च दक्षता वाले बोयलर (कोयले वाले बोयलर की ऊष्मीय दक्षता 75 प्रतिशत से अधिक एवं तेल/गैस में 80 प्रतिशत)

(ड़) अपशिष्ट ऊष्मा बोयलर का आकार, गैस टर्बाइन संयुक्त चक्रण केन्द्र

2. ऊर्जा प्रवाह के अनुश्रवण हेतु यंत्रीकरण एवं अनुश्रवण पद्धति

(क) स्वयंगतिशील विद्युतीय भार–अनुश्रवण प्रणाली

(ख) अंकीय ऊष्मीय हानि को ज्ञात करने का यंत्र

(ग) माइक्रो प्रोसेसर आधारित संयंत्र प्रणाली

3. अपशिष्ट ऊष्मा की पुनः प्राप्ति हेतु प्रक्रिया और वंश प्रणाली

(क) आर्थिकीय एवं फीड वॉटर

(ख) रीक्युप्रेटर (Recuperator) और एयर प्री हीटर

(ग) सभी युगों के लिए बेक प्रेशर टर्बाइन (Back pressure trubine)

(घ) हीट पंप (Heat pump)

(ड़) वाष्प अवशोषण प्रशीतन प्रणाली

(च) कार्बनिक चक्र ऊर्जा प्रणाली

4. ऊर्जा कारक सुसाध्य योजना शंट संधारित्र (Capacitor) और तुल्यकालिक द्रवणित्र (Condensor) प्रणाली

उच्चतम अवमूल्यन हेतु वांछनीय नवीकरणीय ऊर्जा की योजना

1. फ्लेट प्लेट सौर संग्राहक (Flate-plate Solar collectors)
2. सांर्द्रण एवं पाइप–प्रकार के सौर संग्राहक।
3. सौर कुकर।
4. सौर वाले वॉटर हीटर एवं प्रणाली।
5. वायु / गैस / द्रव्य ऊष्मीय पद्धति।
6. फसलों को सुखाने हेतु सोलर ड्रायर एवं पद्धति।
7. सोलर प्रशीतन, ठण्ड भारण और वातानुकूलक पद्धति।
8. सोलर स्टिल और विलवणीकरण (Desalination) प्रणाली।
9. सोलर पावर, जनेरेशन प्रणाली।
10. सोलर थर्मल एवं सोलर फोटो वोल्टाइक परिवर्तन आधारित सोलर पंप।
11. अन्य कार्यों के लिए सोलर फोटो वोल्टाइक मोडयुल और पेन।
12. पवन चक्की और विशिष्ट रूपांकित यंत्र जिसका पवन चक्की द्वारा संचालन हो।
13. कोई भी विशिष्ट प्रकार की योजना जिसमें विद्युत जनक और पवन ऊर्जा द्वारा संचालित पंप का समावेश हो।
14. जैवगैस प्लांट एवं जैव गैस इंजन।
15. विद्युतीय संचालक वाहन जिसमें बैट्री ऊर्जा युक्त या फ्यूल सेल ऊर्जायुक्त वाहनों का समावेश हो।
16. कृषित एवं शहरी अवशेष परिवर्तन योजना द्वारा उत्पादित ऊर्जा।
17. समुद्रीय तंरगें और ऊष्मीय ऊर्जा को उपयोग करने की प्रक्रिया।
18. उपयुक्त दिए हुए यंत्रों के निर्माण में उपयोग कलयंत्र एंव प्लांट।

निष्कर्ष

ऊर्जा सरंक्षण का तात्पर्य विभिन्न प्रक्रियाओं के लिए उपयोग की गई ऊर्जा की मात्रा को लघुकृत करना है। इसके फलस्वरूप आर्थिक संपत्ति, पर्यावरणीय मान, राष्ट्रीय एवं व्यक्तिगत सुरक्षा और मनुष्य आश्वासन में वृद्धि होती है। ऊर्जा की लागत को लघुकृत करने के लिए एवं इसकी आर्थिक राजनैतिक और पर्यावरणीय संवाहनीयता की पदोन्नति के लिए मनुष्य और संगठनों को ऊर्जा संरक्षण पर ध्यान देना चाहिए। औद्योगिक एवं व्यवसायिक उपभोगता सदैव लाभ को बढ़ाने के लिए ऊर्जा क्षमता में वृद्धि लाना चाहते हैं। बड़े स्तर में देखा जाए तो ऊर्जा संरक्षण, ऊर्जा नीति का अत्यावश्यक तत्व है। सामान्य तौर पर, ऊर्जा संरक्षण का तात्पर्य ऊर्जा के उपभोग एवं ऊर्जा की माँग को कम करना है। ऊर्जा की माँग में कमी ऊर्जा उत्पादन हेतु सबसे अधिक वरीयता प्राप्त प्रणाली को चुनने की स्वतंत्रता प्रदान करता है। जलवायु परिवर्तन को निषेध करने हेतु ऊर्जा संरक्षण एक प्रमुख विधि है। ऊर्जा के अभाव की पूर्ति के लिए ऊर्जा संरक्षण ही सबसे अधिक लाभकारी आर्थिक समाधान है।

❑❑❑

अध्याय 11

जैवईंधन संबंधित नीतियाँ

जैवईंधन जीवश्म ईंधनों के नवीकरणीय विकल्प के अलावा विभिन्न तरह से पर्यावरणीय, सामाजिक और अल्पव्ययी लाभ को उपलब्ध कराते हैं। जैवईंधन के उपयोग से यातायात संबंधी और पर्यावरण संबंधी समस्याओं का निवारण (ग्रीनहाऊस गैसों के उत्सर्जन में कमी) होता है और यह प्रमाणित है कि जैवईंधन के उपयोग से सल्फर डाइ ऑक्साइड (SO_2), प्रसुप्त कण्किय तत्व और कार्बन मोनो ऑक्साइड (CO) का उत्सर्जन कम होता है। जैव ईंधन क्षेत्रों के विकास से अनिर्मित सामग्री वाले फसलों की खेती में वृद्धि होगी, जो कि किनारों पर या वन भूमि में की जाएगी। इसके फलस्वरूप आर्थिक और सामाजिक रूप से पिछड़े हुए समुदाय जो इन फसलों की खेती करते हैं, उनको रोजगार का मौका मिलेगा और उनकी आय में वृद्धि भी होगी। बंजर भूमि में हरियाली और निम्नीकृत वन भूमि का पुनर्जनन, इन फसलों की खेती द्वारा एक प्रमुख लाभदायक उदाहरण है। जैवईंधन के उत्पादन और उपयोग को विकसित करने के लिए विकासशील देशों ने आक्रमणशील नीतियों का अनुसरण किया है। उत्पादन का पर्यावरणीय संवहनीयता, जीवन चक्र अध्ययन आधारित ग्रीनहाऊस गैस का उत्सर्जन, भूमि के उपयोग एवं भोजन सामग्री के मूल्यों पर प्रभाव आदि के संबंधित विषय में विभिन्न प्रकार के अध्ययन हुए हैं। यह अनुभव किया गया है, कि अधिकांश भूमि को जैवईंधन फसलों की खेती में उपयोग करने से, भोजन सामग्री के मूल्यों में वृद्धि आती है, जिससे निम्न वर्ग के लोगों पर प्रभाव पड़ता है।

प्रमुख जैवईंधन उत्पादित देशों द्वारा जैवईंधन उत्पादन के लिए मुख्य खाद्य फसलों के उपभोग के कारण भोजन सामग्री और जैवईंधन उत्पादन के बीच दुविधा उत्पन्न होने के फलस्वरूप, इस विषय पर वितर्क बढ़ता जा रहा है। यू.एस.ए (U.S.A) के नेशनल कॉर्न ग्रोवर्स एसोशिएसन (National Corn Growers Association) की रिपोर्ट के अनुसार, 2007–08 वर्ष में यू. एस. ए (USA) ने स्वयं ही 81 मिलियन टन कॉर्न को इथेनॉल के उत्पादन हेतु पथांतरणित किया था, जो कि कॉर्न के विश्व व्यापार की अपेक्षा अधिक कम नहीं है। कनाडा और चीन में इथेनॉल का उत्पादन कॉर्न और गेहूँ की वजह से होता है। ब्राजील की इथेनॉल ईंधन के उत्पादन हेतु मुख्य अनिर्मित सामग्री गन्ने की फसलें हैं। खाद्य सामग्री की फसलें और गन्ने के साथ ही विभिन्न तेल बनाने वाली फसलों जैसे; तोरी, सोयाबीन, सूरजमुखी आदि का उपयोग भी जैवईंधन के उत्पादन में होता है। वर्ष 2007–08 में यूरोपियन यूनियन [European Union (EU)] ने लगभग 4.7 मिलियन

टन तोरी के तेल से जैव डीजल का उत्पादन किया है, जो कि कुल जैव डीज़ल उत्पादन का 64 प्रतिशत है।

वर्ष 2006–2007 में कर्षण योग्य भूमि का 47.8 मिलियन हेक्टेयर भाग जैवईंधन अनिर्मित सामग्री की खेती हेतु उपयोग में लाया गया है, जो विश्व में खेती संबंधित कुल कर्षण योग्य भूमि का 3.4 प्रतिशत है। खाद्य सामग्री वाली फसलों का ऊर्जा उत्पादन की तरफ ध्यान होने से, अन्तर्राष्ट्रीय बाजार में खाद्य सामग्री के मूल्यों में वृद्धि आई है। कम समय के अंतराल में ही विश्व में मुख्य खाद्य सामग्री के मूल्यों में अत्यधिक वृद्धि देखी गई है। वर्ष 2008 में यू. एस. उच्च लाल शरद गेहूँ (US high red winter wheat) की कीमत US $ 326/ टन और यू. एस. नम्बर 2. येलो कॉर्न (US. No.2 Yellow corn) की कीमत US $ 326/ टन बढ़ गई थी। लगभग सारे देशों के नगरीय बाजारों में खाद्य सामग्री के दाम में परिवर्तन आया था। चीन ने नगरीय जैवईंधन नीति को बदला, ताकि खाद्य सामग्री का इथेनॉल उत्पादन के लिए अनिर्मित सामग्री के रूप में उपयोग में कमी आए।

खाद्य सामग्री के मूल्यों में वृद्धि का लगभग 30 प्रतिशत श्रेय जैवईंधन उत्पादन की बढ़ती हुई माँग के कारण से है। इन्टरनेशनल फुड पॉलिसी रिसर्च इंस्टीट्यूट (International Food Policy Research Institute) प्रभाव मॉडल (Impact model) द्वारा ये आँकड़ा लगाया गया है कि वर्ष 2020 तक तेल के बीजों में 18 प्रतिशत और मक्का में 26 प्रतिशत तक मूल्यों में वृद्धि होगी। अन्य विकासशील देशों की तरह भारत भी प्राथमिक तौर पर एक स्वच्छ ऊर्जा स्रोत के लिए अन्वेषीय सोच को पूर्ण करने हेतु जैव ईंधन कार्यक्रम का शुभारम्भ करना चाहता था, ताकि कच्चे तेल के आयात के भार को अंशतः कम कर सके। अभी तक देश जीवश्म ईंधन पर आधारित ऊर्जा पर निर्भर है, जिसका अधिकांश भाग मध्य पूर्वी पड़ोसी देशों से आयात किया जाता है। पहले ये देखा गया है कि इन अनवीकरणीय (Non-renewable) ऊर्जा के स्रोतों पर ध्यान न देने से कच्चे तेल के मूल्यों पर असामान्य तौर पर वृद्धि हुई है। इन सब बातों को ध्यान में रखकर भारत सरकार ने जैवईंधन के अंशतः अन्वेषण हेतु परिरेखा कार्यक्रम का समारंभन किया। इस कार्यक्रम के द्वारा सरकार ने ऊर्जा के उत्पादन के साथ अन्य बहु–उद्देश्यों पर ध्यान दिया है, जैसे; पर्यावरण संबधित समस्याओं का हल, ग्रामीण समुदाय के लोगों के लिए रोजगार और आय में वृद्धि, जैवईंधन फसलों द्वारा बंजर भूमि में हरियाली और निम्नीकृत वन भूमि का नवीकरण, जैव डीजल के उत्पादन वाले फसल जैसे; जैट्रोफा (Jatropha) और करंज/पोंगेमिया (Pongamia) आदि मुख्य हैं। भारत ने पिछले दशक के ऊषाकाल में इन उद्देश्यों को पूर्ण करने के लिए प्रयासों को संकेन्द्रित किया था, और सन् 2003 में राष्ट्रीय जैवईंधन मिशन (एन.बी.एम.) (National Biofuel Mission) का प्रमोचन इस प्रयास का निष्कर्ष है। वर्ष 2009 में अनुवर्ती (Subsequently) नेशनल पोलिसी ऑन बायोफ्युल (National Policy on Biofuel) का प्रमोचन हुआ, जिसका मुख्य उद्देश्य जैवईंधन का यातायात खण्ड में

20 प्रतिशत डीजल और पेट्रोल का सम्मिश्रण द्वारा मुख्यतः अभिस्रवण करना था। जैवईंधन नीति (Biofuel Policy) में ये स्पष्ट रूप से उल्लखित किया गया है कि, इस कार्यक्रम में केवल जो खाद्य सामग्री की फसलें नहीं हैं, उन्हीं का जैवईंधन के लिए अनिर्मित सामग्री के रूप में उपयोग होगा और जिनकी खेती बंजर भूमि में की जाएगी जो भोज्य विरुद्ध ईंधन के विरोध को उत्पन्न होने से रोकेगा। जैवईंधन नीति (Biofuel Policy) के अनुसार भारत केवल अभक्ष्णीय पदार्थों (Non-edible) से ही जैवईंधन का उत्पादन करते हैं। शर्करा उद्योग में शीरा (Molasses) जो कि सहोत्पाद है, वह जैवइथेनॉल के उत्पादन हेतु मुख्य अनिर्मित सामग्री है। सीमित मात्रा में जैवइथेनॉल का उत्पादन साक्षात् रूप से गन्ने या अन्य स्रोतों जैसे; चुकंदर, मीठी ज्वार, कसावा आदि के परिवर्तन से होता है जिससे भोज्य सुरक्षा पर कोई प्रभाव नहीं पड़ता है। भारत में अभक्ष्णीय तेल की फसलों जैसे; जैट्रोफा (Jatropha), करंज/पोंगेमिया (Pongamia), भक्ष्णीय (Edible) तेल की फसलों के अवशिष्ट और पशुओं के वसा से जैवडीजल का उत्पादन होता है। देश की लगभग पूरी बंजर भूमियों का मात्र 0.5 मिलियन हेक्टेयर ही जैट्रोफा की खेती के उपयोग में आया है। जिसमें से 65–70 प्रतिशत नई खेती है। जैट्रोफा जैवडीजल के उत्पादन हेतु मुख्य अनिर्मित सामग्री है। योजना आयोग की जैव ईंधन विकास संबंधित दस्तावेज़ के अनुसार (Report of Planning Commission on Development of Biofuel) 13.4 मिलियन हेक्टेयर बंजर भूमि का उपयोग जैट्रोफा की फसलों के लिए निश्चित किया है, जिसके फलस्वरूप बड़ी मात्रा में जैट्रोफा की फसलों का रोपण होगा, जो भारत सरकार के सम्मिश्रण संबंधी लक्ष्य को पूरा करेगा। इसी प्रकार भूमि संसाधन विभाग (Department of Land Resources) जो ग्रामीण विकास मंत्रालय (Ministry of Rural Developement) के अन्तर्गत आता है, ने यह अनुमानित किया है कि देश में उपलब्ध 25 मिलियन हेक्टेयर भूमि का उपयोग जैवईंधन की अनिर्मित सामग्री वाली फसलों के लिए किया जा सकता है। भारत में व्यवसायिक रूप से जैवईंधन के सम्मिश्रण वाले कार्यक्रम से भोज्य पदार्थों की सुरक्षा संबंधित कोई भय नहीं है। परंतु ऐसे परिदृश्य में, जब विश्व के कच्चे तेल की कीमतें अधिक हो जाएगी, तब किसान खाद्य फसलों की अपेक्षा जैवईंधन अनिर्मित सामग्री की पैदावार करने में अधिक रूचि लेंगे, जिसके परिणामस्वरूप उपजाऊ भूमि का पथांतरण जैवईंधन फसलों के लिए हो जाएगा। यहाँ तक की अनाज एवं तिलहन का, जैवईंधन की उत्पत्ति के लिए उपयोग किए जाने की आंशका से भी नकारा नहीं जा सकता है। भविष्य में विभिन्न परिस्थितियों जैसे; भूमि के उपयोग की प्रक्रिया में परिवर्तन, फसलों के मिश्रण में फेरबदल, भोज्य पदार्थों के उत्पादन में अनुवर्ती प्रभाव और उपलब्धता आदि के संबंध में प्रत्यक्षीकरण करना अनिवार्य है, ताकि पहले से ही संशोधित विधियों की खोज की जा सके। राष्ट्रीय जैवईंधन मिशन (National Biofuel Mission) के प्रमोचन (Launch) से पूर्व भारत सरकार ने योजना आयोग (Planning Commission) को इसके संरक्षण का उत्तर दायित्व सौंपा। इसके पश्चात् इनकी समस्थानिक और नीति के रूपरेखा की स्थापना हुई,

जो विभिन्न क्रियाओं और शोध एवं विकासशील क्रियाओं के उत्तरदायित्व को संभालने का साधन है।

सरकार पेट्रोल का इथेनॉल के साथ सम्मिश्रण वाले लक्ष्य के अधिदेश को पूरा नहीं कर पर रही है। सामान्यतः यातायात संबंधी क्षेत्र में डीजल का जैवडीजल के साथ सम्मिश्रण की शुरूआत तक नहीं हुई है। भारत में जैवईंधन के प्रसार के भविष्य से संबंधित विभिन्न प्रकार के प्रश्न उठाए गए हैं जिनमें से प्रमुख प्रश्न निम्नलिखित हैं:

1. भारत के जैवईंधन कार्यक्रम का वर्तमान स्तर क्या है ?
2. भारत के जैवईंधन उत्पादन की आवश्यकताओं को पूरा करने हेतु भविष्य में कितने हद तक अनिर्मित सामग्री और तकनीक का चयन करना सही है ?
3. देश में जैवईंधन की प्रगति में वृद्धि को बनाए रखने के लिए प्रमुख व्यवरोध (Constraint) और प्रतिबाधक कौन से हैं ?
4. देश में स्वयं प्रतिपालित (Sustainable) जैवईंधन उद्योग के विकास हेतु क्या आवश्यक है ?
5. जैवेईंधन के बढ़ते स्तर में विस्तार से आर्थिक और सामाजिक अनुमान क्या है और ये भविष्य में खाद्य सामग्री उत्पादन समुदाय पर कैसे प्रभाव डालते हैं ?

उपरोक्त अध्ययन के बाद कुछ विशिष्ट उद्‌देश्यों की कल्पना की गई जो इस प्रकार हैं:

1. भूमण्डलीय, राष्ट्रीय एवं क्षेत्रीय परिदृश्य पर आधारित जैवईंधन नीतियाँ, संस्थानिक प्रक्रिया और बुनियादी व्यवस्थापन पर संक्रेन्दित होते हुए भारतीय जैवईंधन कार्यक्रम के वर्तमानीय स्तर का पुनरीक्षण करना।
2. प्रमुख अनिर्मित सामग्री जो भारत में जैवईंधन के उत्पादन हेतु दक्ष माने जाते हैं, उनके लाक्षणिक एवं आर्थिक क्षमता का आंकलन करना।
3. प्रमुख व्यवरोध का पता लगाना जो भारत में जैवईंधन के विकास का प्रतिबाधक है एवं नीतियों में सुधराव लाना।
4. भारत में जैवईंधन क्षेत्र का भविष्य की आवश्यकताओं एवं शर्तों का आंकलन लगाना और उनके लिए अग्रसक्रिय (Proactive) विधियों को कल्पित करना।

नीति की रूपरेखा और प्रवर्तक घटक (Policy framework and enabling factors)

भारत की बढ़ती हुई जनसंख्या (लगभग एक चौथाई गरीबी रेखा के नीचे) भोज्य सामग्री की घरेलू माँग में वृद्धि, कृषित उत्पादन का निष्क्रिय होना, एवं फसलों की खेती

वाले क्षेत्रों पर सीमित तौर पर विस्तार आदि के कारण से भोज्य सामग्री की सुरक्षा भारत के लिए राष्ट्रीय प्राथमिकता है। अनुवर्तीय सरकार भोज्य अनिर्नित सामग्री का जैवईंधन, अनाज की फसलों का इथेनॉल के उत्पादन खाद्य तेलों का जैवडीजल के उत्पादन आदि के उपयोग की न तो आज्ञा देती है और न ही समर्थन कर सकती है, जो कि अन्य जैवईंधन उत्पादित देशों में होता है। विश्व में भारत वनस्पति तेलों के आयात संबंधी में अग्रणी है। कुछ वर्षों तक अनाजों की पैदावार की वृद्धि में कमी आई। खाद्य अनाजों का उच्च भूमण्डलीय मूल्य सरकार के लिए एक चिंता का विषय है क्योंकि वो फिर से खाद्य सामग्री का उपयोग जैवईंधन के उत्पादन हेतु करके किसी भी तरह के संकट को निमंत्रण नहीं देना चाहते हैं। भारतीय जैवईंधन नीति ने इन मुद्दों पर और पर्याप्त मात्रा में एक नवीन सुधार की तरफ ध्यान देकर जैवऊर्जा के क्षेत्र में देश को सक्षम बनाया है।

भारत की राष्ट्रीय जैव ईंधन नीति (National Biofuel Policy of India)

भारत सरकार ने पिछले एक दशक से जैवईंधन के उत्पादन और उपयोग संवर्धित विभिन्न नीतियों का उत्तरदायित्व संभाला है। भारत सरकार ने सर्वप्रथम वर्ष 2003 में योजना आयोग (Planning Commission) के संरक्षण के अन्तर्गत राष्ट्रीय जैवईंधन मिशन के प्रमोचन में योगदान किया। राष्ट्रीय जैवईंधन मिशन (National Biofuel Mission) ने जैवईंधन अनिर्मित सामग्री वाली फसलों जैसे; जैट्रोफा, करंज/पोंगेमिया आदि के खेती क्षेत्र में वृद्धि की प्रवस्था पर विशिष्ट रूप से ध्यान संकेन्द्रित किया। राष्ट्रीय जैवईंधन मिशन (National Biofuel Mission) में विभिन्न छोटे मिशन जैसे वनों और बंजर भूमि में अनिर्मित सामग्री वाले फसलों की पैदावार से उच्च स्तर के रोपण में वृद्धि, बीजों और तेलों के निष्कर्षण का प्रबंध, ट्रान्सएस्टरीकरण (Trans-esterification), सम्मिश्रण व्यवसाय, इथेनॉल पेट्रोल सम्मिश्रण कार्यक्रम [Ethanol blended petrol programme (EBPP), और जैवडीज़ल सम्मिश्रण कार्यक्रम [Biodiesel blending programme (BDP)] सम्मिलित है, जिनका उद्देश्य व्यवसायिक स्तर पर जैवईंधन का यातायात ईंधनों जैसे; पेट्रोल, डीज़ल आदि के साथ सम्मिश्रण है।

जैवईंधन सम्मिश्रण को बनाने के लिए राज्य, पेट्रोलियम और प्राकृतिक गैस मंत्रालय (Ministry of Petroleum and Natural gas) और भारत सरकार ने संयुक्त अनुग्रह से सन् 2003 में 9 राज्यों और 5 यूनियन टेरीटरी (Union territories) को 5 प्रतिशत इथेनॉल और पेट्रोल के सम्मिश्रण का अधिदेश दिया। वर्ष 2003–04 और 2004–05 में गन्ने के लघु उत्पादन से इथेनॉल की उपलब्धता न होने के कारण वश ये अंशतः कार्यान्वित हुआ। सन् 2006 सम्मिश्रण के अधिदेश के द्वारा ये 20 राज्यों और 8 यूनियन टेरीटरी में लागू हुआ। तेल बेचने वाली कंपनियों के अभाव के कारण यह रास्ता अंशतः कार्यान्वित हुआ ताकि सही मूल्यों पर पर्याप्त मात्रा में इथेनॉल का प्रबंध हो सके। राष्ट्रीय जैवईंधन नीति (National

Biofuel Policy) का सूत्रण नवीन और नवीनीकरणीय ऊर्जा मंत्रालय [Ministry of new and Renewable energy (MNRE)] द्वारा हुआ, जिसको वर्ष 2008, सितम्बर में कैबिनेट कमेटी द्वारा स्वीकृति मिली और वर्ष 2009 दिसम्बर में उसका मोचन हुआ। जैव ईंधन संबंधित नीति ग्रामीण क्षेत्रों के विकास और रोज़गार निर्माण में सामर्थ्य है। इस नीति के अन्तर्गत यह गौर किया गया है कि विस्तृत क्षेत्र की फसलों जैसे; गन्ने, मीठी ज्वार, कसावा, मक्का, तेलों की फसलें जैट्रोफा, करंज/पोंगमिया आदि का उपयोग भी जैवईंधन के उत्पादन में किया जा सकता है। इस नीति ने राष्ट्रीय जैवईंधन विकास बोर्ड (National Biofuel Development Board) के व्यवस्थापन पर भी गौर किया है, ताकि समय बाधित तरीके द्वारा जैवईंधन का पेट्रोल और डीजल इंजन में उपयोग करने के मार्ग के नक्शे का विकास कर सके। वर्ष 2012 में 5 प्रतिशत, 2017 में 10 प्रतिशत और 2011 के बाद 20 प्रतिशत सम्मिश्रण का राष्ट्रीय सूचक लक्ष्य इस नीति में अभिस्तावित किया है।

समुदाय/सरकारी/बंजर/किनारे वाली भूमियों पर अभक्ष्णीय तेल के बीजों वाली फसलों जैवडीजल रोपण को बढ़ावा देना चाहिए और साथ ही भक्ष्णीय फसलों के उपजाऊ भूमि पर इस तरह के रोपण को रोकने में सहयोग करना चाहिए। नियतकालिक रूप से जैवडीजल रोपण के लिए उत्पादकों को न्यूनतम समर्थन मूल्य [Minimim support price (MSP)] के अन्तर्गत कम मूल्यों पर बीज उपलब्ध कराया गया। तेल बेचने वाली कंपनियों द्वारा जैव इथेनॉल को खरीदने की न्यूनतम क्रय मूल्य [Minimim Purchase price (MPP)] उसके उत्पादन के वास्तविक मूल्य और आयात मूल्य पर आधारित है। जैवडीजल के विषय में न्यूनतम समर्थन मूल्य जैवडीजल के संचालित फुटकर मूल्य से संबद्ध होना चाहिए। नीति द्वारा यह गौर किया गया है कि जैवईंधन मुख्यतः जैवडीजल और जैव इथेनॉल को सरकार द्वारा घोषित वस्तुओं की सीमा के अंतर्गत रखा जाए ताकि इनको राज्य के अंदर या बाहर ले जाने में कोई बाधा न उत्पन्न हो। नीति में ये भी घोषित किया गया है, कि जैवडीजल पर कोई भी शुल्क की उगाही नहीं होगी।

भारत में उच्च स्तर के तालमेल और नीति के देखरेख और जैवईंधनों के विकास संबंधित विभिन्न स्थिति में पुनरीक्षण के लिए, भारत सरकार के मुख्यमंत्री के सभापतित्व के अन्तर्गत अंतर–मंत्रीपदीय नेशनल जैवईंधन समन्वयन कमेटी (Inter-Ministerial National Biofuel Coordination Committee) और मंत्रिमंडल सचिव (Cabinet Secretary) के सभापतित्व के अन्तर्गत बायोफ्यूल स्टीरिंग कमेटी (Biofuel steering Committee) के व्यवस्थापन को अभिस्तावित किया गया। सरकार ने राष्ट्रीय जैवईंधन निधि (National Biofuel Fund) के निर्माण संबंधित प्रस्ताव पारित किया, ताकि आर्थिक बढ़ावा जैसे सहायक (Subsidiary) या आर्थिक सहायता (Grants) नये और द्वितीय व्यापीकरण अनिर्मित सामग्री, नवीन तकनीकियों, परिवर्तन प्रक्रियाओं और उत्पादन आदि के लिए मिल सके। प्रत्यक्ष विदेशी निवेश [Foreign Direct Investment (FDI)] को आकर्षित करने के लिए स्वचालित अनुमोदन मार्ग के द्वारा जैवईंधन तकनीकियों को 100 प्रतिशत विदेशी निष्पक्षता की अनुमति मिली है।

प्रशासकीय नीति (Policy Administration)

राष्ट्रीय स्तर पर विभिन्न मंत्रालय जैवईंधन संबंधित नीति के निर्माण, व्यवस्थापन, प्रोन्नती और विकास में सहचाही होते है। सरकार ने जैवईंधन विकास संबंधित कार्यों को विभिन्न मंत्रालय में इस तरह से विभाजित किया है। जिससे उनके कार्य एक दूसरे के अन्योन्याश्रित हो। इस तरह के अनुक्रिया में सीमांकन से सरकार प्रत्येक मंत्रालय की निपुणता की वजह से लाभ उठाने की नियत रखते हैं। जैवईंधन फसलों के रोपण के साथ–साथ बीजों और प्रक्रमण के प्रबंध को प्रोत्साहित करने के लिए विभिन्न प्रकार के कार्यक्रम को कार्यान्वित किया गया है। कृषि मंत्रालय ने राष्ट्रीय तिलहन एवं वनस्पति तेल विकास बोर्ड (National Oil seed and Vegetable oils Development Board) के द्वारा किसानों, गैर सरकारी संस्था [Non-governmental Organization (NGO)] द्वारा लोगों को आर्थिक सहायता उपलब्ध करायी जिससे वे वृक्षमूल वाले तिलहनों के एकीकृत विकास (Integrated Development of Tree Borne Oil seeds Scheme) के अंतर्गत जैवईंधन संबंधित फसलों, वृक्षमूल वाले तिलहन [Born Oil seeds (TBOs)] का उत्पादन कर सकें। इस योजना के अनुसार 30 प्रतिशत की उधार संबद्ध आर्थिक सहायता की उपलब्धता, जिससे 50 प्रतिशत का लोन बैंक से लिया जा सकता हैं और इसका 20 प्रतिशत लाभदायक भाग भूमि या मजदूर के रूप में भी उपलब्ध हो सकता हैं। ग्रामीण विकास मंत्रालय (Ministry of Rural Developement) ने वर्ष 2005–06 में 490 मिलियन रुपयों को 9 राज्यों और सन् 2006–07 में 495 मिलियन रु 15 राज्यों में आर्थिक सहायता उपलब्ध कराया, जो जारी हालत में राज्य/केन्द्र खण्ड क्षेत्र के विकास कार्यक्रम के अन्तर्गत जैट्रोफा/पोंगेमिया के रोपण में वृद्धि ला सके। भारतीय सरकार राष्ट्रीय स्तर पर विभिन्न नीतियों के निर्माण की प्रक्रिया में लगी है, ताकि सभी राज्यों के लिए एक साथ मिलकर काम कर सके। कुछ राज्यों ने स्वयं जैवडीजल नीतियाँ बनाई जो राष्ट्रीय जैवईंधन नीति (National Biofuel Policy) के अनुसार है। विभिन्न राज्य सरकारों को राष्ट्रीय जैवईंधन नीति के प्रावधान और रूपरेखा के अंतर्गत कार्य करने का निर्देश दिया। राज्य को राज्य–विशिष्ट नीतियों को प्रकटित करने की आजादी है, जो विभिन्न राज्य द्वारा कार्यान्वित है।

शोध एवं विकास कार्य

राष्ट्रीय जैवईंधन नीति का मुख्य उद्देश्य जैवईंधन फसलों के शोध एवं विकास को बढ़ावा देना है। जैवईंधन नीति में ये घोषित किया जा चुका है, कि शोध एवं विकास मुख्यतः जैव ईंधन के रोपण उत्पादन और प्रक्रमण की तकनीकियों पर ही केंद्रित होगा, साथ ही अंत में उपयोग, प्रयोग और सहोत्पाद के उपयोग की क्षमता को बढ़ाने में भी ध्यान दिया जाएगा। नगरीय अनिर्मित सामग्री पर आधारित शोध और तकनीकी विकास को उच्च प्राथमिकता में सहमति देने के लिए भी नीति में विचार किया गया है। नीति की रूपरेखा

में कुछ विशिष्ट क्षेत्र जैसे; गन्ने, ज्वार, शकरकंदी, कसावा के गुणता वाले, उच्च शर्करा वाली, प्रजातियों का उत्पादन और विकास, प्रथम एवं द्वितीय पुष्त के जैवईंधनों जिसमें लिग्नोसेल्यूलोज युक्त सामग्रीयों की परिवर्तन प्रक्रियाऔं को विकसित करना, अंत में उपयोग हेतु अनुप्रयोग होने वाली तकनीकियों का विकास, सहोत्पादों की उपयोगिता आदि सम्मिलित हैं। विभिन्न उपयुक्त उल्लिखित शोध एवं विकास के प्रयास अन्य अधिदेशाधीन क्रियाओं के साथ वर्ष 2003 में राष्ट्रीय जैवईंधन मिशन [National Biofuel Mission (NBM)] के प्रमोचन के दौरान दीक्षित हुआ। वर्ष 2004 में राष्ट्रीय तिलहन एवं वनस्पति तेल विकास बोर्ड [National Oil seed and Vegetable oil Development (NOVOD) Board] ने नेशनल नेटवर्क ऑन जैट्रोफा एण्ड करंज (National Network on Jatropha and Karanja) की स्थापना में भारतीय कृषि अनुसंधान परिषद् [Indian Council of Agricultural Research (ICAR)], राजकीय कृषि विश्वविद्यालय [State Agricultural Universities (SAUs)], वैज्ञानिक तथा औद्योगिक अनुसंधान परिषद् [Council of Scientific and Industrial Research (CSIR)], भारतीय वानिकी अनुसंधान एवं शिक्षा परिषद् [Indian Council of Forestry Research and education (ICFRE)], केन्द्रीय खाद्य तकनीकी अनुसंधान संस्थान [Central Food Technological Research Institute (CFTRI)], इंडियन इंस्टीट्यूट ऑफ टेक्नोलॉजी, दिल्ली [Indian Institute of Technology (IIT), Delhi] और दी एनर्जी रिसर्च इंस्टीट्यूट (TERI) को शामिल किया। मुख्यतः शोध कुछ बिन्दओं पर केन्द्रित है जैसे विशिष्ट वर्ग के पौधों की सामग्रियों का अभिनिर्धारण, उच्च उत्पातों वाली प्रजातियों के अच्छे गुणता वाले विश्वसनीय बीजों के स्रोतों के विकास में उन्नति, अंतर–फसलों की बुआई, प्रयोगों के लिए उचित विधियों का विकास, पैदावार से पूर्व के तकनीकियों, प्रमुख वृक्षमूल वाले तिलहन [Tree Borne Oil seeds (TBOs)] की तेल सामग्री का अविशाक्तिकरण (Detoxification)। भारतीय कृषि अनुसंधान परिषद् [Indian Council of Agricultural Research (ICAR)] के अन्तर्गत केन्द्रीय मृदा लवणता अनुसंधान संस्थान [The Central Soil Salinity Research Institute (CSSRI)] ने जैट्रोफा और पोंगेमिया के विभिन्न प्रजातियों का अभिप्रयोग खेतों में किया ताकि ऐसे क्षेत्र–विशिष्ट प्रजातियों का विकास हो सके, जो पर्यावरण के हानिकर अवस्था को सहन कर सके। केन्द्रीय बारानी कृषि अनुसंधान संस्थान [The Central Research Institute for Dryland Agriculture (CRIDA)] जो कि भारतीय कृषि अनुसंधान परिषद् [Indian Council of Agricultural Research (ICAR)] के अन्तर्गत है, जट्रोफा के अनुवांशिकी विविधता, परिवर्तनीयता, और अन्य जैव तकनीकि विशेषक के अध्ययन का उत्तरदायित्व संभाला। जैव प्रौद्योगिकी विभाग (DBT) ने माइक्रो मिशन ऑन प्रोडेक्शन एण्ड डिमोन्सट्रेशन ऑफ क्वालिटी प्लान्टिंग मटेरियल ऑफ जैट्रोफा [Micro Mission on Production and Demonstration of Quality Planting Material of Jatropha] को प्रारम्भ किया, जिसका उद्देश्य अच्छी प्रजातियों का वरण और गुणता वाले पौधे सामग्रियों का

विकास है। जैवप्रौद्योगिकी विभाग, भारत सरकार (Department of Biotechnology, Government of India) के प्रोत्साहन से दी एनर्जी रिसर्च इंस्टिट्यूट [The Energy Research Institute (TERI)] ने एक योजना जिसका नाम बायोफ्यूल माइक्रो–मिशन नेटवर्क प्रोजेक्ट ऑन जैट्रोफा (Biofuel Micro Mission Network Project on Jatropha) है, उसका उत्तरदायित्व संभाला। इस योजना का उद्देश्य विभिन्न जैट्रोफा के प्रजातियों को पूरे देश और उसके आसपास के क्षेत्र में तेल के अंश एवं संयोजन का अनुवीक्षण करना है। राष्ट्रीय तिलहन एवं वनस्पति तेल विकास बोर्ड [National Oil seed and Vegetable oil Development (NOVOD) Board] के साथ अन्य योजना के अनतर्गत विभिन्न पोंगेमिया के प्रजातियों का भी अनुवीक्षण हुआ है। प्रचलित अंकुरित तरीके द्वारा जैट्रोफा दो वर्ष में उत्पादन देता है और क्लोनीय कल्चर द्वारा रोपण किए गए फसल प्रथम उत्पात् एक वर्ष में ही दे देते हैं। देश के सातों कृषि–जलवायु क्षेत्रों (Agro-Climatic Zones) के खेतों में अभिप्रयोग संवाह हुआ है। दी इन्टरनेशनल क्रोप रिसर्च इंस्टीट्यूट फॉर सेमी–एरिड ट्रोपिक्स (ICRISAT) ने अभक्षणीय तेल के बीजों को जैवडीजल के उत्पादन के लिए वर्धित किया। जलोत्सारण (Watershed) कार्यक्रम में भी जैट्रोफा और पोंगेमिया के रोपण को प्रस्तावित किया। नयी विधियों से अंकुरित किए गए जैट्रोफा के बीज कम उत्पाद वाली प्रजाति है, जिसके कारण से किसानों में आर्थिक तौर से असंतुष्टि पाई गई है और इसका मुख्य कारण अधिकतर शोध एवं विकास के कार्यक्रम का प्रयोगशाला और खेतों के अभिप्रयोग वाले स्तर तक ही सीमित होना है और अभी तक किसी भी जैट्रोफा की प्रोन्नत प्रजाति का सरकारी तौर पर किसी भी शोधकर्ता सगठन द्वारा मोचन नहीं हुआ है। इसका भविष्य में किसानों के स्तर पर प्रासंगिक होना बड़ा ही कठिन है, इसलिए इस क्षेत्र में उच्च प्राथमिकता और समर्पित प्रयासों की अत्यंत आवश्यकता है।

नीतियों का करारोपण और मूल्यांकन

राष्ट्रीय जैवईंधन नीति ने उल्लिखित किया है कि जैवइथेनॉल पर 16 प्रतिशत अनुदान शुल्क के अतिरिक्त जैवडीजल और जैवइथेनॉल पर कोई भी केन्द्रीय कर या शुल्क उद्ग्रहण नहीं होगा। सभी राज्यों की जैवईंधनों के लिए कर नीतियाँ एक सी नहीं है। कर की सरंचना, विस्तृत रूप से दर और करारोपण के तरीके के कारण एक राज्य की कर नीति दूसरे राज्य से भिन्न है। विभिन्न प्रकार के करों और शुल्कों में विक्रय दर, आयात शुल्क, अनुज्ञाप्ति शुल्क, प्रवेश, राज्यकर प्रबंध शुल्क, विशेषाधिकार शुल्क आदि शामिल है। इस तरह के भिन्न कर–संरचना तेज कार्यान्वयन प्रबंध सम्मिश्रण, यातायात और जैवईंधनों के व्यवसाय में अवरोध उत्पन्न करते हैं। अधिकांश राज्य–कर की उच्च दर, राज्य–कर शुल्क और जैवईंधन सम्मिश्रण का व्यवसायिक रूप से बहुत स्थानों पर प्रस्तुतीकरण हो रहा है। सरकारी नीति के तहद जैवईंधन अनिर्मित सामग्री फसलों का न्यूनतम समर्थन मूल्य [Minimum Support Price (MSP)] और जैवईंधन का न्यूनतम क्रय मूल्य [Minimum

Purchase price (MPP)] भारत सरकार द्वारा विभिन्न साझेदारों के परामर्श से तय करना है। न्यूनतम समर्थन मूल्य को देखते हुए राज्य सरकारों को जैवईंधन के मूल्यों को तय करने और अधिप्राप्ति की प्रक्रियाओं का उत्तरदायित्व संभालने की सहमति मिली है। इस कारण से विभिन्न राज्यों में जैट्रोफा और करंज/पोंगेमिया के अलग–अलग मूल्य संचालित हुए है। शर्करा के उत्पादकों और आसवकों से अभ्युपगम् (Agreement) के बाद केन्द्रीय सरकार ने वर्ष 2007 में इथेनॉल का न्यूनतम समर्थन मूल्य 21.50 रु/लीटर तय किया है। इथेनॉल के उत्पादन हेतु गुड़ रस एक मुख्य अनिर्मित सामग्री है और इसकी कीमत इथेनॉल की अंतिम कीमत पर प्रभाव डालती हैं। गुड़ रस की कीमत शर्करा के उत्पादन पर निर्भर करती है। केन्द्रीय सतर्कता आयोग के निर्देश के (Central Vigilance Commission (CVC) guidelines) अन्तर्गत तेल बेचने वाली कंपनियों ने प्रत्याशित आपूर्तिकर्तो (Supplies) द्वारा खुली निविदा (Open tender) से इथेनॉल खरीदा। जैवडीजल का मूल्य जो वर्ष 2007 में तय हुआ था 26.50रु/लीटर पर ही स्थित है।

राज्य–विशिष्ट नीतियाँ

राष्ट्रीय स्तर पर केन्द्रीय सरकार द्वारा बड़ी संख्या में जैवईंधन संबंधित उन्नति के कार्यक्रम का उत्तरदायित्व विभिन्न राज्य सरकारों ने संभाला। जैवईंधन उत्पादन और उसके उपयोग के लिए राज्य सरकारों ने विभिन्न नीतियों और कार्यक्रमों का अनुसरण किया। कुछ राज्यों ने स्वयं के नीति दस्तावेजों को प्रारूपित किया है, जो कि राष्ट्रीय जैवईंधन नीति के तात्पर्य से पृथक है।

राजस्थान

राजस्थान राज्य में जैवईंधनों के उत्तरदायित्व को राज्य में वर्धित करने के लिए राजस्थान बायोफ्यूल प्राधिकरण (Authority of Rajasthan) की स्थापना हुई। बंजर भूमि और कृषि–वानिकीय के विकास हेतु राज्य ने जैवईंधन फसलों के रोपण संबंधित कार्यक्रम को प्रोत्साहित किया, जिसके फलस्वरूप बंजर भूमि में हरियाली, मृदा के गुणों में वृद्धि, जल संरक्षण और किनारों पर रहने वालों के लिए जीविका का साधन उपलब्ध हुआ है। राज्य की जैवईंधन योजना का प्रथम केन्द्रित लक्ष्य लगभग 21 लाख हेक्टेयर बंजर भूमियों पर जैट्रोफा के फसलों का रोपण हैं। जैवईंधन नीति के अंतर्गत राजस्थान राज्य ने बहुशूल कूटनीति को अंगीकृत किया है, जिसमें स्वयं सहायता समूह [Self Help Group (SHG)], समुदाय विकास संगठन, पंचायत और निजी कंपनी संयुक्त विधि से जैट्रोफा के बीजों के उत्पादन और बेचने का कार्य करती हैं। राजस्थान भूमि राजस्व अधिनियम 2007 (Rajasthan Land Revenue Rules 2007), जिसमें बंजर भूमियों का आवंटन जैवईंधन रोपण और जैवईंधन आधारित औद्योगिक प्रक्रमण ईकाई के लिए है, के अंतर्गत एक ऐसी व्यवस्था है, जिसमें निजी कम्पनियों या सरकारी उपक्रम को 20 सालों तक बंजर

भूमि को लीज पर दिया जाता है। रोपण संबंधित क्रियाऐं अधिकांश केन्द्रीय प्रयोजक महात्मा गांधी राष्ट्रीय ग्रामीण रोजगार गांरटी अधिनियम [Mahatma Gandhi National Rural Employment Guarantee Scheme (MGNREGS)] द्वारा होती हैं, ये रोज़गार एवं जैवईंधन की उन्नती दोनों ही कार्यों में काम आती है। सरकारी बीज प्रबंध संस्था द्वारा किसानों को जैट्रोफा के बीज का न्यूनतम समर्थन मूल्य [Minimum Support Price (MSP)] 6 रु/कि.ग्रा है।

छत्तीसगढ़

छत्तीसगढ़ में उचित मात्रा में भूमि संसाधन एवं जैवईंधन फसलों जैसे; जैट्रोफा और करंज/पोंगेमिया की खेती के लिए अनुकूल जलवायु संबंधित स्थिति उपलब्ध है। वर्ष 2005 में छत्तीसगढ़ में जैवईंधन कार्यक्रम के अंतर्गत छत्तीसगढ़ जैवईंधन विकास प्राधिकरण [Chhattisgarh Biofuel Development Authority (CBDA)] का प्रमोचन छत्तीसगढ़ नवीनीकरणीय ऊर्जा विकास प्राधिकरण [Chhattisgarh Renewable Energy Development Authority (CREBDA)] के संरक्षण के अंतर्गत हुआ। छत्तीसगढ़ जैवईंधन विकास प्राधिकरण [Chhattisgarh Biofuel Development Authority (CBDA)] के अतिरिक्त, राज्य में ग्रामीण विकास विभाग एवं वन विभाग भी जैवईंधन विकास कार्यक्रम के क्रियाशील सहयोगी है। छत्तीसगढ़ की सरकार ने राज्य में जैवईंधन क्षेत्र के प्रगति हेतु विभिन्न प्रकार के सहायक कार्यक्रम बनाने के साथ कर में छूट भी दी जा रही है। छत्तीसगढ़ के सरकार ने एक अधिसूचना जारी किया है, जिसके द्वारा सरकारी बंजर भूमि को निजि निवेशकों को लीज पर जैवईंधन फसलों की खेती करने के लिए निर्धारित किया है। किसानों के लिए सरकार ने जैट्रोफा के बीजों का 6.50 रु/कि.ग्रा. एवं पोंगेमिया के बीजों का 6.00 रु/कि.ग्रा. न्यूनतम समर्थन मूल्य तय किया है। छत्तीसगढ़ अर्थोरिटी निजी निवेशकों को नगरीय किसानों के साथ अनुबंध पत्र में शामिल होने के लिए प्रोत्साहित करती है। राजस्थान की तरह छत्तीसगढ़ ग्रामीण विकास विभाग (Department of Rural Development of Chhattisgarh) ने महात्मा गांधी राष्ट्रीय ग्रामीण रोज़गार गांरटी अधिनियम [Mahatma Gandhi National Rural Employment Guarantee Scheme (MGNREGS)] और विभिन्न संयुक्त वन प्रबंधन कमेटियों [Joint Forest Management Committees (JFMCs)] के साथ राज्य में भूमि पर जैवईंधन फसलों के रोपण संबंधित योजनाओं को क्रियाशील विधि से वर्धेत किया है।

उत्तराखण्ड

उत्तराखण्ड में जैवईंधन की उन्नती के लिए वन पंचायत, संयुक्त वन प्रबंधन कमेटियों [Joint Forest Management Committees (JFMCs)] और स्वसहायता समूह (Self-Help Groups) बुनियादी तौर से सक्रियक है। राज्य सरकार, वन विकास

निगम [Forest Development Corporation (FDC)] की भागीदारी जैवडीजल के निजी प्रक्रमण प्लांट द्वारा उत्पादन के लिए अनिर्मित सामग्री के आपूर्ति को सुनिश्चित करता है। इस योजना में वन विकास निगम [Forest Development Corporation ¼FDC½] दोनों स्वसहायता समूह (Self-Help Groups) और संयुक्त वन प्रबंधन कमेटियों के सहभागिता से वन पंचायत भूमियों में जैट्रोफा के रोपण का उत्तरदायित्व और उत्तराखण्ड जैवईंधन लिमिटेड [Uttarakhand Biofuel Limited (UBL)] द्वारा संचालित जैवईंधन प्रक्रमण प्लांट के लिए जैट्रोफा के बीज की आपूर्ति का कार्य भी संभाला। इस भागीदारी के तहद उत्तराखण्ड जैवईंधन बोर्ड [Uttarakhand Biofuel Board (UBB)] जिसे केन्द्रीय एजेंसी के रूप में स्थापित किया, वो राज्य में विभिन्न जैवईंधन विकास कार्यक्रम को समन्वित भी करता है। उत्तराखण्ड जैवईंधन बोर्ड [Uttarakhand Biofuel Board (UBB)] के अधिदेशाधिन के अनुसार 2012 तक 2 लाख हेक्टेयर क्षेत्र जैट्रोफा के फसलों से भरा होना चाहिए था। जैवईंधन बोर्ड, संयुक्त वन प्रबंधन कमेटियों [Joint Forest Management Committees (JFMCs)] के अध्यक्षों से परामर्श करके जैट्रोफा रोपण के उपयोग हेतु भूमि का निरीक्षण करेंगे। त्रिदल (Tri patrite) अभ्युपगम् के अनुसार उपभोगताओं को 3.50 रु/कि.ग्रा. दर पर जैट्रोफा के बीज मिलेंगे।

ओडिशा (Odisha)

ओडिशा जैव ईंधन नीति (Odisha Biofuel Policy) का उद्देय राज्य की 30 प्रतिशत बंजर भूमि का उपयोग और जैवईंधन उत्पादन से राज्य में रोजगार की समस्या संबंधित निवारण करना है। यह अनुमानित किया गया है, कि जैव डीजल उत्पादन की क्षमता 1000 KJ/ वर्ष है। इस नीति के अन्तर्गत जैट्रोफा और पोंगेमिया अधिक सक्षम तेल वाली प्रजातियाँ है, जो जैव ईंधन के उत्पादन के लिए चुनी गई हैं। ओड़िसा सरकार ने ओड़िसा नवीनीकरणीय ऊर्जा विकास प्राधिकरण (Odisha Renewable Energy Development Agency) और ओड़िसा वन विकास निगम [Odisha Forest Development Corporation (OFDC)] के प्रबंधक पद के अन्तर्गत कुछ आर्थिक शुल्क देने की व्यवसथा की है। जैव ईंधन नीति में विभिन्न विकास कार्यक्रम और संस्थागत व्यवस्थापन के बीच आंतरिक संयोजन के सामर्थ्य को उल्लिखित किया है।

तमिलनाडु

तमिलनाडू सरकार ने सर्वप्रथम जैट्रोफा के बीजों का किसानों में वितरण करवाया। जैव ईंधन फसलों को बढ़ाने के लिए सरकार ने अनेक प्रस्ताव रखे। वर्ष 2007–08 में तमिलनाडु के जैव ईंधन नीति का मोचन हुआ, जिसका लक्ष्य पाँच सालों के अन्दर 100,000 हेक्टेयर जैट्रोफा के रोपण को बढ़ाना है। राज्य के वन विभाग और ग्रामीण विकास विभाग (Rural Development Department) के सहयोग से राज्य कृषित

विभाग बंजर भूमि में जैट्रोफा के रोपण का प्रसार कर रहा है। विभिन्न केन्द्रीय और राज्य प्रयोजित कार्यक्रम जैसे; राष्ट्रीय जलोत्सारण विकास कार्यक्रम [National Watershed Development Programme (NWDPRA)] महात्मा गांधी राष्ट्रीय ग्रामीण रोज़गार गांरटी अधिनियम [Mahatma Gandhi National Rural Employment Guarantee Scheme (MGNREGS)], व्यापक बंजर भूमि विकास कार्यक्रम [Comprehensive Wasteland Development Programme (CWP)] आदि राज्य के जैवईंधन प्रसार के प्रक्रियाओं में शामिल हुए। तमिलनाडु कृषि विश्वविद्यालय [Tamilnadu Agricultural University (TNAU)] ने उच्च गुणों वाले बीजों के साथ किसानों को तकनीक से संबंधित ज्ञान भी दिया। प्राथमिक कृषि सहकारी बैंक [Primary Agricultural Cooperative Banks] जैट्रोफा की खेती को बढ़ाने के लिए किसानों को आर्थिक सहायता प्रदान करते हैं। तमिलानाडु औद्योगिक नीति (Industrial Policy of Tamilnadu) ने 50 प्रतिशत की आर्थिक सहायता, जैट्रोफा व अन्य जैवईंधन फसलों के रोपण और कृषि प्रक्रमण उद्योग से जैवईंधन निष्कर्षण उद्योग के लिए घोषित किया है। सरकार ने जैट्रोफा के बीजों पर खरीद दर और जैट्रोफा के तेल पर वेट (VAT) को दस वर्षो की अवधि के लिए छूट दिया है।

जैवईंधन नीतियों का संश्लेषण

भारतीय जैवईंधन नीतियाँ समय के साथ–साथ परिपक्व हो गई हैं और व्यवहारिक उपयोगिता एवं उपयुक्तता के कार्यों पर प्रभाव डालती हैं। जैवईंधन नीतियों की प्रमुख विशेषता है कि ये खाद्य सामग्री वाले फसलों को ध्यान में रखकर बनाया गयी हैं और सिर्फ अभक्ष्णीय अनिर्मित सामग्री का उपयोग जैवईंधन के उत्पादन में होता है। नीति ने उपजाऊ भूमि का जैवईंधन के उत्पादन हेतु कार्यों में उपयोग न होने के लिए भी सावधानी बरती। देश में लगभग सारे जैवईंधन रोपण कार्यक्रम बंजर भूमि, निम्नीकृत भूमि और वन क्षेत्रों में होते हैं। शीरा आधारित अनिर्मित सामग्री से इथेनॉल उत्पादन को बाधित करके, नीति गन्ने पर अत्यधिक निर्भरता को कम करती है, जो कि सबसे अधिक जल–वृद्धिकार फसल है। राज्यों में जैवईंधन के मूल्य और कर की नीतियों पर विस्तृत रूप से विविधता है और अतः इन नीतियों का परिमेयकरण (Rationalization) करने और उनमें सामन्जस्यता (Harmonization) लाने की आवश्यकता है। केन्द्रीय स्तर पर खेती की लागत में परिवर्तन और बाजार में अस्थिरता के आधार पर न्यूनतम सम्र्थन मूल्य नियमित रूप से संशोधित नहीं होते हैं। अध्ययन द्वारा यह सूचित किया गया है कि देश के अधिकतर भाग में जैवईंधन की फसलों का उत्पादन कम होता है और इसमें निवेश अधिक करना पड़ता है। भारत में कई स्थानों की पारिस्थितिक, सामाजिक एवं आर्थिक स्थिति जैवईंधन फसलों की खेती के लिए उपयुक्त नहीं है। विवेकहीन विधियों से फसलों का रोपण उनकी विभिन्नता में कमी का कारण बनता है और स्थानीय लोगों की अनेक प्रकार की आवश्यकताएँ

जैसे; भूसे की, लकड़ी जलाने, पशु चराने इत्यादि पूरी नहीं हो पाती हैं। इस संदर्भ में, राष्ट्रीय एवं स्थानीय दोनों स्तर की नीतियों को पुनः से संशोधित करने और उनमें सुधार लाने की आवश्यकता है।

निष्कर्ष

देश में लोगों की भोज्य एवं उनकी जीविका की सुरक्षा हेतु कृषित अनिर्मित सामग्रियों पर आधारित जैवईंधनों के विस्तृत कार्यक्रम को कार्यान्वयन करने की आवश्यकता है। विकसित तथा विकासशील दोनों ही देशों में रहने वाले वैज्ञानिकों, नीतिकारों एवं सामान्य जन का ध्यान भोज्य सामग्रियों हेतु फसलों की उपजाऊ भूमि का जैवईंधन फसलों के उपयोग से बढ़ती हुई भोज्य फसलों की कीमतों की ओर केन्द्रित हुआ है। इससे न केवल कृषि क्षेत्र में अपितु विभिन्न आर्थिक क्षेत्रों में प्रभाव पड़ा है। भारत की लगभग 70 प्रतिशत जनसंख्या ग्रामीण क्षेत्रों में रहती है और कृषि तथा कृषि से जुड़े हुए कार्यों से अपना जीवनयापन करती है। ग्रामीण क्षेत्रों में अभी तक 33.8 प्रतिशत लोग गरीबी रेखा के नीचे आते हैं। विकासशील प्रयासों में भारतीय सरकार का सबसे मुख्य उद्देश्य भोज्य सुरक्षा है। यद्यपि भारत में पर्याप्त मात्रा में भोज्य पदार्थ उपलब्ध है, फिर भी 50 प्रतिशत बच्चे एवं महिलाएँ कुपोषण का शिकार होता हैं। इसलिए उच्च स्तर वाले जैवईंधन कार्यक्रम यह सुनिश्चित करे कि इससे राष्ट्र की भोजन एवं पोषण सुरक्षा पर किसी प्रकार का कोई भी खतरा नहीं बढ़ेगा। भोज्य पदार्थों की फसलों वाली उपजाऊ भूमि का जैवईंधनों वाली फसलों के लिए स्थानातंरण नहीं किया जाएगा। बंजर, अवशिष्ट एवं वन भूमियों का जैवईंधन की फसलों की खेती हेतु उपयोग किया जाना चाहिए। इसके कई सारे लाभ होंगे जैसे बंजर भूमि हरी–भरी हो जाएगी और लोगों को रोजगार के साधन भी उपलब्ध होंगे। ग्रामीण समीतियों को जैवईंधन कार्यक्रमों में सम्मिलित करने में स्थानीय संस्थाओं जैसे कि पंचायत, संयुक्त वन प्रबंधन कमेटियों [Joint Forest Management Committees (JFMCs)], स्वसहायता समूह (Self-Help Groups) इत्यादि की मुख्य भूमिका होती है। ग्रामीण क्षेत्रों में जैवईंधन के उत्पादन से सिंचाई पम्प सेटों और विद्युत ऊर्जा के उत्पादन हेतु ईंधन उपलब्ध कराते हैं। केन्द्र सरकार, राज्य सरकार और राज्य सरकार के विभिन्न विभागों में संयोग की कमी होने से जैवईंधन के विकास में अवरोध उत्पन्न होता है। जैवईंधन के लिए राष्ट्रीय एवं राज्य नीतियाँ विस्तृत तथा आर्थिक जीवन क्षमता, औद्योगिक संभाव्यता, पर्यावरण संवहनीयता और बाजार संबंधी मित्रता के स्तंभों पर आधारित होनी चाहिए। संक्षिप्त में, यद्यपि भारतीय जैवईंधन कार्यक्रम पर्याप्त रूप से भोज्य सुरक्षा, ग्रामीण जीविका की सुरक्षा, लिंग संबंधित अधिकार प्रदान करना इत्यादि विषयों पर ध्यान दिया है, परन्तु अभी भी कुछ क्षेत्रों पर ध्यान देने की आवश्यकता है।

❑❑❑

शब्दावली

अवशोषित	Absorbed
अभिगम्यता	Access
अम्लीय वर्षा	Acid rain
अम्लीयकरण	Acidification
अभिग्रहण	Adoption
वायुजीवी	Aerobic
आक्रमणशील	Aggressive
अभ्युपगम	Agreement
अवायवीय	Anaerobic
स्वचालित	Automatic
जैवडीज़ल	Biodiesel
जैवविविधता	Biodiversity
जैवभार	Biomass
जैविक बहुलक	Biopolymer
जैव–परिष्करणी	Biorefinery
सम्मिश्रण	Blend
संधारित	Capacitor
सोपानी	Cascading
उत्प्रेरक	Catalyst
अपकेन्द्रीकरण	Centrifugation
पर्णहरित	Chlorophyll

जलवायु परिवर्तन	Climate change
संवृत	Closed
संग्राहक	Collectors
दाह्य	Combustible
अन्योन्यारित	Complementary
संघटक	Components
संपीडन	Compression
संरूपता	Concurrence
संघनन	Condensation
समाकृति	Configuration
पारम्परिक	Conventional
संक्षारणिता	Corrosiveness
संवर्धन	Cultivation
अवत्वरण	Decelerated
विसंपीडन	Decompression
अवकर्षण	Degradation
प्रदर्शन	Demonstration
अवमूल्यन	Depreciation
व्युत्पन्न	Derivative
विलयीकरण	Desalination
विस्थितिकरण	Destabilising
अभिज्ञापक	Detector
सारणिक	Determinant
अविषाक्तिकरण	Detoxification
तनुकरण	Dilute
द्विशर्कराइड	Disaccharide
रोगाणुरहित	Disease resistant

विघटन	Disintegration
प्रवण	Disposed
आसवन	Distillation
अनावृष्टि	Drought
पारितंत्र	Ecosystem
उत्प्रवाही	Effluent
विद्युन्यय	Electrical
अपघटय	Electrolyte
उत्सर्जन	Emission
पयस्य	Emulsion
प्रवर्तक	Enabling
ऊर्जा परीक्षण	Energy audit
ऊर्जा संरक्षण	Energy conservation
अभियांत्रिकी	Engineering
किण्वक	Enzyme
निष्पक्षता	Equity
अपरदित क्षेत्र	Eroded areas
ऊष्माक्षेपी	Exothermic
पुनर्भरण	Feedback
अनिर्मित सामग्री	Feedstock
किण्वन	Fermentation
स्थिरीकरण	Fixation
धूम वाहिका	Flue gas
जीवाश्म ईंधन	Fossil fuels
संलयन	Fusion
गैसीकरण	Gasification
अनुवांशिकीय	Genetically

भूमण्डलीय तापक्रम वृद्धि	Global warming
सामन्जस्यता	Harmonization
जल अपघटन	Hydrolysis
अपघटज	Hydrolyzate
औद्योगीकरण	Industrialization
निस्पादन	Infiltration
अज्वलनशील	Inflammable
संदमक	Inhibitory
अविलयशील	Insoluble
मध्यवर्तीय	Intermediate
अन्वेषित	Investigate
आयनीकरण	Ionization
किरणन	Irradiation
उदारीकरण	Liberalisation
संयोजन	Linkage
द्रवीकरण	Liquification
पशुपालन	Livestocks
अभिस्रवण	Main streaming
प्रक्रिया	Mechanism
मध्यरागीय	Mesophilic
चयापचयी	Metabolism
उपापचयज	Metabolite
आण्विक भार	Molecular Weight
अणु	Molecule
अनुश्रवण	Monitoring
प्राकृतिक गैस	Natural gas
निष्प्रभावन	Neutralization

अभक्ष्णीय	Non-edible
अनवीकरणीय	Non-renewable
सर्वोत्कृष्ट	Optimal
ऑक्सीकरण	Oxidation
ऑक्सीकृत	Oxidized
ऑक्सीजनित ईंधन	Oxygenated fuel
विविक्त कण	Particulate matter
अंतःस्रवण	Percolation
औषधि	Pharmaceutical
प्रकाश संश्लेषण	Photosynthesis
प्रकाश–संश्लेषी	Photosynthetic
वृक्षारोपण	Plantation
संदूषक	Pollutant
अग्रसक्रिय	Proactive
प्रक्रमण	Processing
वायु अंगार गैस	Producer gas
प्रावधान	Promisions
प्रत्याशित	Prospective
ताप अपघटन	Pyrolysis
परिमेयकरण	Rationalization
अभिक्रिया	Reaction
पुनर्योगाज	Recombinant
पुनः चक्रण	Recycling
अपचयन	Reduction
पुर्नजनन	Regeneration
निष्कासन	Removal
नवीकरणीय	Renewable

जीर्णोद्धार	Restoration
पुनः संयोजन	Retro-fitting
शर्करीकरण	Saccharification
परिदृश्य	Scenario
अर्धशुष्क क्षेत्र	Semi-arid areas
अर्ध–पारगम्य	Semi-permeable
पृथक्करण	Separation
समकालिक	Simultaneous
गाढ़ा कीचड़	Sludge
घनीकरण	Solidification
विलेयीकरण	Solubilization
विलयशील	Soluble
स्थायित्व	Stability
अभिरंज्य	Stainable
वाष्प विस्फोटन	Steam explosion
अनुवर्ती	Subsequent
अधःस्तर	Substrate
उपोष्णकटिबंधीय	Subtropical
सुग्राहित	Susceptible
संवहनीयता	Sustainability
तुल्यकालिक	Synchronous
शीलवन्त	Temperate
ऊष्मा रासायनिक	Thermochemical
ऊष्मागतिक	Thermodynamic
तपरोगी	Thermophilic
सहिष्णुता	Tolerance
विषाक्त	Toxic

ट्रान्सएस्टरीकरण	Trans-esterification
प्रग्रहण	Trap
प्रशोधन	Treatment
उष्णकटिबंध	Tropical
पराश्रव्य	Ultrasonic
पराध्वनि	Ultrasound
उत्प्रेरिक रहित	Uncatalyzed
अवांछनीय	Undesirable
निर्वात	Vaccum
वाष्पीकरण	Vaporization
श्यानता	Viscosity
जलोत्सारण	Watershed

❑❑❑

परिभाषित शब्द

1. जैवभार (Biomass)	जीवों द्वारा व्युत्पन्न जैविक पदार्थ या अधिकतर पौधों अथवा पौधों से व्युपत्रित पदार्थ।
2. जैवईंधन (Biofuel)	कार्बनिक पदार्थों से उत्पादित किसी भी प्रकार का ठोस, द्रव्य अथवा गैसीय ईंधन।
3. जैविक इथेनॉल (Bio ethanol)	पौधों अथवा उनके सहोत्पादों में उपस्थित शर्करा एवं स्टार्च के किण्वन द्वारा उत्पन्न इथेनॉल।
4. जैवडीज़ल (Bio diesel)	वानस्पतिक तेल एवं पशु वसा आधारित डीज़ल ईंधन, जो कि एल्काइल (मिथाइल, इथाइल, प्रोपाइल) इस्टर के लम्बी श्रृंखला से समाविष्ट होता है।
5. जैव विद्युत ऊर्जा (Bio power Energy)	जैवभार संसाधनों से उत्पादित विद्युत अथवा ऊष्मा।
6. जैवगैस (Biogas)	कार्बनिक पदार्थों के किण्वन अथवा अवायवीय पाचन द्वारा उत्पन्न हुई गैस।
7. जैव–परिष्करणी (Bio-refineries)	ऐसी व्यवस्था जो जैवभार परिवर्तन प्रक्रियाओं एवं उपकरणों को ईंधन, ऊर्जा, ऊष्मा और अन्य मूल्यवर्धित रासायनिक पदार्थों के उत्पादन हेतु संगठित करती हैं।
8. जैवईंधन उत्पादन हेतु फसलें (Biofuel crops)	ऐसी फसलें जो सामान्यतः जैवईंधन उत्पादन हेतु उपयोग में लाई जाती है।
9. जैवभार ब्रिकुट (Biomass Briquette)	कोयले और चारकोल के स्थान पर जैवईंधन का वाष्प से विद्युत ऊर्जा उत्पादन हेतु प्रयोग करना।
10. सिन गैस (Syn gas)	यह कार्बन मोनो ऑक्साइड, हाइड्रोजन और अन्य हाइड्रोकार्बन का मिश्रण है, जो कि जैवभार के आंशिक दहन द्वारा उत्पादित होता है।
11. किण्वन (Fermentation)	यह एक चयापचयी प्रक्रिया है, जो यीस्ट अथवा बैक्टीरिया का प्रयोग करके शर्करा को अम्ल, गैसे अथवा अल्कोहल में परिवर्तित करती है।

12. अवायवीय पाचन (Anaerobic Digestion)	यह विभिन्न प्रक्रियाओं का संगठन है, जिसमें ऑक्सीजन की अनुपस्थिति में प्राकृतिक तरीके से सड़ने वाले पदार्थों का सूक्ष्म जीवों द्वारा विघटन होता है।
13. शर्करीकरण (Saccharification)	जटिल कार्बोहाइड्रेट (स्ट्रार्च अथवा सेलुलोस) को एकल शर्कराइड घटकों में तोड़ना।
14. जल अपघटन (Hydrolysis)	रासायनिक पदार्थों का जल के साथ क्रिया करके अपघटन होना।
15. आसवन (Distillation)	विलयन में उपस्थित पदार्थ को विलायक से पृथक करना अथवा भिन्न–भिन्न क्वथनांक के द्रवों के मिश्रण में से एक द्रव को पृथक करना।
16. ट्रांसएस्टीकरण (Trans-esterification)	एस्टर के कार्बनिक समुह R" का अल्कोहल के कार्बनिक समुह R"के साथ विस्थापन।
17. अलिग्नीकरण (Delignification)	पौधों के ऊतक से संरचनात्मक बहुलक लिग्निन का निष्कासन।
18. प्रकाश–रहित किण्वन (Dark fermentation)	प्रकाश की अनुपस्थिति में किण्वन द्वारा कार्बनिक अधःस्तर का जैव हाइड्रोजन में परिवर्तन।
19. जैव हाइड्रोजन (Bio hydrogen)	जैविक विधि द्वारा हाइड्रोजन का उत्पादन, सामान्यतः शैवालों, बैक्टीरियों द्वारा।
20. लिग्निन (Lignin)	काष्ठ से व्युपत्रित जटिल रासायनिक संयुक्त पदार्थ जो कुछ शैवालों तथा पौधों की द्वितीयक कोशिका–भित्ति का महत्वपूर्ण अंश है।
21. ताप अपघटन (Pyrolysis)	ऑक्सीजन की अनुपस्थिति में, उच्च तापमान पर, कार्बनिक पदार्थों का ताप–रासायनिक अपघटन।
22. अनिर्मित सामग्री (Feed stock)	किसी भी प्रकार का नवीकरणीय, जैविक पदार्थ जिसको प्रत्यक्षतः अथवा रूपातंरण द्वारा ईंधन के रूप में उपयोग किया जा सके।
23. जैवभार अनिर्मित सामग्री (Biomass feed stock)	पौधे, शैवाल इत्यादि जिनसे अनेक प्रकार के ईंधनों जैसे इथेनॉल, ब्युटेनाल, जैवडीज़ल, जैवहाइड्रोजन आदि का उत्पादन किया जा सके।
24. प्रकाश संश्लेषण (Photosynthesis)	सूर्य के प्रकाश तथा पर्णहरित की उपस्थिति में, हरे पौधों, शैवालों एवं कुछ निश्चित बैक्टीरियों द्वारा कार्बन डाइ ऑक्साइड, जल एवं अकार्बनिक लवण को कार्बोहाइड्रेट में परिवर्तित करना।

25. पर्यावरण (Environment)	जीवों के आस–पास का समस्त परिवेश, जिसमें जैविक तथा अजैविक दोनों घटक सम्मिलित होते हैं।
26. पारिस्थितिक तंत्र (Ecosystem)	पारिस्थितिक तंत्र, एक निश्चित क्षेत्र के सजीव संसाधनों, प्राकृतिक वासों और निवासियों के बीच का जटिल पारस्परिक संबंध है।
27. वायुमण्डलीय प्रदूषण (Atmospheric pollution)	वायुमण्डल में रासायनिकों, प्रसुप्त कणों, विभिन्न गैसों का उस मात्रा में प्रवेश, जिस पर वह मनुष्य, पौधों एवं जीव–जंतुओं पर हानिकारक प्रभाव डालती है।
28. जलवायु परिवर्तन (Climate change)	लंबी अवधि के अंतराल (दशकों से, अरबों तक) में मौसम के प्रारूपों के सांख्यिकीय वितरण में होने वाले दीर्घावधि परिवर्तन, को जलवायु परिवर्तन कहते हैं।
29. भूमण्डलीय तापक्रम वृद्धि (Global warming)	धरती के औसत सतही तापमान में क्रमिक वृद्धि।
30. ग्रीनहाऊस प्रभाव (Green house effect)	वायुमण्डल में ग्रीनहाऊस गैसों की उपस्थिति के कारण धरती के परिमण्डल द्वारा सौर विकिरण का प्रग्रहण।
31. ग्रीनहाऊस गैस (Green house gas)	गैस जो अवरक्त विकिरण (Infrared rays) को अवशोषित करके ग्रीनहाऊस प्रभाव में योगदान देती है।
32. वनोन्मूलन (Deforestation)	जंगलों अथवा पौधों की बड़ी संख्या में कटाई।
33. नवीकरणीय ऊजा (Renewable energy)	ऐसे संसाधनों द्वारा उत्पन्न हुई ऊर्जा जिनकी निरंतर पुनः पूर्ति संभव है जैसे; सूर्य, वायु, वर्षा, ज्वार–भाटा, तरंग और भू–तापीय ऊष्मा।
34. यूट्रोफिकेशन (Eutrophication)	झीलों अथवा अन्य जलीय संरचनाओं में पोषक तत्वों (नाइट्रोजन, फास्फोरस) की अधिक मात्रा के परिणाम–स्वरूप शैवालों की तेजी से वृद्धि।
35. प्राकृतिक रूप से सड़नशील पदार्थ (Biodegradable)	ऐसे पदार्थ जो बैक्टीरिया अथवा अन्य जीवों द्वारा अपघटित हो जाते हैं।
36. कृषि (Agriculture)	खेती का विज्ञान जिसमें फसलों को पैदावार के लिए भूमि की जुताई एवं खाद्य, ऊन और अन्य उत्पादों की प्राप्ति हेतु पशुपालन करना सम्मिलित है।
37. फसलों के अवशेष (Crop residue)	कृषि क्षेत्रों में फसलों की कटाई और पीटकर दानों को भूसे से अलग करने के पश्चात् पौधों के बचे हुए अंश।
38. भूमि–भराव क्षेत्र (Land fill)	ऐसे क्षेत्र जहाँ अवशिष्ट तथा अन्य रद्दी पदार्थों को गड्डे में डालना एवं उसे भूमि से आच्छादित करना।

39. निक्षालन (Leaching)	पदार्थ से विलयशील पदार्थों का निष्कासन जैसे भूमि अथवा चट्टानों से जल के अंतः स्रवण द्वारा निक्षालन।
40. लिग्नोसेल्युलोज युक्त जैवभार (Lignocellulosic biomass)	पौधे के जैवभार जो सेल्युलोज, हेमीसेल्युलोज और लिग्निन से निर्मित होते हैं।
41. छहन (Combustion)	ईंधन और ऑक्सीजन पदार्थ के बीच में होने वाली रासायनिक अभिक्रिया जो ऊष्मा एवं प्रकाश के रूप में ऊर्जा उत्पन्न करती है।
42. अवायवीय जीववे (Anaerobic digestion)	जीव जिन्हें वृद्धि के लिए ऑक्सीजन की आवश्यकता नहीं होती हैं।
43. ऊर्जा संरक्षण (Energy conservation)	ऊर्जा के उपभोगों को कम करने का निरंतर प्रयास ऊर्जा संरक्षण कहलाता है।
44. ऊर्जा परिक्षण (Energy audit)	किसी प्रक्रिया अथवा प्रणाली का अध्ययन करके ऐसे तकनीकियों को अपनाना है, जिससे ऊर्जा उपभोग में कमी एवं ऊर्जा का संरक्षण हो सकें तथा उत्पाद को प्रभावित किए बिना, ऊर्जा की लागत में कमी आ सकें, ऊर्जा परीक्षण कहलाता है।
45. जीवन चक्र का विश्लेषण (Life cycle assessment)	जीवन चक्र विश्लेषण एक अभिकलनात्मक साध्य है,जो उत्पाद के समुच्चय जीवन चक्र अर्थात् आरंभिक कच्चे माल के चरण से लेकर उत्पाद बनने तक के चरण का मूल्यांकन करता है।

❑❑❑

References

Adler, P.R. *et al.* (2007) Life-cycle assessment of net greenhouse-gas flux for bioenergy cropping systems. Ecol. Appl. 17, 675–691.

Balat M. Global bio-fuel processing and production trends. Energy Explor Exploit 2007; 25: 195–218.

Bertilsson M. Simultaneous saccharification and fermentation of spruce– a comparison of pretreatment conditions and different enzyme preparations. Master thesis, Department of Chemical Engineering, Lund University, Lund, Sweden, 2007.

Biodiesel From Jatropha an Alternative Fuel for the Future. Biofuel a Wise Alternative. Ritesh Bhusari. https:/ www. scribd. com/ document/11879027/Biodiesel-From-Jatropha-an-Alternative-Fuel-for-the-Future.

Demirbas A. Bioethanol from cellulosic materials: a renewable motor fuel from biomass. Energy Sources 2005; 27: 327–37.

Dien BS, Cotta MA, Jeffries TW. Bacteria engineered for fuel ethanol production: current status. Appl Microbiol Biotechnol 2003; 63: 258–66.

DiPardo, J. (2004) Outlook for Biomass Ethanol Production and Demand. Energy Information Administration In: http://www.ethanol-gec. org/information/briefing/6.pdf).

Dutch Sustainable Development Group (DSD). Feasibility study on an effective and sustainable bio-ethanol production program by Least Developed Countries as alternative to cane sugar export, DSD group; study report on bio-ethanol production in LDCs, the Netherlands, May 20, 2005. [cited; available from:/www. swilion.nl/documenten/DSD%20Rapport>].

Hamelinck CN, van Hooijdonk G, Faaij APC. Ethanol from lignocellulosic biomass: techno-economic performance in short-,middle- and long-term. Biomass Bioenergy 2005; 28: 384–410.

Handbook of Sustainability for the Food Sciences. Rubén O. Morawicki. Wiley Blackwell. ISBN 978-0-8138-1735-4. 2012.

Kim, S. and Dale, B.E. (2005) Life cycle assessment of various cropping systems utilized for producing biofuels: bioethanol and biodiesel. Biomass Bioenergy 29, 426–439.

Linoj Kumar NV, Dhavala P, Goswami A, Maithel S. Liquid biofuels in South Asia: resources and technologies. Asian Biotechnol Develop Rev 2006; 8: 31–49.

Renewable Fuels Association (RFA), Ethanol industry statistics, Washington, DC, USA, 2007. [cited; available from:/www. ethanolrfa.org>].

Schmer, M.R. *et al.* (2008) Net energy of cellulosic ethanol from switchgrass. Proc. Natl. Acad. Sci. U.S.A. 105, 464–469.

United Nations Conference on Trade and Development (UNCTAD), Challenges and opportunities for developing countries in producing biofuels. UNCTAD publication, UNCTAD/DITC/COM/2006/15, Geneva, November 27, 2006.

Urbanchuk JM. Economic impacts on the farm community of cooperative ownership of ethanol production. LECG, LLC, Wayne, PA, February, 2007. [cited; available from: /www. verasun.com/pdf/ RFA_Economic Impacts On The Farm Commmunity>].

Wang W. Cassava production for industrial utilization in China— present and future perspective. In: Cassava research and develop- ment in Asia: exploring new opportunities for an ancient crop. seventh regional cassava workshop, Bangkok, Thailand, October 28–November 1, 2002. p.33–8.

□□□